高等学校"十三五"规划教材

Visual Basic.NET 程序设计技术

包空军　孙占锋　韩怿冰　张安琳　等编著

中国铁道出版社有限公司
CHINA RAILWAY PUBLISHING HOUSE CO., LTD.

内 容 简 介

本书依据教育部关于程序设计技术课程的教学基本要求，兼顾计算机软件技术的发展，以 Visual Basic.NET 2013 为开发工具进行讲解。全书共分 12 章，内容包括：Visual Basic.NET 编程基础、顺序结构程序设计、选择结构程序设计、循环结构程序设计、程序调试与异常处理、数组、常用查找与排序算法、过程与函数、文件、Windows 高级界面设计、ADO.NET 数据库编程以及 ASP.NET 动态网页开发初步。

本书结构严谨，层次分明，叙述准确，实例丰富，主要目的是让读者熟悉编程的基本思想，掌握在 Visual Studio 2013 平台上编程的基本技能，突出基于 ADO.NET 数据库编程综合应用能力的培养。

本书适合作为高等学校理工科非计算机专业"程序设计技术"课程的教材，也可作为计算机培训教材和编程爱好者的自学用书。

图书在版编目（CIP）数据

Visual Basic.NET 程序设计技术/包空军等编著. —北京：中国铁道出版社，2019.2（2019.7 重印）
高等学校"十三五"规划教材
ISBN 978-7-113-25462-9

Ⅰ.①V… Ⅱ.①包… Ⅲ.①BASIC 语言-程序设计-高等学校-教材 Ⅳ.①TP312.8

中国版本图书馆 CIP 数据核字（2019）第 010481 号

书　　名：Visual Basic.NET 程序设计技术
作　　者：包空军　孙占锋　韩怿冰　张安琳　等编著

策　　划：翟玉峰	读者热线：（010）63550836
责任编辑：翟玉峰　彭立辉	
封面设计：崔丽芳	
封面制作：刘　颖	
责任校对：张玉华	
责任印制：郭向伟	

出版发行：中国铁道出版社有限公司（100054，北京市西城区右安门西街 8 号）
网　　址：http://www.tdpress.com/51eds/
印　　刷：三河市航远印刷有限公司
版　　次：2019 年 2 月第 1 版　2019 年 7 月第 2 次印刷
开　　本：787 mm×1 092 mm　1/16　印张：21.5　字数：551 千
书　　号：ISBN 978-7-113-25462-9
定　　价：48.00 元

前　言

为满足新时代经济建设对人才知识结构、计算机文化素质与应用技能的要求，适应高等学校学生知识结构的变化，我们总结了多年来的教学实践和组织计算机等级考试的经验；同时，根据教育部非计算机专业计算机基础课程教学指导委员会提出的《关于进一步加强高校计算机基础教学的意见》中有关"程序设计技术"课程教学的要求，我们组织编写了本书。本书以 Microsoft 公司开发的 Visual Studio 2013 为平台，以 Visual Basic.NET 组件为开发工具，以介绍程序设计的方法和计算机的常用算法为主题，以学习可视化软件开发工具的应用为基础，在实现算法的实践中学习可视化编程工具，在学习可视化编程工具的过程中理解利用计算机解决实际工程问题的每个步骤，突出基于 ADO.NET 的数据库编程综合应用能力的培养。

在编写过程中我们特别注重培养学生利用计算机处理实际问题的思维方法和实践能力，为进一步学习和应用计算机打下基础。本书内容可分为两大部分：基础部分和提高部分。通过对基础部分的学习，使读者能够掌握程序设计的基本方法和技能，编写简单的应用程序；为了满足更高层次的要求，我们在提高部分对比较先进的技术进行了介绍。基础部分包括 1～9 章，在第 1～4 章讲述了 Visual Basic.NET 的编程基础和程序的基本流程控制；第 5 章介绍讲述了调试程序的常用方法和技巧；第 6 章通过对数组和结构体的阐述，强化了前面学过的知识；第 7、8 章，讲述了常用查找排序算法、过程和函数，可使读者了解程序设计的模块化思想，掌握用计算机解决实际工程问题的基本方法；第 9 章，介绍文件的使用，使读者掌握通过文件存储大量的输入和输出数据，并且这些数据可以脱离程序长期保存。提高部分包括 10～12 章，主要讲述了 Windows 高级界面设计、数据库的相关操作以及利用该平台进行网页设计。

本书结构严谨，层次分明，叙述准确，最大特点是采用案例式教学方法，通过对大量例子的讲解，不但可以使读者掌握基本的语法，同时还可以掌握相关的编程方法、思想和技能。

本书由郑州轻工业大学的包空军、孙占锋、韩怿冰、张安琳等编著，其中包空军、孙占锋、韩怿冰任主编，王鹏远和张安琳任副主编。编写分工：包空军编写了第 1 章和第 12 章，韩怿冰编写了第 2 章和第 8 章，张安琳编写了第 3 章、第 4 章和第 7 章，王鹏远编写了第 5 章、第 6 章和第 9 章，孙占锋编写了第 10 章和第 11 章，包空军负责本书的统稿和组织工作。在本书的编写和出版过程中，得到了郑州轻工业大学、河南省高校计算机教育研究会、中国铁道出版社的大力支持，在此由衷地向他们表示感谢！

由于时间仓促，编者水平有限，书中的选材和叙述难免存在疏漏和不妥之处，谨请各位读者批评指正。

编者

2019 年 1 月

目 录

基 础 部 分

第①章 Visual Basic.NET 编程基础

　　Visual Basic.NET 是由 Microsoft 公司开发的结构化的、模块化的、面向对象的、包含协助开发环境的以事件驱动为机制的可视化程序设计语言。利用 Visual Basic.NET 2013 可视化控件可方便地完成界面的设计，通过编写代码可实现相应的功能。与其他任何程序设计语言一样，Visual Basic.NET 也有自己特有的"符号"和"语法"。本章主要介绍 Visual Basic.NET 的数据类型、基本运算符、表达式等程序语言基础知识。

1.1 Visual Basic.NET 概述

1.1.1 BASIC 语言

　　BASIC 语言（Beginners' All-purpose Symbolic Instruction Code，初学者通用符号指令代码）是由 Dartmouth 学院 John G. Kemeny 与 Thomas E. Kurtz 两位教授于 20 世纪 60 年代中期设计的，是一种为初学者设计的程序设计语言，具有语言简单、易学等基本特性，所以很快就流行起来。BASIC 是一种直译式的编程语言，在完成编写后无须通过编译、连接等环节即可执行，但如果需要单独执行，仍然需要将其建立成可执行文件。

　　Visual Basic（简称 VB）是基于 Windows 操作系统图形用户界面（GUI）的 BASIC 语言。微软在四年内接连推出 2.0、3.0、4.0 三个版本。并且从 VB 3.0 开始，微软将 Access 的数据库驱动集成到了 VB 中，使得 VB 的数据库编程能力大幅提高。从 VB 4.0 开始，VB 也引入了面向对象的程序设计思想。VB 功能强大，学习简单，而且还引入了"控件"的概念，使得大量已经编好的 VB 程序可以被用户直接使用。1998 年 10 月，微软推出 Visual Basic 6.0，它已经是非常成熟稳定的开发系统，能让企业快速建立多层的系统以及 Web 应用程序，使其成为 Windows 上最流行的 Visual Basic 版本。微软公司比尔·盖茨宣称："Visual Basic 是迎接计算机程序设计挑战最好的例子。"

Visual Basic.NET（简称 VB.NET）是 VB 6.0 的升级版本，更适合编写 Web 应用程序。VB.NET 是面向对象编程语言，采用事件驱动机制，窗口代码与事件过程代码相互分离，程序更易分析理解。

1.1.2　Visual Studio.NET 框架

Visual Studio.NET 是 Microsoft 公司 2001 年推出的一套完整的集成开发环境（IDE），用于生成桌面应用程序、ASP Web 应用程序、XML Web Services 和移动应用程序。

Visual Studio.NET 支持多种开发语言，自动生成程序框架代码，输入动态提示，实时代码错误监测，支持权威联机帮助文档等，具有其他工具不可比拟的优势。

Visual Studio.NET 框架是构建并运行应用程序的平台，它是 VB.NET 存在的前提和基础，也是 Visual Basic.NET 程序的运行平台。Visual Studio.NET 框架结构如图 1-1 所示。

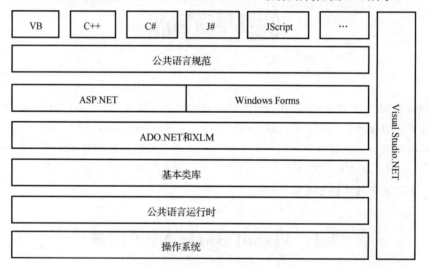

图 1-1　Visual Studio.NET 框架

1.2　设计一个简单的 Visual Basic.NET 应用程序

Visual Studio 2013 产品组件共用一个集成开发环境（IDE），此环境由菜单栏、标准工具栏以及停靠或自动隐藏在左侧、右侧、底部和编辑器空间的各种工具窗口组成。VB.NET 窗体应用程序开发时的标准窗口布局，如图 1-2 所示。

在 Visual Studio 2013 中设计 VB.NET 应用程序的一般步骤如下：

（1）新建项目；

（2）设计用户界面；

（3）编写事件过程代码；

（4）调试运行程序。

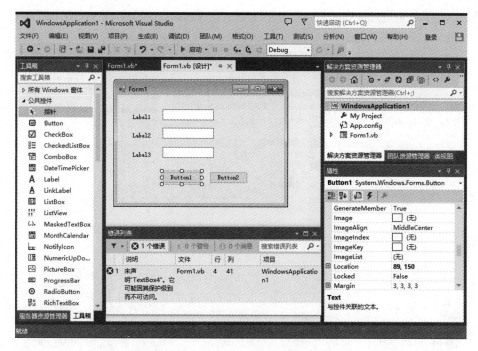

图 1-2　Visual Studio 2013 集成开发环境

　　下面通过一个简单的例子来加深对集成开发环境的了解，掌握在 Visual Studio 2013 中开发 VB.NET 应用程序的一般方法。

　　【例 1-1】设计如图 1-3 所示的用户界面，并实现以下功能：当程序启动之后，单击"隐藏"按钮，则显示"欢迎加入 VB 程序设计课程"的文本框将被隐藏，同时，标签中"请观察界面的变化"的内容会变成"文本框不见了"；单击"显示"按钮，则被隐藏的文本框重新显示在窗体上，同时，标签中内容会变成"文本框又见了"；单击"退出"按钮，可结束程序。

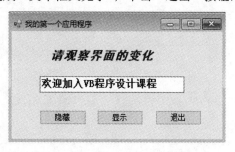

图 1-3　设置完成后的用户界面

1.2.1　新建项目

　　选择桌面左下角的"开始"|"所有程序"| Microsoft Visual Studio 2013 命令，在 Microsoft Visual Studio 2013 集成开发环境中，通过单击"新建项目"按钮或选择"文件"|"新建项目"命令，将打开"新建项目"对话框，在左边"已安装"树状列表中选择"模板"| Visual Basic | Windows 命令，在右边项目模板中选择 "Windows 窗体应用程序"模板，并将名称设为"例 1-1"，如图 1-4 所示。单击"确定"按钮，系统会自动创建一个名为 Form1 的窗体。在工具栏中单击"保

存"按钮，选择位置进行保存。例如，选择位置为 D:\VB.NET，即在 D:\VB.NET 目录下创建一个名为"例 1-1"的项目。

图 1-4 "新建项目"对话框

1.2.2 设计用户界面

1. 在窗体上添加控件

在工具箱中单击 Label 控件图标，移动鼠标到 Form1 窗体上确定要放置的位置，然后单击该处，则控件即以默认大小显示在所选的位置。再用相同的方法在窗体 Form1 上放置一个 TextBox 控件和 3 个 Button 控件，设置完成后如图 1-5 所示。

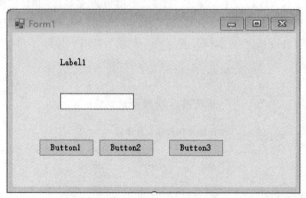

图 1-5 设计中的用户界面

2. 设置对象属性

在 Visual Studio.NET 2013 中通过设置对象属性可以控制对象显示时的外观特征和执行行为。设置对象属性，既可以在设计时期（Design Time）通过对象对应的"属性"窗口进行设置，也可以在运行时期（Run Time）通过命令代码进行设置和修改。在此，先介绍在设计时期进行属性设置的方法。

要设置一个控件对象的属性，必须先将其选定。被选定的控件周围会显示选取边框和 8 个操作点。选定控件有如下几种方法：

（1）单击 Form 上的某个控件。

（2）单击"属性"窗口对象右侧的下拉按钮，在对象下拉列表中选择对象。

（3）若要一次选定多个控件，可以先按住［Shift］键，再逐个单击要选的控件；也可以在要选定的控件外按住鼠标左键并拖动，当虚线框包围所有要选的控件后放开。

> **注意**：单击窗体上没有控件的地方，即选中了窗体对象本身。

下面按照表 1-1 中的要求通过以下操作步骤来设置各个控件的属性。

表 1-1　例 1-1 中各控件的主要属性值

控　件	属　性	属　性　值
Form1	Name	Form1
	Text	我的第一个应用程序
TextBox1	Name	TextBox1
	Text	欢迎加入 VB 程序设计课程
	Font	字体：宋体；字形：粗体；大小：小四
Label1	Name	Label1
	Text	请观察界面的变化
	Font	字体：黑体；字形：粗斜体；大小：四号
Button1	Name	Button1
	Text	隐藏
Button2	Name	Button2
	Text	显示
Button3	Name	Button3
	Text	退出

（1）单击 Form1 窗体空白处，移动鼠标指针到窗体的某尺寸调整手柄上，当指针变成双箭头时按住左键并保持，再拖动鼠标调整窗体至合适的大小。若要进行精确调整，可在"属性"窗口中选择 Size 属性，设置控件的大小，可以直接输入宽度和高度，或者展开 Size 属性，单独设置 Width 和 Height 的值。

（2）继续在"属性"窗口中选择 Text 属性，输入文字"我的第一个应用程序"。可以在单击"属性"窗口左侧的属性名称 Text 后直接输入，也可以双击属性名称 Text 后输入，输入完成之后会发现窗体标题栏的内容由 Form1 变为了"我的第一个应用程序"，该属性就是用来设置控件上所显示的内容的。

（3）对于 TextBox 控件、Label 控件和 Button 控件按相同的方法调整其大小，并分别修改其 Text 属性。

（4）如果要调整 TextBox 控件、Label 控件和 Button 控件的位置，一种方法是可以在选中控件之后使用鼠标拖动的方法将其拖动到合适位置；另一种方法是选中控件之后，在"属性"窗口中选择 Location 属性，直接输入位置 X 和 Y 的值。

（5）对于 TextBox 控件和 Label 控件中的文字则通过设置其 Font 属性来设置文字的字体、字形和大小等。单击 Font 属性值栏右边的 "…" 按钮，将打开字体设置对话框，分别将字体设为宋体、字形设为粗体、字号设为小四号，然后单击 "确定" 按钮。

（6）各个对象的 Name 属性，通常作为代码编程中的引用对象，这里先不进行修改。

现在，窗体及其上控件的相关属性已经设置完成，接下来的工作就是如何能使应用程序 "动" 起来，完成前面所要求的功能，这就必须通过编写代码来实现。

1.2.3　编写事件过程代码

1．事件和事件过程

Visual Basic.NET 是事件驱动编程机制的语言，也就是只有在事件发生时程序才会运行，没有事件时，程序处在停滞状态。在这里，事件被认为是由 Visual Studio 2013 集成开发环境预先设置好的、能够被对象识别的动作。例如，鼠标的单击、双击、拖动等都是常见的事件。而事件发生时做出响应所执行的程序代码称为事件过程。Visual Basic.NET 应用程序设计的主要工作就是为对象编写事件过程中的程序代码。

当第一次创建事件过程时，Visual Studio 2013 会在代码设计器中显示一个空的事件过程，所有空的事件过程由两行组成，在该框架内直接编写相应功能的程序代码。

```
Private Sub Button1_Click(sender As Object, e As EventArgs) Handles Button1.
Click
    '事件过程代码
End Sub
```

任何事件过程的第一行都包括以下几部分内容：

（1）Private Sub：将过程当作一个子程序。

（2）对象名称：指的是该对象的 Name 属性，本例中对象是名为 Button1 的按钮。

（3）一条下画线。

（4）事件名称：由系统预先定义好的赋予该对象的事件，且这个事件必须是对象能识别的。至于一个对象可以识别哪些事件，无须用户考虑，因为在建立了一个对象后，Visual Studio 2013 能自动确定与该对象相配的事件，并显示出来供用户选择。本例中事件为鼠标单击事件。

（5）一对括号，其中包含了两个参数：参数 sender 为产生事件的对象引用，参数 e 包含与事件相关的信息。

（6）Handles 关键字：连接事件与事件过程。

要了解某个对象能识别哪些事件，可以在代码编辑窗口左侧 "类名" 下拉列表框中选择所要查看的对象名称，然后单击右侧的 "方法名称" 下拉按钮即可看到该对象所能识别的事件列表。

2．编写事件过程代码

利用前面介绍的窗体窗口和工具箱窗口可以完成用户界面的设计，其中对象属性是在设计时期通过 "属性" 窗口设置的。除此之外，也可以在运行时期在程序代码中通过赋值来实现。其具体使用格式如下：

```
对象名.属性名=属性值
```

等号（=）表示赋值语句，在执行时是从右向左赋值的，即将赋值号右侧的属性值赋给左侧指定对象的指定属性，从而修改了对象的属性值。

对例 1-1 中的 Button 控件的 Click 事件编写简单的事件过程代码，具体操作步骤如下：

双击按钮即可进入按钮的默认事件处理过程，过程的开头和结尾由系统自动给出，然后只需在该框架内编写相应功能的程序代码即可。各按钮控件的事件过程代码如图 1-6 所示。

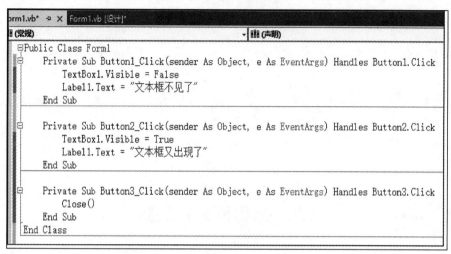

图 1-6　显示事件过程的代码窗口

在代码窗口中输入代码时，Visual Studio 2013 提供了很大的便利。当在代码窗口中输入一个对象名称，如前面的 Label1，然后再输入一个点之后，可以出现一个提示框，其中包含了对象的属性、事件和方法，在编程过程中，对于一些不确定名称的属性、事件或方法，就可以直接在提示框选择，降低了出错的可能。

3．保存设计结果

为了避免操作失误或计算机故障等造成的劳动成果丢失，及时保存文件永远是重要的。应该养成一个良好的习惯，在应用程序设计过程中，可每隔一定的时间间隔就执行一次保存操作。对例 1-1 中各个控件属性进行设置的过程中、设置完成后或编写代码的过程中，都可以通过选择"文件"|"全部保存"命令或单击工具栏中的"全部保存"按钮进行保存。

1.2.4　调试与运行

当事件过程编写完成后，就可以通过选择"调试"|"启动"命令或按［F5］键运行程序。

在运行程序时，Visual Studio 2013 首先要进行语法检查，若有错误，就会用波浪线把错误标记出来。查看代码错误有两种方法：

（1）把鼠标指针移至波浪线上，将显示简单的出错信息。

（2）通过"错误列表"窗口。"错误列表"窗口中列出了需要去做的事以及需要修改的错误。如果有太多错误，使用"错误列表"窗口是最好的选择。这个窗口不仅对错误进行了描述，如果双击某一错误对应的记录行，还会知道编译错误的代码在哪个位置。通过选择"视图"|"错误列表"命令，即可打开"错误列表"窗口。双击错误记录行，就可以直接定位到出错代码行，进行修改即可。

启动运行程序之后，单击"隐藏"按钮，就会看到如图 1-7（a）所示的运行结果界面；单击"显示"按钮，就会看到如图 1-7（b）所示的运行结果界面；单击"退出"按钮，结束程序的运行。

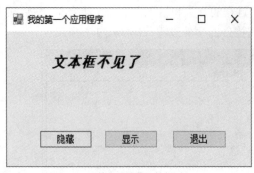
（a）单击"隐藏"按钮后

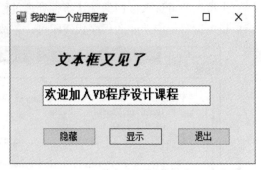
（b）单击"显示"按钮后

图 1-7　运行结果窗口

1.3　标识符命名规则

在各种程序设计语言当中，通常使用标识符给用户处理的对象命名。在 VB.NET 中标识符用来命名变量、常量、过程、函数以及各种控件。这些对象只有在编程环境中被命名，才能够作为编程元素使用。

【例 1-2】已知圆的半径，利用 VB.NET 编写程序，计算圆的周长和面积。圆周长公式为 L=2*pi*r；圆面积公式为 s=pi*r*r。

程序界面如图 1-8 所示。在文本框中填入半径值，单击"计算"按钮，得到如图 1-9 所示结果。

图 1-8　输入圆的半径

图 1-9　运行结果

程序代码如下：

```
Private Sub Button1_Click(sender As Object, e As EventArgs) Handles Button1.Click
    Const pi As Single=3.1415926        '声明 pi 为常量
    Dim r As Integer                    '声明 r 为整型变量，存放圆的半径值
    Dim L As Single                     '声明 L 为单精度实型变量，存放圆的周长值
    Dim s As Single                     '声明 s 为单精度实型变量，存放圆的面积值
    r=Val(TextBox1.Text)                '圆的半径值由 Textbox1 的 Text 属性输入而得
    L=2*pi*r                            '计算圆的周长
    s=pi*r*r                            '计算圆的面积
    Label2.Text="圆的周长为: " & Str(L)   '显示圆的周长
    Label3.Text="圆的面积为: " & Str(s)   '显示圆的面积
End Sub
```

在例 2-1 中，使用标识符 r 代表圆的半径，标识符 L 代表圆的周长，标识符 s 代表圆的面积以及用标识符 pi 来代表圆周率。当然，也可以用别的标识符来命名这些对象。这些标识符就是在 VB.NET 中的编程元素。在使用标识符命名时有以下规则需要遵守：

（1）标识符可以由字母、数字和下画线组成。

（2）标识符只能由字母或下画线开头；若以下画线开头，则必须至少包含一个字母或数字。

（3）VB.NET 中标识符不区分大小写。但标识符不能与 VB.NET 程序设计语言中的关键字相同，如 Dim、Const、If、For 等。

以下是正确的标识符：ab、_a、_1、wang_1、Acd。

以下是错误的标识符：

```
_                       '下画线开头，后面无数字或字母
1wang                   '不应该以数字开头
han%1                   '不应有"%"
x-y                     '不应有"-"
wang li                 '不应有空格
```

在例 1-2 中，对常量圆周率命名时使用了关键字 Const，对周长、面积等可变化数据的命名时使用了 Dim。在 VB.NET 中还有如：Public、Protecte、Friend、Private、Staic、Sub、Function、Class 等用来对不同类型的对象进行命名。半径 r 被定义为 Integer（整型），周长 L 和面积 s 被定义为 Single（单精度实型）。为什么要这样设置？在后续的学习中会逐一讲述。

1.4　数 据 类 型

在现实生活中存在的数据是各种各样的。在计算机中要描述这一类的数据，就需要规定这些数据应该表示出彼此之间的不同。数据类型不仅定义了某一个数据是整数、小数还是字符等，还决定了对不同类型的数据在计算机中的存储方式和空间分配的不同以及参与的运算的不同。

VB.NET 中提供的数据类型如图 1-10 所示。本章主要介绍基本数据类型，复合数据类型将在后续章节中介绍。

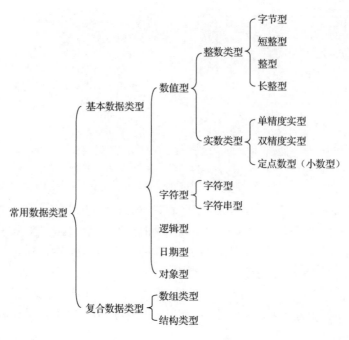

图 1-10　VB.NET 数据类型

1.4.1　基本数据类型

VB.NET 中共有 12 种基本数据类型，每一种都有各自的关键字，对所占存储空间和取值范围都有规定。表 1-2 列出了每一种基本数据类型的相关参数。

表 1-2　基本数据类型表的相关参数

数 据 类 型	关 键 字	存储空间/B	取 值 范 围
字节型	Byte	1	0～255
短整型	Short	2	−32 767～32 768
整型	Integer	4	−2 147 483 648～2 147 483 647
长整形	Long	8	−9 223 372 036 854 775 808～−9 223 372 036 854 775 808
单精度实型	Single	4	负数范围：−3.402 823e+38～−1.401 298E-45 整数范围：1.401 298e-45～3.402 823e+38
双精度实型	Double	8	负值取值范围：−1.797 693 134 862 315 70E+308 到−4.940 656 458 412 465 44E-324 正值取值范围：4.940 656 458 412 465 44E-324 到 1.79 769 313 486 231 570E+308
定点数型	Decimal	16	−79 228 162 514 264 337 593 543 950 335～ 79 228 162 514 264 337 593 543 950 335

续表

数 据 类 型	关 键 字	存储空间/B	取 值 范 围
字符型	Char	2	0～65 535
字符串型	String	取决于现实平台	0 到大约 20 亿个 Unicode 字符
逻辑型	Boolean	2	True 或 False
日期型	Date	8	0001 年 1 月 1 日午夜 0:00:00—9999 年 12 月 31 日晚上 11:59:59
对象型	Object	4	任何类型都可以存储在 Object 类型的变量中

基本数据类型可大致分为三类：数值数据类型、字符数据类型以及其他数据类型。表 1-2 列出了各种数据类型的基本情况，下面是对各种数据类型用法的补充介绍。

1.4.2　数值数据类型

1．单精度实型（Single）

单精度实型存储有符号的 IEEE 32 位（4 字节）单精度浮点数，负数取值范围为-3.402 823 5E+38～-1.401 298E-45，正数取值范围为 1.401 298E-45～3.402 823 5E+38。单精度数值存储实数数值的近似值，Single 的默认值为 0。在例 1-2 中将圆的周长 L 和面积 s 设置为单精度实型数据。下面的语句是将名为 Mysingle 的变量声明为 Single 类型，并将数值 12.34 赋值给变量 Mysingle：

```
Dim Mysingle As Single
Mysingle=12.34
```

2．双精度实型（Double）

双精度实型存储带符号的 IEEE 64 位（8 字节）双精度浮点数，负值取值范围为-1.797 693 134 862 315 70E+308～-4.940 656 458 412 465 44E-324，正值取值范围为 4.940 656 458 412 465 44E-324～1.797 693 134 862 315 70E+308。双精度数值存储实数数值的近似值。Double 数据类型提供数字可能的最大和最小量值，Double 的默认值为 0。下面的语句是将名为 Mydouble 的变量声明为 Double 类型，并将数值 12.458 赋值给变量 Mydouble：

```
Dim Mydouble As Double
Mydouble=12.458
```

3．定点数型（Decimal）

Decimal 数据类型提供数字的最大数量的有效数位，最多支持 29 个有效数位，并可以表示超过 7.9228×10^{28} 的值。它特别适用于需要使用大量数位但不能容忍舍入误差的计算，如金融方面的计算。Decimal 的默认值为 0。

下面的语句是将名为 Mydecimal 的变量声明为 Decimal 类型，并将数值 45687.24477 赋值给变量 Mydecimal：

```
Dim Mydecimal  As Decimal
Mydecimal=45687.24477
```

1.4.3　字符数据类型

1．字符型（Char）

字符型保存无符号的 16 位（双字节）码位，取值范围为 0～65 535。每个码位（或字符代码）表示单个 Unicode 字符。在只需保存单个字符而无须保存 String 的标头时，请使用 Char 数据类型。下面的语句是将名为 Mychar 的变量声明为 char 类型，并将字母 A 赋值给变量 Mychar：

```
Dim Mychar  As char
Mychar="A"
```

在给 char 类型的数据赋值时数据要使用双引号（""）括起来。

2．字符串型（String）

可使用 String 数据类型存储多个字符。String 的默认值 Nothing（null 引用）即为空串，但不等于""。

下面的语句是将名为 Mystring 的变量声明为 String 类型，并将字符串" Hello！Welcome！"赋值给变量 Mystring：

```
Dim Mystring  As String
Mystring=" Hello!  Welcome ! "
```

必须将 String 文本放入双引号（" "）内。如果必须在字符串中包含双引号，则需要使用两个连续的引号（""）。

1.4.4　其他数据类型

1．逻辑型（Boolean）

逻辑型存放只可能为 True 或 False 的值。关键字 True 和 False 对应于 Boolean 变量的两种状态。Boolean 的默认值为 False。

下面的语句是将名为 MyBoolean 的变量声明为 Boolean 类型，并将字符串 True 赋值给变量 Mystring：

```
Dim Myboolean  As Boolean
Myboolean=True
```

2．日期型（Date）

下面的语句是将名为 Mydate 的变量声明为 Date 类型，并将日期值#2/26/2019#赋值给变量 Mystring：

```
Dim mydate  As date
mydate=#2/26/2019#
```

必须将 Date 文本括在数字符号 (# #) 内，必须以 m/d/yyyy 格式指定日期值。此要求独立于区域设置和计算机的日期和时间格式设置。在 VB.NET 中设置界面如图 1-11 所示，将以上的语句补充如下：

```
Private Sub Button1_Click(sender As Object, e As EventArgs) Handles Button1.Click
    Dim mydate1, mydate2 As Date
    mydate1=#2/26/2019#
```

```
        mydate2=Today            '提取系统当前日期赋值给日期变量 mydate2
        Label1.Text=mydate1      '在 Label1.Text 中显示出设置日期
        Label2.Text=mydate2      '在 Label2.Text 中显示系统日期
End Sub
```

程序运行结果如图 1-12 所示。

图 1-11　显示日期程序界面

图 1-12　日期显示结果

3．对象型（Object）

可以将任何数据类型的变量、常数或表达式赋给 Object 变量。

数据类型的取值范围有时取决于计算机平台，32 位机和 64 位机中的数据类型的取值范围有所不同。利用数据类型的 MinValue 和 MaxValue 成员可以获得上述数据类型在所在计算机的取值范围，若超出该有效范围，就会溢出。

1.4.5　类型转换

将值数据从一种数据类型转变为另一种数据类型的过程被称为类型转换。根据涉及的类型，转换可分为扩展转换和收缩转换；根据涉及语法的不同，可以将转换分为隐式转换和显式转换。

1．扩展转换

不同的数值数据类型有不同的数量级。数值数据类型的数量级由低到高排列如下：

Byte→Short→Integer→long→Decimal→Single→Double

由低数量级到高数量级的转换即为扩展转换。从 Integer 到 Single、从 Long 到 Single 或 Double、从 Decimal 到 Single 或 Double 的转换可能会导致精度损失。但由于数量级不会损失，所以信息不会损失。

字符类型数据类型中 Char 类型可以扩展转换为 String 类型。同时，任意数据类型可以转换为 Object 类型。

2．收缩转换

收缩转换类似于扩展转换的反向转换。收缩转换不一定总能成功，如果目标类型不能接收被转换的值，将产生错误。例如，高数量级的数字转换为低数量级的数字可能导致溢出。编译器通常不允许执行收缩转换。当确信原数据可以被转换为目标类型，并且不会导致错误时，再使用收缩转换。

收缩转换包括如下类型：

（1）扩展转换的反向转换。

（2）Boolean 和任何数值类型间的转换。

（3）Char( )数组和 String 类型的转换。

（4）String 和任何数值类型、Boolean 或 Date 类型间的转换。

（5）数据类型或对象类型到其他派生类的转换。

3．隐式转换

隐式转换是在转换过程中不使用特定函数的转换。例如，声明了一个名为 I 的整型变量，一个名为 J 的单精度实型变量。给 I 赋值为 123，再把 I 的值赋值给 J。

```
Dim I As Integer
Dim J As Single
I=123
J=I
```

上面的实例中，在把 I 的值赋给 J 前，VB.NET 将 I 隐式转换为单精度浮点数。

4．显式转换

显式转换需要使用类型转换函数，如表 1-3 所示。

表 1-3　类型转换函数

类型转换函数	目标数据类型	源数据类型
Cbool( )	Boolean	任何数值类型、String、Object
Cbyte( )	Byte	任何数值类型、Boolean、String、Object
Cchar( )	Char	String、Object
Cdate( )	Date	String、Object
CDbl( )	Double	任何数值类型、Boolean、String、Object
Cdec( )	Decimal	任何数值类型、Boolean、String、Object
Cint( )	Integer	任何数值类型、Boolean、String、Object
CLng( )	Long	任何数值类型、Boolean、String、Object
Cobj( )	Object	任意类型
CShort( )	Short	任何数值类型、Boolean、String、Object
CSng( )	Single	任何数值类型、Boolean、String、Object
CStr( ) Str( )	String	任何数值类型、Boolean、Char、Char 类型数组、Date、Object

通过转换函数，即可将前面隐式转换的例子改写成为显式转换。

```
Dim I As integer
Dim J As Single
I=123
J=CSng(I)
```

5．字符串和数值的相互转换

（1）从数值类型到字符串类型的转换

在表 1-3 中列出的该类转换函数有 Str( ) 和 CStr( )，两者的区别在于使用 Str( ) 函数转换后转换结果包含一个占位前导符，而使用 CStr( ) 则没有。例如：

```
Str(33.456)              '转换后的结果为：" 33.456"
CStr(33.456)             '转换后的结果为："33.456"
```

除了上述两个函数之外，还有 Format( )函数。

使用 Format( )函数不仅可以将数值类型转换为字符串类型，还可以在转换时进行格式控制，其中不但可以包括正确的位数，而且能包含格式化字符，例如，货币符号（￥）、千位分隔符（,）、小数点分隔符（.）等。Format( )函数根据 Windows 控制面板中的区域设置，自动使用正确的字符。Format( )函数包含两个参数，格式如下：

```
Format(数值数据，格式串)
```

在 Format( )函数中，使用"0"和"#"两个字符作为格式控制字符。其作用如下：

①　"0"：格式控制符。当使用"0"作为格式控制符时，会将数值类型的数据比对"0"格式串的格式进行转换输出。不足位的用"0"补位；小数点左侧超出部分按原有数位进行转换，小数点右侧超出部分四舍五入进行转换。例如：

```
Format(15.14, "000.00")          '转换后的结果为：015.14
Format(1223.45, "00000.000")     '转换结果为：01223.450
Format(7723.7278, "000.000")     '转换结果为：7723.728
```

②　"#"：格式控制符。"#"与"0"只有一点不同，当数值数据与格式串对比时，不足格式串位数的，则将数值串按原样转换输出。例如：

```
Format(15.14, "###.##")          '转换后的结果为：15.14
Format(1223.45, "#####.###")     '转换结果为：1223.45
Format(7723.7278, "###.###")     '转换结果为：7723.728
```

当格式串中包含除了"0"和"#"以外的字符，如"￥"或","时则，根据 Windows 控制面板中的区域设置进行转换，例如：

```
Format(2235.3285, "00,000.00")
```

","被转换为 String 类型，并按格式串的要求输出，结果为：02,235.33。

```
Format(9656.75, "￥##,000.00")
```

","被转换为 String 类型，并按格式串的要求输出，结果为：￥9,656.75。

（2）从字符串类型到数值类型的转换

使用 Val( )函数能将字符串中的数字转换为数值类型，转换时 Val( )函数从字符串中读取字符，遇见除数字、空格、制表符、换行符或句点外的字符则停止转换。那些通常被认为是数值的一部分的符号和字符，例如货币符号与逗号，都不能被识别。此时，Val( )函数返回的结果是被正确转换的数字。例如：

```
Val("23.85 miles")               '转换后的结果为：23.85
Val(￥33.5)                       '转换后的结果为：33.5
```

1.5　常量和变量

在编写程序的过程中需要处理各种类型的数据，数据的形式可以是不变化的，如例 1-2 中的 pi，这类数据在编写程序的过程中其值是固定不变的，声明了之后，在语句的使用中只需要引用其名称即可，这类数据即是常量；有些数据是变化的，如例 1-2 中的半径 r、周长 L、面积 s 以及 r 的值可以因输入的不同而变化，L 和 s 的值又随着 r 的不同而变化，这类数据即是变量。

1.5.1　常量

如前所述，常量（Constant）是在程序运行过程中不变化的数据，如例 1-2 中的圆周率 pi，这类数据往往在程序中反复出现，大多数不便于记忆且在程序运行过程中不能被改变。这时使用常量便能省时省力，提高代码的可读性和可维护性。

在 VB.NET 中使用语句声明常量，语法格式如下：

```
Const 常量名 [As 数据类型]=表达式
```

常量的声明比较简单，其中的"数据类型"可以是 1.4 节介绍的任意类型。"表达式"可以是具体数据，也可以是运算式，它会将运算结果赋值给声明的常量。在 Const 前可以加上如 Public、Private、Friend 等关键字来标明常量的有效范围，在此不再详细说明。以下是声明常量的例子：

```
Const pi As double=3.1416
Const Sday as date=#2018-12-28#
Const age As integer=19
Const T="hello world!"
Const F As double=3+5+3.14159
```

在一行中使用（,）可以同时声明多个常量。常量名的起名规则需要遵循标识符的命名规则。

1.5.2　变量

变量（Variable）是计算机编程中的一个重要概念。变量是一个可以存储值的字母或名称，在编写程序时，可以用这个名字存储数据。如前所述，之所以要使用"变量"，是因为所存储的数据在编程过程中会因各种情况而产生变化。

使用变量有 3 个步骤：

（1）声明变量。告诉程序要使用的变量的名称和种类。

（2）给变量赋值。赋予变量一个要保存的值。

（3）使用变量。检索变量中保存的值，并在程序中使用。

1．声明变量

声明变量的语法格式如下：

```
Dim 变量名 [As 数据类型][=初始值]
```

在声明变量的语句中，使用 Dim 关键字，"变量名"遵循标识符命名规则，在编写程序的过程中，有时会用到多个变量，所以变量名最好做到"见名知意"；"数据类型"根据需要选择。

在同一声明语句中可以声明多个相同类型或不同类型的变量。如果声明多个同一数据类型的变量，在变量名处用"，"分隔。例如：

```
Dim I, J, K  As Integer          '声明了 3 个整型变量
Dim Str1, Str2 As String         '声明了 2 个字符串型变量
```

如果声明多个不同类型的变量，可使用如下语句：

```
Dim I As Integer, J As Double, S  As Char
```

以上语句声明了 1 个整型变量、1 个双精度实型变量和 1 个字符型变量。

2. 变量赋值

在声明变量的同时可以给变量赋值，如 Dim I as Integer=4，则变量 I 的值即为整数 4。若不在变量声明时对变量赋值，也可以赋值语句中对变量赋值，此时变量的初始值由数据类型决定（请参照基本数据类型）。例如：

```
Dim I As Integer     '此语句声明一个整型变量名为 I，I 的初值为 0
I=12                 '给 I 赋值为 12
```

在声明多个不同类型的变量时，可以分别对其赋值。语句如下：

```
Dim I As Integer=12, T As Double=3.1234, Str1 As String="欢迎光临！"
```

3. 类型字符

在 VB.NET 中提供了一组类型字符，这些符号可以在声明语句中代替关键字来指定变量或常量的数据类型，如表 1-4 所示。

表 1-4　类型字符

数 据 类 型	类 型 字 符
Integer	%
Long	&
Decimal	@
Single	!
Double	#
String	$

有了类型字符，就可以将声明语句变化为如下形式：

```
Dim I%, J%, K%          '声明了 3 个整型变量
Dim Str1$, Str2$        '声明了 2 个字符串型变量
Const PI#=3.1415926     '声明了 Double 类型的常量 PI
```

在表 1-4 中只列出了 6 种数据类型的类型字符。Byte、Char、Date、Boolean、Object 和 Short 等数据类型，以及任何复合数据类型都没有类型字符。类型符不便于记忆，一般不建议使用。

1.6　运算符和表达式

在使用 VB.NET 编程语言编写程序时，为了让计算机能够正确地执行语句，实现编程者的意图，就需要编程者事先了解该语言的一些规定。例如针对各种数据类型能够进行哪些运算，该运算的符号又是什么。VB.NET 中运算主要分为算术运算、关系运算、逻辑运算和连接运算等。各种编程语言中都是用符号来描述数据的运算形式，VB.NET 也不例外，这些符号被称为运算符。由运算符和操作数一起组成的式子即为表达式，如 X+Y、T^2 等。

1.6.1　算术运算符

算术运算用于执行简单的算术运算。常用的算术运算符及其在 VB.NET 算术运算中的优先级，如表 1-5 所示。

表 1-5　算术运算符及优先级

运算符	说明	优先级
^	指数运算符	1
−	取负运算符	2
*	乘法运算符	3
/	浮点除运算符	3
\	整除运算符	4
mod	余除运算符（取模）	5
−	减法运算符	6
+	加法运算符	6

在运算符两边可以是数字、变量、常量或表达式。如果连接的是数字或变量，就称该数字或变量为"操作数"。如果某算术运算符只在一边连接操作数或表达式，则该运算为称为"单目运算符"，如取负（−）运算。如果某运算符两边同时需要两个操作数的运算符，则称为"二元运算符"。

【例 1-3】算术运算符的应用。

算术运算符示例的界面布局如图 1-13 所示。在图中共有 8 个 label 控件用于显示标题，还有 7 个 TextBox 以及 1 个 Button。属性设置如表 1-6 所示。

表 1-6　例 1-3 中控件属性设置

控　件	属　性	属　性　值
Label1	Text	算术运算符示例
Label2	Text	指数运算：3^3=
Label3	Text	乘法运算：8*4=
Label4	Text	浮点除运算：34/3=

续表

控　件	属　性	属　性　值
Label5	Text	整除运算：35\6=
Label6	Text	余除运算：39 mod 11=
Label7	Text	减法运算：12-7=
Label8	Text	加法运算：4+5=
Button1	Text	计算

双击 Button1，进入 Button1_Click 事件编写部分。编写代码如下：

```
Private Sub Button1_Click(sender As Object, e As EventArgs) Handles Button1.Click
TextBox1.Text=3^3
TextBox2.Text=8*4
TextBox3.Text=34/3
TextBox4.Text=35\6
TextBox5.Text=39 Mod 11
TextBox6.Text=12-7
TextBox7.Text=4+5
End Sub
```

程序编写完成后，按下［F5］键运行程序，再单击"计算"按钮，得到如图 1-14 所示结果。

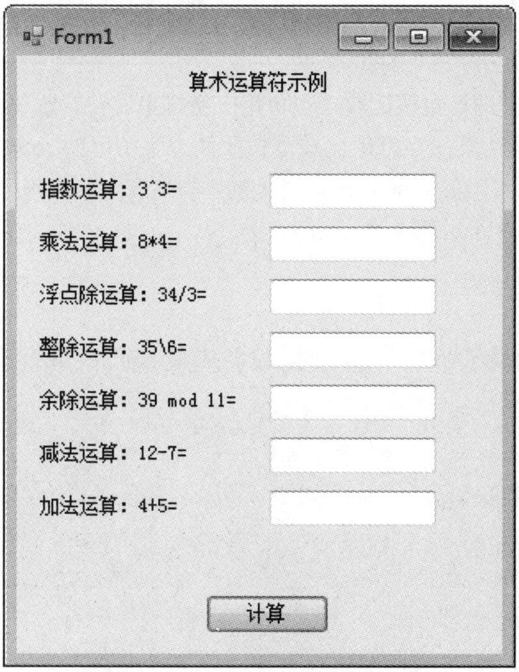

图 1-13　算术运算符示例界面布局 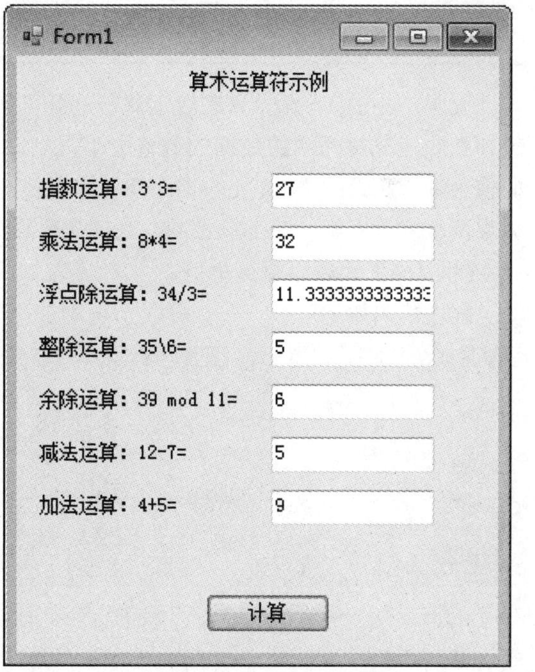　　　　图 1-14　例 1-3 程序运行结果

在例 1-3 程序的结果中，可以看到算术运算与一般算术一样，但是特别需要注意的是，在计算机中的两种除法运算符。在算术表达式中也可使用圆括号（）来改变运算顺序。例如：

4+8*4/2　　　结果为：20

```
(4+8)*4/2    结果为: 24
100/5+3      结果为: 23
100/(5+3)    结果为: 12.5
```

1.6.2 关系运算符

关系运算符也称比较运算符,用来比较运算符两边表达式的大小,返回的结果只可能是下列两个之一: True 或 False。表 1-7 所示为常用的关系运算符。

表 1-7 关系运算符

序　号	运　算　符	说　　明
1	=	等于
2	>	大于
3	<	小于
4	>=	大于等于
5	<=	小于等于
6	<>	不等于
7	Is	比较两个变量引用的对象是否一致
8	IsNot	与 Is 运算相反
9	Like	用于两个字符串的模式匹配,True/False

表 1-7 中的 1~6 号为比较运算符,既可用于进行数值比较,也可用于字符串比较。数值比较即按照运算符两侧的数据的数值大小得到比较结果。字符串比较是按照两个字符串的 ASCII 码值来进行比较的。首先比较两个字符串的第一个字符,ASCII 码值较大的字符所在的字符串大,如果两个字符串第一个字符相同,则依次比较第 2 个、第 3 个……

【例 1-4】比较运算符举例。

程序代码如下:

```
Private Sub Form1_Load(sender As Object, e As EventArgs) Handles MyBase.Load
    Dim R1, R2, R3, R4, R5, R6, R7 As Boolean
'定义了 R1~R7 共 7 个 Boolean 类型的变量,用于存放下列 7 个关系表达式的结果
R1=1>10
R2=3<5
R3=4>=4
R4=5<>5
R5="ABC">"abc"
R6="asd"<"awe"
R7=4=5
'下列语句是利用输出窗口显示 7 个关系表达式的结果
Console.WriteLine("1>10 的结果是: " & R1)
Console.WriteLine("3<5 的结果是: " & R2)
Console.WriteLine("4>=4 的结果是: " & R3)
Console.WriteLine("5<>5 的结果是: " & R4)
Console.WriteLine("ABC>abc 的结果是: " & R5)
```

```
Console.WriteLine("asd<awe 的结果是: " & R6)
Console.WriteLine("4=5 的结果是: " & R7)
  End Sub
```

输出窗口显示内容如图 1-15 所示。

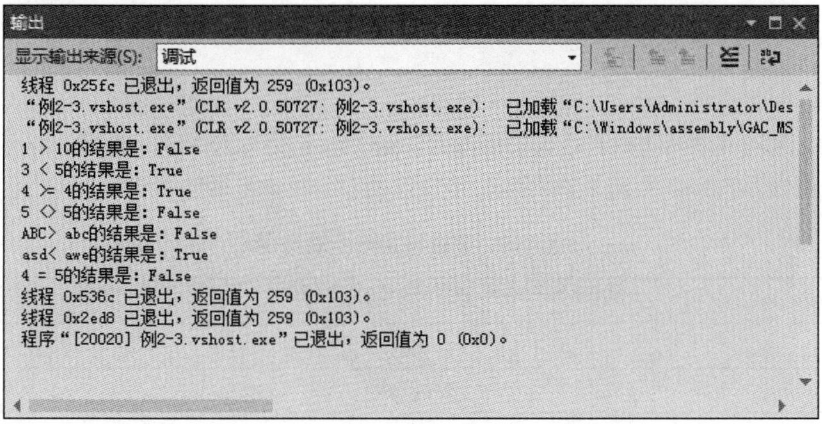

图 1-15　利用输出窗口显示运行结果

Console.Writeline( ) 是在输出窗口中显示运算结果的一种方法。与此类似的还有 Console.Write( ) 语句，两者的区别是：Console.Writeline( ) 在输出后会将光标移动到下一行，则后续的输出内容将会出现在下一行。而 Console.Write( ) 输出完成后，光标不会移动到下一行，后续内容会连接在前面的内容后输出。

Is 和 IsNot 运算符主要用于对象操作，Like 运算符主要用于两个字符串的模式匹配，在此不做详细介绍。

1.6.3　逻辑运算符

逻辑运算符可以对多个 Boolean 表达式进行运算，返回的结果为 Boolean 类型。在程序的编写过程中，逻辑运算通常用于控制程序的流程。VB.NET 提供了如表 1-8 所示的 6 种逻辑运算符。

表 1-8　逻辑运算符

逻辑运算符	说　　明
Not	逻辑非
And	逻辑与
Or	逻辑或
Xor	异或
AndAlso	短路与
OrElse	短路或

1. 逻辑非（Not）

```
结果=Not 表达式
```

逻辑非（Not）为单目运算，运算的结果为表达式的相反值。若表达式的值为 True，则结果为 False；若表达式的结果为 False，则结果为 True。例如：

```
Dim X As Boolean              '声明了一个名为 X 的 Boolean 型变量
X=Not（3>5）                   '表达式 "3>5" 的值为 False，则 X 的值为 True
```

2. 逻辑与运算（And）

```
结果=表达式 1 And 表达式 2
```

当 And 运算符左右两边的表达式的值都为 True 时，结果才为 True。否则，若运算符边任何一个表达式的值为 False，则结果为 False。表 1-9 所示为逻辑与运算的结果。

表 1-9　逻辑与 And 运算结果

表达式 1 的值	表达式 2 的值	结　果
True	True	True
True	False	False
False	True	False
False	False	False

对于逻辑与运算的解释，可以看作是要完成一件事，有两个条件，缺少任何一个条件，事情就完成不了。

3. 逻辑或运算（Or）

```
结果=表达式 1 Or 表达式 2
```

当 Or 运算符两边的表达式的值都为 False 时，结果才为 False。若 Or 运算符两边的表达式有任意一个为 True，则结果为 True。表 1-10 所示为逻辑运算结果。

表 1-10　逻辑或 Or 运算结果

表达式 1 的值	表达式 2 的值	结　果
True	True	True
True	False	False
False	True	False
False	False	False

4. 异或运算（Xor）

```
结果=表达式 1 Xor 表达式 2
```

如果两个表达式的值同为 True 或 False，则结果为 False，否则为 True。例如：

```
Dim Test  As Boolean          '声明了一个名为 Test 的 Boolean 型变量
Test=(5<>3)Xor (4>4)          '5<>3 的值为 True，4>4 的结果为 False，Test 为 True
Test=(5<>3)Xor (4=4)          '5<>3 的值为 True，4>4 的结果为 true，Test 为 False
```

5. 短路与（AndAlso）

AndAlso 运算与 And 十分相似，都是对表达式执行与操作。不同的是，若 AndAlso 左侧的表达式的值为 False 时，则不计算 AndAlso 右侧表达式的值，直接得出结果 False。

6. 短路或（OrAlse）

OrElse 运算与 Or 十分相似，都是对表达式执行与操作。不同的是，若 OrElse 左侧表达式的值为 True 时，则不计算 OrElse 右侧表达式的值，直接得出结果 True。

1.6.4　连接运算符

在字符串运算中还有一种运算为连接运算，该运算可以将各个字符串连接合并为一个字符串。在 VB.NET 中有两个连接运算符：+和&。在例 1-2 和例 1-4 的输出语句中都有字符串连接运算。

【例 1-5】"&"字符串连接运算符用法。

在窗体上添加一个按钮，设置其 Text 属性为"字符串连接"，程序界面如图 1-16 所示。

事件过程代码如下：

```vb
Private Sub Button1_Click(sender As Object, e As EventArgs) Handles Button1.Click
    Dim s1, s2, s3  As String     '定义了 3 个字符串变量 s1、s2 和 s3
    s1="我爱你"                     '给 s1 赋值为字符串"我爱你"
    s2="中国！"                     '给 s2 赋值为字符串"中国！"
    s3=s1&s2                       's1 和 s2 作连接运算，将结果赋值给 s3
    MsgBox(s3)                     '利用消息框将 s3 的值显示输出
End Sub
```

启动运行程序，单击"字符串连接"按钮后，弹出如图 1-17 所示的消息框。

图 1-16　设计界面

图 1-17　消息框

MsgBox( )函数是利用弹出消息框的形式来显示输出数据。该函数的具体用法将在第 2 章介绍。

【例 1-6】"+"运算符的用法。

"+"既可以作为字符串连接运算符，同时也可以作为加法运算符，界面如图 1-18 所示。在"+"运算符的前后都是数值类型时，执行算术加法运算；当"+"运算符的前后都是字符串类型时，执行字符串的连接运算。所以，如果要将两个数值类型的数据的数值连接输出时，应该将数值类型的数据分别先转换为字符串类型，再用"+"做连接运算才能得到正确的结果。

提示：本例中出现的 Str( )函数的功能是将数值类型的数据转换为字符串。

程序代码如下：

```
Private Sub Button1_Click(sender As Object, e As EventArgs) Handles Button1.Click
    Dim S1, S2 as Integer
        S1=111
        S2=222
        TextBox1.Text=Str(S1)+Str(S2)
        TextBox2.Text=Str(S1+S2)
End Sub
```

单击"演示"按钮后，得到如图 1-19 所示结果。

图 1-18　设计界面

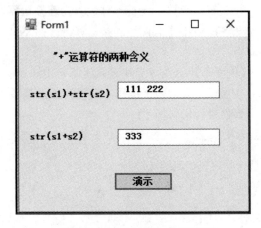

图 1-19　例 1-6 程序运行结果

1.6.5　运算符的优先级

当一个计算中同时出现了多种不同类型的运算符时，有如下先后顺序：圆括号→算术运算符→连接运算符→关系运算符→逻辑运算符。

1.6.6　表达式

1．表达式的含义

由运算符和操作数一起组成的式子即为表达式。运算符既是上述讲到的 4 类，操作数可以是变量、常量、函数。有时为了确定运算的顺序，在表达式中还经常使用圆括号()。表达式本身只是一个式子，不带结果。只有通过运算后才会有结果，运算结果的类型由操作数和运算符来决定。例如，下列几个式子称为表达式：

```
3*8+45^2
8+2
"123"&"456"
```

而下列的几个式子则不能称为表达式：

```
X=46+3
4+8=12
```

2．表达式的规则

（1）乘号不能省略。例如 2，乘以 X 应该写成 2*X，不能按照旧有习惯写为 2X。

（2）在表示中使用的括号都是小括号（），无方括号和大括号，且圆括号必须成对出现。在一个表达式中可以多次嵌套使用圆括号。

（3）在 VB.NET 表达式中，使用"/"来代替分数的分号。

（4）对于类似取值范围的书写，不能写成 2<=X<=5，正确的书写方式是 X>=2 and X<=5。

1.7　应用实例

【例 1-7】简易计算器设计。

设计一个简易计算器，能够实现加、减、乘、除运算，界面如图 1-20 所示。

图 1-20　简易计算器界面

1．界面设计

在这个实例中，使用了 5 个 Label 控件、3 个 TextBox 控件、4 个 RadioButton 控件、1 个 GroupBox 控件和 3 个 Button 控件。各个控件的属性设置如表 1-11 所示。

表 1-11　例 1-7 控件属性设置

控　件	属　性	属　性　值
Label1	Text	简易计算器
Label2	Text	操作数 1：
Label3	Text	操作数 2：
Label4	Text	结果：
Label5	Text	=
Button1	Text	计算
Button2	Text	清零
Button3	Text	退出
RadionButton1	Text	+

续表

控 件	属 性	属 性 值
RadionButton2	Text	-
RadionButton3	Text	*
RadionButton4	Text	/
GroupBox	Text	运算符

2. 程序设计

程序功能：在 TextBox1 中输入操作数 1，在 4 个 RadioButton 中选择运算符，然后在 TextBox2 中输入操作数 2，单击"计算"按钮，在 TextBox3 中得到结果。"清零"按钮的功能是清除 3 个文本框中的数据和运算符号的选择，为下一次计算做准备。

RadioButton 控件的具体用法会在后续的章节中详细介绍，这里只介绍其简单用法：

RadioButton 又称单选按钮，其在工具箱中的图标为 ，单选按钮通常成组出现，用于为用户提供两个或多个互斥选项，即在一组单选按钮中只能选择一个。例如，本例中同时只能执行一种运算，所以使用 GroupBox 将 4 个 RadioButton 组成一组。本例中只使用到了 RadioButton 的 Check 属性，用来设置或返回该单选按钮是否被选中，选中时 Checked 属性值为 True，没有被选中时为 False。Checked 属性的默认值为 False。

（1）对"计算"按钮的 Click 事件进行程序编写。

分析：在这个实例中，有两个操作数和一个结果，所以用到 3 个变量。首先在程序的开始声明 3 个变量，根据需要，3 个变量应该设置为实型。在输入操作数之后判断一下是哪个 RadioButton 被选中，也就是哪个 RadioButton 的 Checked 属性值为 True，则进行相应的计算。判断哪个 RadioButton 被选中使用到 If...then...语句。在进行除法运算时，还应该首先判断操作数 2 是否为 0。具体代码如下：

```
Private Sub Button1_Click(sender As Object, e As EventArgs) Handles Button1.Click
    Dim X1, X2, Result As Double
    '声明 3 个实型变量，X1 存放操作数 1 的值
    'X2 用来存放操作数 2 的值，Result 用来存放结果
    X1=Val(TextBox1.Text)                      '从 TextBox1 中得到 X1 的值
    X2=Val(TextBox2.Text)                      '从 TextBox2 中得到 X2 的值
    '如果 RadioButton1 被选中，则进行加法运算
    If RadioButton1.Checked=True Then
        Result=X1+X2
        TextBox3.Text=Str(Result)              '输出运算结果
    End If
    '如果 RadioButton2 被选中，则进行减法运算
    If RadioButton2.Checked=True Then
        Result=X1-X2
        TextBox3.Text=Str(Result)              '输出运算结果
    End If
    '如果 RadioButton3 被选中，则进行乘法运算
    If RadioButton3.Checked=True Then
        Result=X1*X2
        TextBox3.Text=Str(Result)              '输出运算结果
    End If
```

```
    '如果 X2=0，弹出提示信息
    If X2=0 Then
        MsgBox("除数不能为 0，请重新输入")
        TextBox2.Text=""
    End If
    '如果 RadioButton1 被选中并且 X2 的值不为零，则进行除法运算
    If RadioButton4.Checked=True And X2 <> 0 Then
        Result= X1/X2
        TextBox3.Text=Str(Result)              '输出运算结果
    End If
End Sub
```

（2）对"清零"按钮的 Click 事件进行程序编写。

分析："清零"按钮的功能是，清除 3 个文本框中的数据和运算符号的选择，为下一次计算做准备。所以，点击"清零"按钮后，3 个 TextBox 的 Text 属性值应为空串""。4 个 RadioButton 的 Checked 属性应为 False。代码如下：

```
Private Sub Button2_Click(sender As Object, e As EventArgs) Handles Button2.Click
    TextBox1.Text=""
    TextBox2.Text=""
    TextBox3.Text=""
    RadioButton1.Checked=False
    RadioButton2.Checked=False
    RadioButton3.Checked=False
    RadioButton4.Checked=False
End Sub
```

（3）对"退出"按钮的 Click 事件进行程序编写。

实现功能：结束程序的运行。代码如下：

```
Private Sub Button3_Click(sender As Object, e As EventArgs) Handles Button3.Click
    Close()
End Sub
```

加法运算结果如图 1-21 所示。

图 1-21　加法运算结果

当进行除法运算时，如果除数为 0（见图 1-22），将会弹出消息框，提示错误信息，如图 1-23 所示。

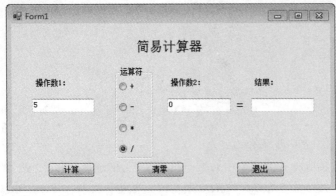

图 1-22　除数为零　　　　　　　　　　　图 1-23　除数为 0 提示信息

习　　题

一、选择题

1. 对象的特征称为（　　），对象能够执行的操作称为（　　），对象能够识别的操作称为（　　）。

　　A. 属性　　方法　　事件　　　　　　　B. 方法　　属性　　事件
　　C. 事件　　属性　　方法　　　　　　　D. 属性　　事件　　方法

2. 面向对象的程序设计语言的基本编程模式是（　　）驱动。

　　A. 对象　　　　　　B. 方法　　　　　C. 事件　　　　　D. 类驱动

3. 要改变 Form 窗体的背景色，要对其（　　）属性进行设置。

　　A. ForeColor　　　　　　　　　　　　　B. BackColor
　　C. Font　　　　　　　　　　　　　　　D. Size

4. 决定一个控件不可见，要将该控件的（　　）属性设置为 False。

　　A. Enable　　　　B. Width　　　　C. Visible　　　　D. Text

5. 文本框 TextBox 在默认情况下只能显示和输入单行文本，要将其设置为多行显示，要将（　　）属性设置为 True。

　　A. PassWordchar　　　　　　　　　　B. Readonly
　　C. Scrollbars　　　　　　　　　　　D. Multiline

6. 下列（　　）控件用于显示用户无法更改或指导用户操作的提示性信息。

　　A. Button　　　　B. Label　　　　C. Form　　　　D. TextBox

7. 窗体的标题栏显示内容由窗体对象的（　　）属性决定。

　　A. Backcolor　　　B. Backstyle　　　C. Text　　　　D. Name

8. 文本框的（　　）属性用于设置或返回文本框中的文本内容。

　　A. Text　　　　　B. Font　　　　C. Enable　　　　D. Name

9. 当用户在窗体上单击时，不会触发的事件是（　　　）。

    A. Click   B. Mousedown

    C. Mouseup   D. Dblclick

10. 在设计阶段，当双击窗体上的某个控件时，所打开的窗口是（　　　）。

    A. 工程资源管理器窗口   B. 工具箱窗口

    C. 代码窗口   D. 属性窗口

11. 若要使命令按钮不可用，则可设置其（　　　）属性为 False 来实现。

    A. Value   B. Cancel   C. Enabled   D. Default

12. 以下叙述中正确的是（　　　）。

    A. 窗体的 name 属性指定窗体的名称，用来标识一个窗体

    B. 窗体的 name 属性的值是显示在窗体标题栏中的文本

    C. 可以在运行期间改变对象的 name 属性的值

    D. 对象的 name 属性值可以为空

13. VB 提供（　　　）属性用于控制对象是否可用。

    A. Default   B. Cancel   C. Enabled   D. Visible

14. 下列说法有错误的是（　　　）。

    A. 默认情况下，属性 Visible 的值为 True

    B. 如果设置控件的 Visible 属性为 False，则运行时控件会隐藏

    C. Visible 的值可设为 True 或 False

    D. 设置 Visible 属性和设置 Enable 属性的功能是相同的，都是使控件处于失效状态

15. 在 Visual Basic.NET 中，被称为对象的是（　　　）。

    A. 窗体   B. 控件

    C. 控件和窗体   D. 窗体、控件和属性

16. 修改窗体的颜色通过设置窗体的（　　　）属性。

    A. BackColor   B. ForeColor

    C. Name   D. Text

17. 下面 4 项中合法的字符串常数是（　　　）。

    A. ABC$ B. "ABC"   C. 'ABC'   D. ABC

18. 如果在程序中要将变量 a 定义为整形变量，则应使用的语句是（　　　）。

    A. Dim A As String   B. Dim A As Integer

    C. Dim A As Boolean   D. Dim A As Double

19. 以下的数据类型当中，（　　　）不属于整数类型。

    A. Long   B. Single   C. Short   D. Integer

20. 以下的数据类型当中，（　　　）不属于数值数据类型。

    A. Short   B. Single   C. Decimal   D. String

21. 下列常量 "a" 的声明中，不合法的是（　　　）。

    A. Const A As Integer="12"   B. Const A As String="Ok"

    C. Const A As Integer=7   D. Const A As Double=3.14

22. 下面说法不正确的是（　　　）。
    A. 变量名的长度不能超过 255 个字符
    B. 变量名可以包含小数点或者内嵌的类型声明字符
    C. 变量名不能使用关键字
    D. 变量名的第一个字符必须是字母或下画线

23. 下面（　　　）函数可以把数字转换成字符串。
    A. Rnd( )　　　　　B. Str( )　　　　　C. Val( )　　　　　D. Int( )

24. 下面（　　　）函数可以从字符串中提取出数值。
    A. Val　　　　　B. Rnd　　　　　C. Int　　　　　D. Format

25. 下面（　　　）不是 Visual Basic 保留的关键字。
    A. More　　　　　B. Mod　　　　　C. Loop　　　　　D. If

26. 设 A=7,B=3,C=4，则 A mod 3 + B ^ 3 / C \ 5 的值是（　　　）。
    A. 2　　　　　B. 3　　　　　C. 4　　　　　D. 5

27. 下列日期型数据正确的是（　　　）。
    A. #January 10,2019#　　　　　B. &January 10,2019&
    C. @January 10,2019@　　　　　D. "January 10,2019"

28. 单引号 "'" 在 VB.NET 中用作（　　　）。
    A. 注释引导标志符　　　　　B. 字符串连接符
    C. 字符串限定符　　　　　D. 行继续符

29. 字符 "&" 在 VB.NET 中用作（　　　）。
    A. 注释引导标志符　　　　　B. 字符串连接符
    C. 字符串限定符　　　　　D. 行继续符

30. 下画线 "_" 在 VB.NET 中用作（　　　）。
    A. 注释引导标志符　　　　　B. 字符串连接符
    C. 字符串限定符　　　　　D. 行继续符

二．简述题

1. 简述 .NET 框架的主要组成部分。
2. 简述在 Visual Studio 2013 中进行 Visual Basic.NET 应用程序开发的一般步骤。
3. 简述事件和事件过程的基本概念。
4. 列出 VB.NET 中数据类型的种类。
5. 给变量命名有哪些要求？
6. 书写表达式的规则。

三．填空题

1. 数学式 "$2/（5 \times x^{(x+8)}）$" 的 VB.NET 表达式是＿＿＿＿＿＿＿＿＿。

2. 算术式 $x \times \dfrac{x+y}{1+\dfrac{4t}{a-b}}$ 的 VB.NET 表达式是＿＿＿＿＿＿＿＿＿。

3. 若 A=2，b=5，c=7，d=6，则表达式 A+b>16 OR (B*C>30 aND NOT D>5) 的值是＿＿＿＿＿。

四、程序设计题

1. 已知圆锥体的地面半径 R 和高 H，求圆锥体的体积。Pi=3.14159，结果保留两位小数。圆锥体积公式：V=(1/3)*pi*R*r*H。程序运行界面如图 1-24 所示。

2. 已知三角形的三边长 A、B、C，求三角形的面积 S。

$s = \sqrt{L(L-A)(L-B)(L-C)}$ ，其中 $L=(1/2)\times(A+B+C)$，界面如图 1-25 所示。

提示：S=math.sqrt(L*(L-A)*(L-B)*(L-C))

图 1-24　求圆锥的体积界面

图 1-25　求三角形面积界面

第❷章　顺序结构程序设计

在程序代码中包含一系列语句，需要采用一定的控制结构实现对这些语句的控制，进而控制程序的执行流程。程序设计的控制结构有 3 种：顺序结构、选择结构和循环结构。一个程序无论规模有多大，都可以由 3 种基本结构搭建而成。

顺序结构要求程序中的各个操作按照它们出现的先后顺序执行。这种结构的特点是：程序从入口点开始，按顺序执行所有操作，直到出口点处。顺序结构是一种简单的程序设计结构，它是最基本、最常用的结构，是任何从简单到复杂的程序的主体基本结构，其流程图如图 2-1（a）所示。

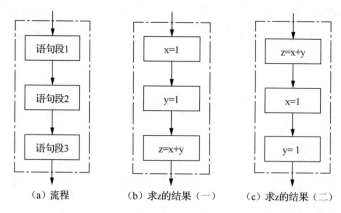

（a）流程　　　　（b）求z的结果（一）　　　　（c）求z的结果（二）

图 2-1　顺序结构

根据顺序结构的要求，在图 2-1（b）中可以计算出 z 的结果是 2。如果将图 2-1（b）中各个语句的顺序更改为如图 2-2（c）所示，结果会怎么样呢？按照图 2-2（c）中的顺序编写程序如例 2-1 所示。

【例 2-1】顺序结构应用示例。

```
Private Sub Button1_Click(sender As Object, e As EventArgs) Handles Button1.Click
    Dim x, y, z As Integer
    z=x+y
    x=1
    y=1
    MsgBox(z)
End Sub
```

运行结果如图 2-2 所示。

图 2-2　例 2-1 程序运行结果

结果为 "0"。原因是程序在执行过程中，第一句需要执行的语句是 z=x+y，这时，x 和 y 并没有具体的数值，系统默认 x 和 y 的值为 0，所以 z 的计算结果为 0。后面再给 x 和 y 赋值与前面的计算结果没有关系，并不产生影响。

从这个例子可以看出，程序的执行顺序是自上而下，依次执行。因此，编写程序也必须遵守这一规定，否则程序运行结果就可能不正确。顺序结构是程序的基础，但单一的顺序结构不可能解决所有问题。在后面的章节中还将介绍选择结构和循环结构。

2.1　程序的基本编写方法

面对一个计算问题，如何从程序设计角度思考？程序设计遵循一个基本方法，称为 IPO 方法。

I: Input（输入），程序的输入。

P: Process（处理），程序的主要逻辑。

O: Output（输出），程序的输出。

输入：程序的输入包括文件输入、网络输入、用户手工输入、随机数据输入、程序内部参数输入等。输入是一个程序的开始，面对一个计算问题，需要明确程序的输入是什么。

处理：程序对输入进行处理输出结果。处理的方法也称算法，是程序最重要的部分。算法是程序的灵魂。

输出：程序输出包括屏幕输出、文件输出、网络输出、操作系统输出、内部变量输出等。输出是一个程序展示运算成果的方式，对于一个计算问题，需要明确程序的输出是什么形式。

> **注意**：在编程中，一个靠自身控制无法终止的程序称为 "死循环"，既没有输入，又没有输出。下面这个程序就是一个 "死循环"。

【例 2-2】死循环程序。

```
Private Sub Button1_Click(sender As Object, e As EventArgs) Handles Button1.Click
    Dim a As Integer
    While True
        a=1
    End While
End Sub
```

在设计程序时，若遇到死循环，可以通过单击工具栏上停止调试（Shift+F5）按钮■，结束死循环。

利用编程解决实际问题时，可以遵循以下程序设计步骤：

（1）分析问题：主要分析问题的计算部分。

（2）确定问题：将计算部分划分为确定的 IPO 三部分。

（3）设计算法：完成计算部分的核心处理方法。

（4）编写程序：实现整个程序。

（5）调试测试：使程序在各种情况下都能够正确运行。

（6）升级维护：使程序长期正确运行，适应需求的微小变化。

2.2　赋值语句

赋值语句是顺序结构最基本的组成部分。用赋值语句可以把指定的值或表达式的值赋给某个变量或某对象的属性。

1. 简单赋值语句

其一般格式有两种：

```
变量名=表达式                        '第一种
<对象 x> . <属性 x>=属性值|表达式     '第二种
```

其中的"="称为赋值号。赋值语句的功能是先计算"="右边表达式的值，然后把值赋给左边的变量或对象的属性。常用的方法如下：

（1）给变量赋值

```
Sum=15+20                     '先计算 15+20 的和为 35，然后把 35 赋值给 Sum
str1="我的特长是" & "乒乓球"    '表示把字符串 "我的特长是乒乓球" 赋值给 str1
z=x+y                         '先计算 x+y 的和，然后赋值给 z
```

（2）给对象的属性设置值

```
TextBox1.Text="这是一个例子！"    '在文本框 TextBox1 中显示字符串 "这是一个例子！"
TextBox2.Text=math.sqrt(16)     '在文本框 TextBox2 中显示表达式的计算结果
Label1.width=50                 '设置 Label1 的宽度为 50
```

说明：

（1）赋值语句兼有计算与赋值的双重功能，它首先计算赋值号右边表达式的值，然后把结果赋给赋值号左边的变量名或对象属性名。

注意：

　① 赋值语句：n=n+1。表示把"="右边 n 的值与 1 相加，结果再赋值给 n。假定 n 的初值为 3，则执行此语句后，n 的值为 4。不能把"="看成数学式子中的等号，它是一个具有动态性质的符号。"="右边的"n"是变量 n 在本语句执行前的值，"="左边的"n"是变量 n 在本语句执行后的值。计算情况如图 2-3 所示。

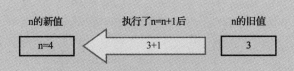

图 2-3　计算 n=n+1 的图示

② Label1.width=Label1.width*2 表示将控件 Label1 的宽度扩大 1 倍。"="右边的 Label1.width 是对象 Label1 在本语句执行前的宽度值，而"="左边的 Label1.width 则是对象 Label1 在本语句执行后的宽度值。

（2）赋值语句中"="的作用和关系运算中"="的作用是截然不同的。赋值运算符"="的左边只能是合法的变量或对象属性，而不能是表达式；而关系运算符"="可以出现在表达式的任何位置，其功能是判断两边的值是否相等。

例如，i=j=3 表示把关系表达式"j=3"的值赋给 i。第一个"="为赋值号，第二个"="为关系运算符。这个表达式的功能是先判断关系表达式"j=3"的值，即 j 的值是否为 3，若为 3，则把结果 True 赋值给 i；否则，把结果 False 赋值给 i；而不是把 3 分别赋值给 i 和 j。

（3）赋值号"="的左边必须是变量名或对象的属性名，初学者要注意避免将语句顺序写反。注意以下语句：

```
a+b=c                    '错误，若要将a+b的值赋给变量c，则为c=a+b
TextBox1.Text=a          '将变量a的值在TextBox1中输出
a=TextBox1.Text          '将变量TextBox1中的内容赋给变量a
```

（4）在赋值时，当右边表达式类型与左边变量类型不同时，系统会进行适当的类型转换。例如：

① 当赋值号两端都为数值型（但精度不相同）时，表达式的值将强制转换成左边变量的精度。

```
Dim x As Integer
Dim y As Double
x=53.8+62.5              '收缩转换。先计算出结果116.3，然后把116.3转换成Integer类型
                        '的值116，再赋值给x
y=6*4                   '扩展转换。先计算6*4的结果为24，然后把24转换成Double类型的
                        '24.0再赋值给y
```

② 当表达式为数字字符串，左边变量是数值类型时，则自动把字符串转换成数值再赋值。当表达式中含有非数字字符或者空串时，则出错。

```
Dim k as Integer
k="45"                   '先把字符串"45"转换成整数45，再赋给k
k="45a"                  '出错
```

③左边变量是字符串类型，而右边为非字符类型时，则自动把计算结果转换成字符串再赋值。

```
Dim s1 As String
s1=37+89                 '先计算37+89的和为126，再把126转换成"126"赋给s1
```

④当逻辑型赋值给数值型时，True 转换为-1，False 转换为 0；反之，当数值型赋给逻辑型时，非 0 转换为 True，0 转换为 False。注意以下语句的执行结果：

```
Dim f1, f2, f3 As Boolean
Dim a, b, c As Integer
f1=True
a=f1
b=0
f2=b
c=8                        '任意非 0 数字都可以
f3=c
```

语句执行后 a 的值为-1，f2 的值为 False，f3 的值为 True。

2. 复合赋值语句

其一般格式如下：

```
变量名　复合赋值运算符=表达式
```

复合赋值运算符有+=、*=、-=、/=，即把赋值表达式右边的运算符和赋值号结合起来，兼有运算和赋值双重功能的符号。其目的是简化程序代码，同时还可以提高程序的编译效率。

功能：先计算右边表达式的值，然后与左边的变量进行相应的运算，最后把结果赋值给变量。例如：

```
n+=1                       '等价于 n=n+1
n*=2+3                     '等价于 n=n*(2+3)，而不等价于 n=n*2+3
```

若 n 的初值为 3，则此语句执行后，n 的值为 15，而不是 9。

3. 复合语句行

（1）一行多句。VB.NET 中的语句通常按"一行一句，一句一行"的规则书写，但也允许多条语句写在同一行中。在这种情况下，各条语句之间必须用冒号隔开。例如：

```
a=3:b=4:c=5
```

在一行中有 3 条语句，这样的语句行称为复合语句行。复合语句行中的语句可以是赋值语句，也可以是其他任何有效的 VB.NET 程序。但是，如果含有注释语句，它必须是复合语句行的最后一条语句。

（2）跨行语句。通常一行容纳一条语句，但当语句太长时，可以使用行继续符在下一行继续该语句，而行继续符依次包含一个空格和一个下画线字符" _"。例如：

```
Private Sub Button1_Click(ByVal sender As System.Object, ByVal e As _
    System.EventArgs) Handles Button1.Click
```

在第一行尾加上行继续符" _"后即可换行，否则一条语句必须在一行内书写完整。

> **注意**：这里的" _"下画线前还有一位空格。

（3）注释语句。源代码并非始终一目了然，即使对于编写它的程序员来说也是如此。因此，为了帮助说明其代码，大部分程序员大量使用嵌入的注释。代码中的注释可以向阅读或使用该段代码的任何人员进行解释说明。VB.NET 程序在编译过程中将忽略注释，所以不影响编译后的代码。

注释行以单撇号（'）开头或以 REM 后跟一个空格开头。注释可以添加在代码中任意行最后的位置，还可以位于单独的行中，但不能添加在字符串中。例如：

```
x=Textbox1.text            '从文本框 TextBox1 中输入 x 的值
Label1.text=x              'REM 将 x 的值在 Label1 中输出
```

2.3　输　入　语　句

在 2.1 节中介绍了程序输入的各种形式，本节介绍用户手工输入。随机数据输入、文件输入和程序内部参数输入在后续章节讲解。输入是一个程序的开始，面对一个计算问题，需要明确程序的输入是什么。

用户手工输入分为在程序中直接赋值输入和利用控件交互输入。

2.3.1　直接赋值输入

直接赋值输入，即在程序编写时，利用赋值语句直接给需要进行计算的变量赋予固定的数值。

【例 2-3】已知圆的半径，求圆的面积。

```
Private Sub Button1_Click(sender As Object, e As EventArgs) Handles Button1.Click
    Dim r As Integer          '定义变量 r 为整型，代表半径
    Dim s As Double           '定义变量 s 为双精度浮点数，代表面积
    r=2                       '直接给半径赋值为 2，此句即为输入语句
    s=3.14*r*r                '利用半径得到的值计算面积。
    TextBox1.text=s           '将计算结果显示在文本框中，输出
End Sub
```

2.3.2　利用控件交互输入

在例 2-3 中，可以看到，利用这种方式输入数据数值太固定，计算不具有通用性。所以，更多情况下，利用控件进行用户交互输入，使得输入数据更灵活，程序也更具通用性，可以很方便地计算任意数据。

1. 用文本框 TextBox 输入

文本框是 VB.NET 中最常用的输入控件。用 TextBox 控件可以方便地在运行时让用户输入和编辑数据。

【例 2-4】利用 TextBox 输入数据。

将例 2-3 改造一下。新建一个项目，在窗体上添加 1 个 Lable、2 个 TextBox、1 个 Button，如图 2-4 所示。双击 Button1，进入 Button1 的单击事件过程编写中。

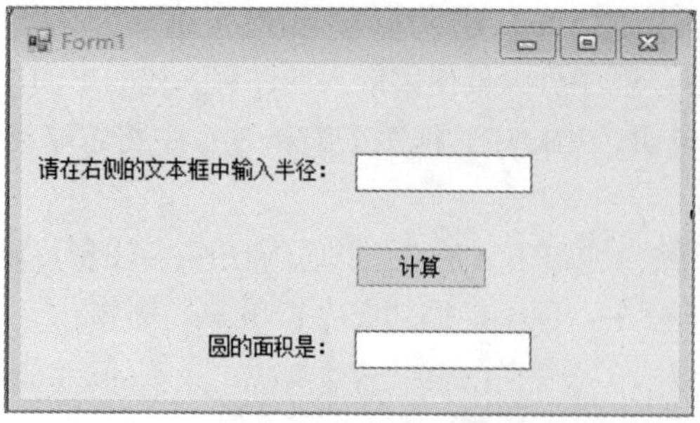

图 2-4 例 2-4 程序界面

程序代码如下：

```
Private Sub Button1_Click(sender As Object, e As EventArgs) Handles Button1.Click
    Dim r As Integer
    Dim s As Double
    r=TextBox1.Text        '运行程序后,用户在 TextBox1 中输入半径的数值,系统会将 TextBox1
                            中获取的数据信息即 TextBox1 的 Text 属性值赋值给变量 r
    s=3.14*r*r
    TextBox2.Text=s        '将计算结果显示在文本框中,输出
End Sub
```

在例 2-4 中，利用 TextBox 作为输入数据的来源，实际上取用的是 TextBox 的 Text 属性，作为已知数据，TextBox1.Text 出现在赋值号"="的右侧。

在 VB.NET 中还可以利用其他控件进行输入。例如，RichTextBox、ComboBox、ListBox 等，这些内容将在后续章节介绍。

2. InputBox( )函数

在例 2-4 中，使用 TextBox 作为输入控件，需要事先设计窗体，在窗体上布置控件并进行设置。下面介绍一种不需要窗体控件的输入方法——利用 InputBox( )函数进行数据输入。

InputBox( )函数可以在程序中要输入数据的地方产生并弹出一个对话框，非常明确地提示要求用户输入数据。使用 InputBox( )函数，只要一行代码就可以实现这个功能，节省了程序开发所需要的时间。

InputBox( )函数的语法为：

```
InputBox(Prompt[, Title][, DefaultResponse][, XPos][, YPos])
```

各参数说明如下：

（1）Prompt：提示信息，

必需项，作为对话框消息出现的字符串表达式。Prompt 的最大长度大约是 1 024 个字符，由所用字符的宽度决定。如果 Prompt 包含多个行，可在各行之间用回车符 Chr(13)、换行符 Chr(10) 或回车换行符的组合 Chr(13)&Chr(10)来分隔。

（2）Title：标题，可选项，显示对话框标题栏中的字符串表达式。如果省略 Title，则标题栏中显示应用程序名称。

（3）DefaultResponse：默认值，可选项，显示文本框中的字符串表达式，在没有其他输入时作为默认值。如果省略 DefaultResponse，则显示的文本框为空。

（4）XPos：X 坐标，可选项，数值表达式，指定屏幕左边缘与对话框的左边缘的水平距离。如果省略 XPos，则对话框会在水平方向大约居中的位置。

（5）YPos：Y 坐标，可选项，数值表达式，指定屏幕上边缘与对话框的上边缘的距离。如果省略 YPos，则对话框被放置在屏幕垂直方向大约居中的位置。

如果用户单击"确定"按钮或按【Enter】键，则 InputBox( )函数返回文本框中的内容；如果用户单击"取消"按钮，则此函数返回了一个长度为零的字符串（""）。例如：

```
r=InputBox("请输入圆的半径: ", "计算圆的面积", "0", 500, 300)
```

执行后，结果如图 2-5 所示。

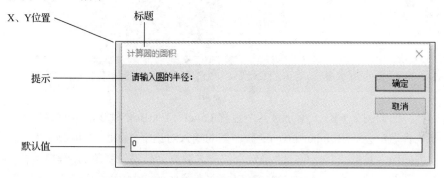

图 2-5　InputBox( )函数应用界面

> **注意**：若想省略某参数，但其相应的位置还需预留；若省略的是最后的参数，则无须预留。

上例中若要省略 Title，则可书写成：

```
r=InputBox("请输入圆的半径: ", , "0", 500, 300)
```

而不能写成：

```
r=InputBox("请输入圆的半径: ", "0", 500, 300)        '错误
```

要想省略 Title 和 DefaultResponse，则要书写成：

```
r=InputBox("请输入圆的半径: ", , , 500, 300)
```

若想省略 XPos 和 YPos，则可书写成：

```
r=InputBox("请输入圆的半径: ", "计算圆的面积")
```

用户可以在文本框中输入要查找的数据，如果用户单击"确定"按钮或按【Enter】键，则 InputBox( )函数返回文本框中的内容，即输入的数据被赋值给变量 r；不重新输入，则默认值 0 被赋值给变量 r。如果用户单击"取消"按钮，则函数返回了一个长度为零的字符串（""），而 r 是数值型变量，则此处提示出错，无法将空字符串转换为数值型变量。

【例 2-5】输入圆的半径，求圆的面积。

程序代码如下：

```
Private Sub Button1_Click(sender As Object, e As EventArgs) Handles Button1.Click
    Dim r, s As Double
    Const pi As Single=3.14159
    r=InputBox("请输入圆的半径: ", "计算圆的面积")
    s=pi*r*r
    TextBox1.Text=s
End Sub
Private Sub Button2_Click(sender As Object, e As EventArgs) Handles Button2.Click
    Close()
End Sub
```

注意：在以后的例子中，只写"运行"按钮的程序段，"退出"按钮省略不写。

窗体设计界面如图 2-6（a）所示，其中包含 Label、TextBox 和 Button 控件，单击"计算"按钮，程序执行后，会弹出 InputBox( )函数产生的输入对话框，如图 2-6（b）所示，在该输入对话框中，假如输入数据"5"，单击"确定"按钮，数据会传递给变量 r，程序执行 s=pi*r*r 语句后，计算出圆的面积 s 为 78.5397529602051，并在窗体的 TextBox1 中输出，程序运行效果如图 2-6（a）所示。

（a）程序的运行的主界面图

（b）InputBox( )函数产生的对话框

图 2-6　例 2-5 程序运行界面

这里省略了 x 及 y 坐标值（整型表达式，表示相对于屏幕左上角的像素数），对话框自动放置在屏幕的正中。可以通过改变 x 和 y 的坐标值来决定该对话框在屏幕中出现的位置。具体实现如下：

```
r=InputBox("请输入圆的半径: ", " 求圆的面积", , 200, 300)
```

> **注意**：在 Title 和 200 之间由两个逗号分开一个空格，代表 DefaultResponse 参数使用默认值。

下面将 InputBox( )函数的 DefaultResponse 参数的值设置为 3。

```
key="3"
r=InputBox("请输入圆的半径: ", " 求圆的面积", key, 200, 300)
```

提示：字符串表达式在信息框中若要多行显示，则要在每行行末加上回车 Chr(13)和换行 Chr(10)，或者使用 vbCrLf 符号常量。

> **注意**：
> ① 每执行一次 InputBox( )函数只能输入一个值，如果需要输入多个值，则必须多次调用 InputBox( )函数。这时，通常与循环语句、数组结合使用。
> ② 对话框显示的信息，若要分多行显示，必须加回车换行符，即 VB 系统常量 vbcrlf。

2.4　数据的输出

一个程序可以有 0 个输入，却至少有一个输出。可见，数据输出是一个程序必有的。数据输出方法有界面显示输出或文件输出等。本节仅介绍常用的界面显示输出：TextBox 控件、Label 控件、MsgBox( )函数等的用法。

1. TextBox 控件

TextBox 既可作为输入控件，也可用于输出数据。就是把一个变量或表达式的值赋值给对应 TextBox 的 Text 属性。例如，例 2-3 中的显示圆面积的计算结果，采用的就是使用 TextBox 控件输出。

初学者容易混淆以下两条语句：

```
s=Textbox1.text            '输入语句，用于给变量 s 赋值
Textbox1.text=s            '输出语句，用于将变量 s 的值在 TextBox1 上输出
```

在显示信息时，可以用 Format( )函数对显示的数据进行格式上的限制。例如：

```
Textbox1.text=Format(s , "0.0000")          '将变量 s 的值以保留 4 位小数形式输出
```

2. Label 控件

Label 控件用来在窗体中显示文本，其中的文本是只读的，用户不能直接修改，所以常将 Label 控件作为数据输出或者信息显示。在 Label 中实际显示的文本是由 Label 控件的 Text 属性控制的，该属性可以在设计窗体时在"属性"窗口中设置，也可以在程序中用代码赋值。例如：

```
Label1.Text="这是一个标签"
```

【例2-6】已知任意三角形的面积公式为 $area=\sqrt{s(s-a)(s-b)(s-c)}$，其中 $s=\dfrac{a+b+c}{2}$，a、b、c 为三边之长。要求输入三条边，求三角形的面积。

说明：在输入时，保证三条边的边长合法，即任意两边之和大于第三边，任意两边之差小于第三边。

程序代码如下：

```
Private Sub Button1_Click(sender As Object, e As EventArgs) Handles Button1.
Click      '计算按钮
    Dim a, b, c, s, area As Double
    a=TextBox1.Text
    b=TextBox2.Text
    c=TextBox3.Text
    s=(a+b+c)/2
    area=Math.Sqrt(s*(s-a)*(s-b)*(s-c))
    Label4.Text="三角形的面积为: "+Format(area, "##.##")
End Sub
```

说明：例中用到的 Math.Sqrt( )是 VB.NET 程序中求取平方根的函数，具体将在 2.5 节进行介绍。

程序的运行结果如图 2-7 所示，本例中 Label 控件起了两种作用，前 3 个用于边长的提示信息，最后一个用于程序结果的输出。

图 2-7　例 2-6 的运行结果

3. MsgBox( )函数

除了在窗体中用 TextBox 和 Label 控件输出外，还可以使用 MsgBox( )函数输出运行结果。MsgBox( )函数的作用是打开一个消息框，输出结果信息，并可等待用户选择一个按钮，可返回所选按钮的整数值，来决定下一步程序的流程；若不使用返回值，则可作为一条独立的语句。

语法如下：

```
MsgBox( Prompt, [Buttons], [Title])
```

各参数的说明如下：

（1）Prompt：提示信息，必需项，作为对话框消息出现的字符串表达式，计算问题的结果输出就是在这一项中。Prompt 的最大长度大约是 1 024 个字符，由所用字符的宽度决定。如果 Prompt 包含多个行，则可在各行之间用回车符 Chr(13)、换行符 Chr(10)或回车换行符的组合

Chr(13)&Chr(10)来分隔。

利用 MsgBox( )函数来输出例 2-6 的结果（见图 2-8），程序如下：

```
Dim a, b, c, s, area As Double
a=TextBox1.Text
b=TextBox2.Text
c=TextBox3.Text
s=(a+b+c)/2
area=Math.Sqrt(s*(s-a)*(s-b)*(s-c))
MsgBox(Format(area, "0.00"),,"三角形的面积为: ")  '第二个参数省略，要保留位置
```

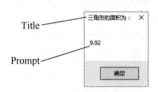

图 2-8　利用 MsgBox( )输出例 2-6 结果

（2）Buttons：按钮类型，可选项，数值表达式，它是值的总和，指定显示按钮的数目及形式，使用的图标样式，默认的按钮是什么以及消息框的强制回应等。如果省略，则 Buttons 默认值为 0，具体的设置功能如表 2-1 所示。

（3）Title：对话框的标题，可选项，显示对话框标题栏中的字符串表达式。如果省略 Title，则把应用程序名放入标题栏中。

表 2-1　MsgBox( )函数的 Buttons 参数设置

分　组	枚 举 值	值	说　明
按钮类型	OKOnly	0	只显示"确定"按钮
	OKCancel	1	显示"确定"和"取消"按钮
	AbortRetryIgnore	2	显示"中止"、"重试"和"忽略"按钮
	YesNoCancel	3	显示"是"、"否"和"取消"按钮
	YesNo	4	显示"是"和"否"按钮
	RetryCancel	5	显示"重试"和"取消"按钮
图标类型	Critical	16	显示"关键消息"图标
	Question	32	显示"警告查询"图标
	Exclamation	48	显示"警告消息"图标
	Information	64	显示"信息消息"图标
默认按钮	DefaultButton1	0	第一个按钮是默认的
	DefaultButton2	256	第二个按钮是默认的
	DefaultButton3	512	第三个按钮是默认的

续表

分　组	枚 举 值	值	说　　明
模式	ApplicationModal	0	应用程序是有模式的。用户必须响应消息框，才能继续在当前应用程序中工作
	SystemModal	4 096	系统是有模式的。所有应用程序都被挂起，直到用户响应消息框
MsgBox 设置	MsgBoxSetForeground	65 536	指定消息框窗口为前景窗口
	MsgBoxRight	524 288	文本为右对齐
	MsgBoxRtlReading	1 048 576	指定文本应为在希伯来语和阿拉伯语系统中从右到左显示

第 1 组值（0~5）描述对话框中显示的按钮数量和类型；第 2 组值（16, 32, 48, 64）描述图标样式；第 3 组值（0, 256, 512）确定默认使用哪个按钮；第 4 组值（0, 4 096）确定消息框的模式性；第 5 组值指定消息框窗口是否为前台窗口，以及文本对齐和方向。将这些数字相加生成 Buttons 参数的最终值时，只能由每组值取用一个数字。例如：

```
MsgBox("这是一个 MsgBox 示例！", , , "消息输出框")
```

例子中省略了 Buttons 参数，则默认值为 0，即第 1 组、第 3 组、第 4 组取值为 "0" 的成员。显示效果如图 2-9 所示，只显示 "确定" 按钮，且第一个按钮是默认的，且用户必须响应消息框，才能继续在当前应用程序中工作。例如：

```
MsgBox("这是一个 MsgBox 示例！", 528690, "消息输出框")
```

其中，Buttons 参数设置为 528690（2 + 48 + 256 + 4096 + 524 288），即第 1 组为 2，显示 "中止"、"重试" 和 "忽略" 按钮；第 2 组为 48，显示 "警告消息" 图标；第 3 组为 256，第 2 个按钮是默认的；第 4 组为 4096，所有应用程序都被挂起，直到用户响应消息框；第 5 组为 524 288，文本为右对齐。输出效果如图 2-10 所示。

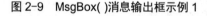

图 2-9　MsgBox( )消息输出框示例 1

图 2-10　MsgBox( )消息输出框示例 2

用户对 Buttons 的选择将返回一个数值，程序可根据用户选择的 "终止" 或 "重试" 等而转到不同的程序流程。Buttons 的返回值如表 2-2 所示。

表 2-2　MsgBox( )函数执行后 Buttons 的返回值

常　　数	数　　值	含　　义	常　　数	数　　值	含　　义
OK	1	确定	Ignore	5	忽略
Cancel	2	取消	Yes	6	是

续表

常　数	数　值	含　义	常　数	数　值	含　义
Abort	3	终止	No	7	否
Retry	4	重试			

【例 2-7】测试 MsgBox( )函数的返回值。

程序界面设计如图 2-11 所示,单击"测试"按钮后执行 MsgBox( )函数,返回值将从 TextBox1 中输出。为了便于对照,界面上设计了一个 GroupBox 控件,内含一个 Label 控件列举了 MsgBox( ) 函数的返回值的含义。"测试"按钮的程序代码如下:

```
Private Sub Button1_Click(sender As Object, e As EventArgs) Handles Button1.Click
    Dim i As Integer
    i=MsgBox("测试 MsgBox 的返回值! ", MsgBoxStyle.AbortRetryIgnore)
    TextBox1.Text=i
End Sub
```

图 2-11　例 2-7 的界面设计

例 2-7 中的按钮类型选用的是 MsgBoxStyle.AbortRetryIgnore,程序执行后打开的 MsgBox 消息输出框如图 2-12 所示,具有"中止""重试""忽略"3 个按钮。

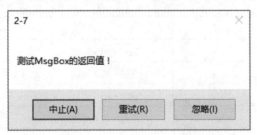

图 2-12　例 2-7 的 MsgBox 消息输出框

用户单击"重试"按钮返回后,即 TextBox1 的输出为"4";若用户单击"中止"按钮,则 TextBox1 的输出将为"3",如图 2-13 所示;若用户单击"忽略"按钮,则 TextBox1 的输出将为"5"。

图 2-13　例 2-7 的输出结果

读者可改变 MsgBox( )的按钮类型 MsgBoxStyle，来测试其他按钮对应的返回值。

2.5　常　用　函　数

在 VB.NET 程序中包含有大量的内部函数，它们是开发环境已经定义好的，用户可以直接使用。这些常用的函数对于编写应用程序十分有用，在后面的例子中也会经常用到。为了便于说明，在此将函数分类别进行说明。

1. 数学函数

在 VB.NET 程序中常用的数学函数如表 2-3 所示，它们不仅名称与数学中的函数相似，功能也与数学中的函数功能相似。

表 2-3　常用的数学函数

函 数 名 称	用　　法	功　能　说　明
Sin	Sin(x)	返回 x 的正弦值
Cos	Cos(x)	返回 x 的余弦值
Tan	Tan(x)	返回 x 的正切值
Asin	Asin(x)	返回 x 的反正弦的值（弧度）
Sinh	Sinh(x)	返回 x 的双曲正弦值
Max	Max(x,y)	返回 x 和 y 中的最大值
Min	Min(x,y)	返回 x 和 y 中的最小值
Abs	Abs(x)	返回 x 的绝对值
Sqrt	Sqrt(x)	返回 x 的平方根

续表

函 数 名 称	用　法	功 能 说 明
Exp	Exp(x)	返回自然数 e 的 x 次方
Log	Log(x)	返回 x 的自然对数
Log10	Log10(x)	返回 x 的常用对数
Sign	Sign(x)	返回 x 的符号，x>0 时为 1，x<0 时为-1，x=0 时为 0
Round	Round(x)	将双精度浮点数 x 舍入为最接近的整数
Ceiling	Ceiling(x)	返回大于或等于 x 的最小整数
Floor	Floor(x)	返回小于或等于 x 的最大整数
Truncate	Truncate(x)	返回 x 的整数部分

在此需要注意，这些数学函数不能直接使用，若直接使用则会出现如图 2-14 所示的"未声明名称"的错误提示。因其在名称空间 System.Math 中定义，所以要使用这些函数，必须在代码编辑窗口的首行，即在 Public Class Form1 的上面加上 Imports System.Math 语句，或者在使用函数时采用"Math.函数名"的格式，即图 2-14 示例中的语句变为 TextBox1.Text=Math.Sqrt(3.4)。若程序中多处用到数学函数，建议编程者在代码的第一行，即 Public Class Form1 的上方加上 Imports System.Math 语句；若程序中仅有个别数学函数用到，可以采用"Math.函数名"的格式。

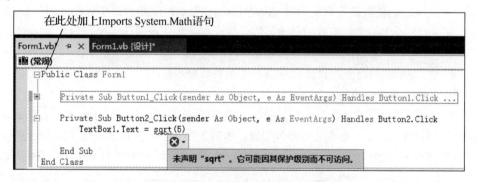

图 2-14　显示错误提示的代码窗口

对于求对数运算，系统中提供了求自然对数函数 Log(x) 和求常用对数函数 Log10(x)。若要求一般对数，则需要使用除法公式进行转换，例如，$\log_2 3$ 可用表达式 Log(3)/Log(2)或 Log10(3)/Log10(2)来表示，从而进行计算。

System.Math 名称空间中还提供了 2 个数学常数：圆周率 π 和自然数 e，分别是 Math.PI 和 Math.E。这两个常数是 Double 类型的，Math.PI=3.1415926535897931，Math.E=2.7182818284590451。

例如，已知半径 R，要求面积 S，则可用 S = Math.PI * R * R 求得。

2. 转换函数

在第 1 章中已经介绍了部分类型转换函数和 Format 格式转换函数，表 2-4 列出了其他常用的转换函数。

表 2-4　常用的转换函数

函 数 名 称	用 法	功 能 说 明
Fix	Fix(x)	返回 x 的整数部分，舍掉小数部分
Int	Int(x)	返回不大于 x 的最大整数
Hex	Hex(x)	将十进制数 x 转换为十六进制数
Oct	Oct(x)	将十进制数 x 转换为八进制数
Asc	Asc(str1$)	返回字符串 str1 中第一个字符的 ASCII 码
Chr	Chr(x)	返回数值 x 所对应的 ASCII 字符
Val	Val(str1$)	返回字符串 str1 中的数字，当遇到第一个不能转换的字符时停止
Str	Str(x)	将 x 转换为字符串类型

　　Asc( )函数和 Chr( )函数可以说是一对互逆的函数，一个是求指定字符的 ASCII 码，另一个是求某一 ASCII 码所对应的字符，因为大写字母 A 所对应的 ASCII 码是 65，所以下面例子中的两条语句就分别返回字符'A'和 65：

```
Dim chrA As String
Dim ascA As Integer
chrA=Chr(65)                          '结果为'A'
ascA=Asc("A")                         '结果为 65
```

　　Fix( )函数和 Int( )函数都是取整函数，但是 Fix( )函数返回的是舍掉小数部分的整数部分，而 Int( )函数求得的是不大于函数参数的最大整数。对于参数大于或等于零时，两者返回的值相同，而当参数小于零时，两者返回的值绝对值相差 1。

　　结合前面学过的取整函数，设计如下例子测试各取整函数的区别。

　　【例 2-8】测试各取整函数。

　　前面共学习了 7 个取整函数，分别是数学函数 Round( )、Ceiling( )、Floor( )和 Truncate( )，以及转换函数 Fix( )、Int( )、CInt( )。程序界面设计如图 2-15 所示，设计 8 个文本框，分别用作源数据的输入和 7 种转换后数据的输出，设计 8 个标签，分别作标示。按钮"取整运算"的代码如下：

```
Private Sub Button1_Click(sender As Object, e As EventArgs) Handles Button1.Click
    Dim x As Double
    x=TextBox8.Text                   '输入源数据
    TextBox1.Text=Math.Round(x)
    TextBox2.Text=Math.Ceiling(x)
    TextBox3.Text=Math.Floor(x)
    TextBox4.Text=Math.Truncate(x)
    TextBox5.Text=Fix(x)
    TextBox6.Text=Int(x)
    TextBox7.Text=CInt(x)
End Sub
```

　　程序运行时，选用具有代表性的 4 个数据 8.1、8.7、-8.1、-8.7 分别输入，所得到的结果如表 2-5 所示。

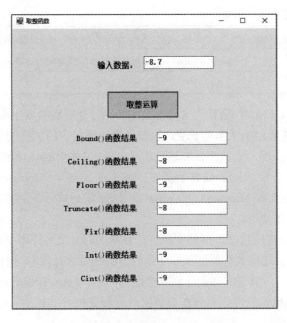

图 2-15　例 2-8 取整函数测试的界面设计

表 2-5　取整函数测试用例结果及分析

结果 x 函数	8.1	8.7	-8.1	-8.7	分　析
Round(x)	8	9	-8	-9	数值部分四舍五入
Ceiling(x)	9	9	-8	-8	大于等于 x 的最小整数
Floor(x)	8	8	-9	-9	小于等于 x 的最小整数
Truncate(x)	8	8	-8	-8	截去小数部分
Fix(x)	8	8	-8	-8	截去小数部分
Int(x)	8	8	-9	-9	小于等于 x 的最小整数
Cint(x)	8	9	-8	-9	数值部分四舍五入

3．字符串函数

除了数值运算外，字符串运算也是编程者经常遇到的。巧用合适的函数，将大大简化程序的书写，提高代码的可读性和运行效率。常用的字符串操作函数如表 2-6 所示。

表 2-6　常用的字符串操作函数

函数名称	用　法	功能说明
Lcase	Lcase(str1$)	将字符串 str1 全部转换为小写
Ucase	Ucase(str1$)	将字符串 str1 全部转换为大写
Len	Len(str1$)	返回字符串 str1 的长度
Mid	Mid(str1$,n1,n2)	返回字符串 str1 中从 n1 指定的位置开始的 n2 个字符

续表

函 数 名 称	用　法	功 能 说 明
Left	Left(str1$,n)	返回字符串 str1 左边的 n 个字符
Right	Right(str1$,n)	返回字符串 str1 右边的 n 个字符

字符串操作函数中，Lcase( )函数用来将参数中的字母全部转换为小写，而 Ucase( )则将其全部转换为大写。Len( )函数用来求串的长度，也就是串中所包含的字符的个数。Mid( )、Left( )和 Right( )函数是用来提取子串的，其中需要注意的是，Left( )和 Right( )函数如果用于 Windows 窗体或其他任何具有 Left 和 Right 属性的类时，前面必须加上 Microsoft.VisualBasic，即写为 Microsoft.VisualBasic. Left 或 Microsoft.VisualBasic. Right 的形式。下面通过一个具体的例子来熟悉字符串操作函数的具体使用。

【例 2-9】设计一个应用程序，能够实现将任意输入的一个字符串中的第一个和最后一个字符提取并显示出来，而且还能实现将结果串中所包含的字母进行大小写的随意转换。

（1）分析题意之后，一共需要用到下面几个组件：1 个 Form 控件、2 个 TextBox 控件、3 个 Label 控件以及 4 个 Button 控件。首先在窗体上放置好各控件的位置，然后再根据表 2-7 中的要求设置各控件的属性值。

表 2-7　例 2-9 中各控件的主要属性值

控 件 类 别	控件属性名	设置的属性值
Form1	Text	字符串提取
Label1	Text	请输入一个字符串
	Font	字体：宋体；字形：粗体；大小：五号
Label2	Text	源字符串
	Font	字体：宋体；字形：粗体；大小：五号
Label3	Text	结果字符串：
	Font	字体：宋体；字形：粗体；大小：五号
TextBox1	Text	""（空白）
TextBox2	Text	""（空白）
Button1	Text	提取
Button2	Text	转换大写
Button3	Text	转换小写
Button4	Text	退出

设置完成之后，用户界面如图 2-16 所示。

（2）分别编写相应的事件处理程序，以实现题目所要求的功能。

对于窗体上的 Label 控件和 TextBox 控件，无须对其编写事件处理程序，因为 Label 控件只是用于提供必要的操作提示信息，而 TextBox 控件则用来输入和输出，所以这里仅需对按钮控件编写事件处理程序。

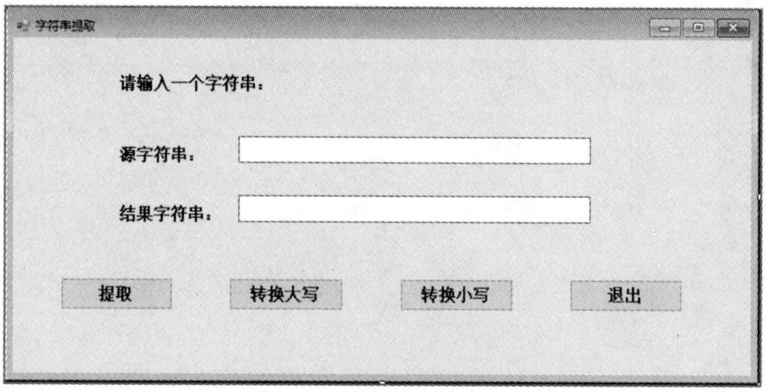

图 2-16　例 2-9 的用户界面

对于"提取"按钮，可以使用 Mid( )函数或 Left( )和 Right( )函数来实现，在此，为了能够让用户对 Len( )函数也有一定的了解，使用 Mid( )函数来实现。具体代码设计如下：

```
Private Sub Button1_Click(sender As Object, e As EventArgs) Handles Button1.Click
    Dim strinput, str1, str2 As String
    Dim n As Integer
    strinput=TextBox1.Text              '读取用户输入的源串
    n=Len(strinput)                     '求用户输入的字符串的串长
    str1=Mid(strinput, 1, 1)            '提取出第一个字符
    str2=Mid(strinput, n, 1)            '提取出最后一个字符
    TextBox2.Text=str1 & str2           '使用运算符 "&" 连接后将结果显输出
End Sub
```

对于"转换大写"按钮使用 Ucase( )函数实现。具体代码设计如下：

```
Private Sub Button2_Click(sender As Object, e As EventArgs) Handles Button2.Click
    TextBox2.Text=UCase(TextBox1.Text)
    '使用 Ucase()函数将结果文本框中的字母转换成大写后输出
End Sub
```

对于"转换成小写"按钮使用 Lcase( )函数实现，具体的代码设计如下：

```
Private Sub Button3_Click(sender As Object, e As EventArgs) Handles Button3.Click
    TextBox2.Text=UCase(TextBox1.Text)
    '使用 Ucase 函数将结果文本框中的字母转换成大写后输出
End Sub
```

对于"退出"按钮的具体代码设计如下：

```
Private Sub Button4_Click(sender As Object, e As EventArgs) Handles Button4.Click
    Close()
End Sub
```

（3）代码书写完成之后，就可以启动运行程序，按【F5】键，在"源字符串"文本框中输入"Good luck"，单击"提取"按钮，则运行界面如图 2-17 所示。

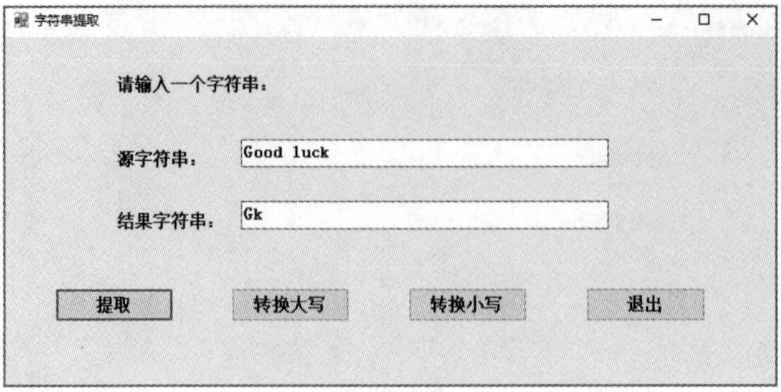

图 2-17 例 2-9 程序运行结果界面

单击"转换大写"按钮、"转换小写"按钮，则显示提取结果文本框中的内容分别变为 GK、gk，单击"退出"按钮则结束程序。

4. 时间和日期函数

常用的时间和日期函数如表 2-8 所示。

表 2-8 常用的时间和日期函数

函 数 名 称	用 法	功 能 说 明
Year	Year(DateValue)	返回 Date 类型 DateValue 中的年份
Month	Month(DateValue)	返回 Date 类型 DateValue 中的月份
Day	Day(DateValue)	返回 Date 类型 DateValue 中的日期
Hour	Hour(DateValue)	返回 Date 类型 DateValue 中的小时
Minute	Minute(DateValue)	返回 Date 类型 DateValue 中的分钟
Second	Second(DateValue)	返回 Date 类型 DateValue 中的秒

日期和时间函数主要用来返回某一时间值中年、月、日、时、分和秒的信息，需要注意的是，若要使用 Day( )函数，则必须在其前面加上 Microsoft.VisualBasic。如下语句给出了这些函数的具体使用方法：

```
Dim datevalue As Date
Dim n As Integer
datevalue=#5/23/2005 3:23:26 PM#              '为日期型变量赋值需用#引起来
MsgBox(Year(datevalue))                       '返回 2005
MsgBox(Month(datevalue))                       '返回 5
MsgBox(Microsoft.VisualBasic.Day(datevalue))   '返回 23
MsgBox(Hour(datevalue))                       '返回 15
MsgBox(Minute(datevalue))                      '返回 23
MsgBox(Second(datevalue))                      '返回 26
```

第 1 章中介绍了 Format( )函数可以按指定格式输出数值型值，除此之外，Format( )函数还可以指定日期和时间的输出格式。下面的语句给出了 Format( )函数输出日期和时间值的用法：

```
Dim TestDateTime As Date=#1/27/2001 5:04:23 PM#
Dim TestStr As String
```

```
TestStr=Format(Now(), "Long Time")
'以系统定义的 Long Time 格式输出，即以 "hh:mm:ss" 格式返回当前的时间
TestStr=Format(Now(), "Long Date")
'以系统定义的 Long Date 格式输出，返回当前的日期，例如 "2010 年 8 月 18 日"
TestStr=Format(Now(), "D")
'输出格式同 Long Date，返回如 "2010 年 8 月 18 日" 格式的当前日期
TestStr=Format(TestDateTime, "h:m:s")
'输出紧凑时间格式，返回 "5:4:23"
TestStr=Format(TestDateTime, "hh:mm:ss tt")
'输出标准时间格式，返回 "05:04:23 下午"
TestStr=Format(TestDateTime, "dddd, MMM d yyyy")
'中文系统返回 "星期六，一月 27 2001"，英文系统返回 "Saturday, Jan 27 2001"
TestStr=Format(TestDateTime, "HH:mm:ss")
'返回 "17:04:23"
```

5. 随机数函数

随机数函数如表 2-9 所示。

表 2-9　随机数函数

函 数 名 称	用 法	功 能 说 明
Randomize	Randomize(x)	以数 x 为 "种子数" 初始化随机数发生器
Rnd	Rnd(x)	返回一个[0，1）区间的随机数

Rnd( )函数返回小于 1 但大于或等于 0 的 Single 类型的值。

Rnd(x)中 x 的值决定了 Rnd( )生成随机数的方式。如果 x 小于等于 0，则每次调用 Rnd(x)会产生同样的数；如果 x 大于 0 或默认，则每次调用 Rnd(x)会产生不同的随机数，但重新启动运行后又是同样的随机序列。因此，在调用 Rnd( )之前，先使用无参数的 Randomize( )函数初始化随机数生成器。

例如，可以使用如下语句为数组 A 进行随机数赋值。

```
Dim a(9) As Single, i As Integer
Randomize()
For i=0 To 9
   a(i)=Rnd()
Next
```

这里，Randomize( )和 Rnd( )函数均使用无参函数，Randomize( )具有一个基于系统计时器的种子，所以不会发生重复序列。

因为 Rnd( )函数的返回值在[0,1）区间，所以若要生成某给定范围内（例如[a,b]）的随机整数，可使用下面的公式：

```
randomvalue=Int((b-a+1)*Rnd()+a)
```

这里，b 是此范围内最大的数，a 是此范围内最小的数。

例如，要生成[10,100]区间内的随机整数，可使用如下语句：

```
Dim x As Integer
Randomize()
```

```
x=Int(91*Rnd()+10)
```

要生成[1,100]区间的随机整数，可使用语句 x = Int(100 * Rnd( ) + 1)。

2.6 应用举例

【例 2-10】购物程序。程序实现选择商品单价、输入数量、自动计算应付金额、输入所付现金后，自动计算输出应找零钱。

界面设计如图 2-18 所示。采用 1 个列表框 ComBox1 供用户选择商品单价，预先设置 items 为 0.5、1.0、1.5、2.0、2.5、3.0；用文本框 TextBox1 供用户输入商品数量，单击"应付金额计算"按钮，系统计算出的商品应付金额，通过 Label6 输出；用文本框 TextBox2 输入付款金额，单击"找零金额计算"按钮，系统计算出找零金额，通过标签 Label7 输出。因 Label 仅用于输出不能修改，所以计算出的"应付金额"和"找零金额"可以避免因误操作而引起差错。

图 2-18　例 2-10 的操作界面设计

"应付金额计算"按钮程序代码如下：

```
Private Sub Button1_Click(sender As Object, e As EventArgs) Handles Button1.Click
    Dim price, amount, quantity As Single
    price=ComboBox1.SelectedItem        '选择单价
    quantity=TextBox1.Text              '输入数量
    amount=price*quantity               '计算应付金额
    Label6.Text=amount                  '输出应付金额
End Sub
```

"找零金额计算"按钮程序代码如下：

```
Private Sub Button2_Click(sender As Object, e As EventArgs) Handles Button2.Click
    Dim money, change, amount As Single
    amount=Label6.Text                  '取得"计算"时得出的应付金额
    money=TextBox2.Text                 '输入顾客付款金额
    change=money-amount                 '计算找零金额
    Label7.Text=change                  '输出找零金额
End Sub
```

【例 2-11】简单的加密解密程序，对 10 以内的数字进行加密。将需要加密的数字（明文）

与一个固定的数字（密钥）相加，然后计算得到的和去余除 10，将得到的余数作为加密结果（密文）。设计一个程序，能够根据用户输入的 4 个明文数字（10 以内）、密钥数字求出其密文；根据用户输入的 4 个密文数字、密钥数字求解出其明文。

根据题目要求，可以得出：

（1）加密时：密文=（明文 + 密钥）Mod 10

（2）解密时：明文=（密文 + 10 - 密钥）Mod 10

界面设计如图 2-19 所示。

图 2-19　例 2-11 界面设计

"加密"按钮程序代码如下：

```
Private Sub Button1_Click(sender As Object, e As EventArgs) Handles Button1.Click
    '加密
    Dim p1, p2, p3, p4 As Integer                    '定义明文
    Dim c1, c2, c3, c4 As Integer                    '定义密文
    p1=InputBox("请输入第 1 个数字", "加密")           '输入明文
    p2=InputBox("请输入第 2 个数字", "加密")
    p3=InputBox("请输入第 3 个数字", "加密")
    p4=InputBox("请输入第 4 个数字", "加密")
    Dim s1 As String      '定义字符串变量 s1,用于连接各个数据，做输出用
    s1="需要加密的数字序列(明文)是: " & p1 & Space(2) & p2 & Space(2) & p3 _
        & Space(2)&p4                                '将明文连接在 s1 上
    Dim key As Integer                               '定义密钥
    key=InputBox("请输入密钥: ", "加密")              '输入密钥
    s1=s1 & vbCrLf & "密钥是: " & key                '将密钥连接在 s1 上
    c1=(p1+key) Mod 10                               '计算密文
    c2=(p2+key) Mod 10
    c3=(p3+key) Mod 10
    c4=(p4+key) Mod 10
    s1=s1 & vbCrLf & "加密结果(密文)是: " & c1 & Space(2) & c2 & Space(2) & c3 _
            & Space(2) & c4                          '将密文连接在 s1 上
    MsgBox(s1)                                        '输出
End Sub
```

"加密"按钮程序代码如下：

```
Private Sub Button2_Click(sender As Object, e As EventArgs) Handles Button2.Click
    '解密
    Dim p1, p2, p3, p4 As Integer                    '定义明文
    Dim c1, c2, c3, c4 As Integer                    '定义密文
    c1=InputBox("请输入第 1 个数字", "解密")            '输入密文
    c2=InputBox("请输入第 2 个数字", "解密")
    c3=InputBox("请输入第 3 个数字", "解密")
    c4=InputBox("请输入第 4 个数字", "解密")
    Dim s1 As String    '定义字符串变量 s1 用于连接各个数据，做输出用
    s1=s1 & vbCrLf & "密文是: " & c1 & Space(2) & c2 & Space(2) & c3 & _
        Space(2) & c4                                '将密文连接在 s1 上
    Dim key As Integer                               '定义密钥
    key=InputBox("请输入密钥: ", "解密")               '输入密钥
    s1=s1 & vbCrLf & "密钥是: " & key                 '将密钥连接在 s1 上
    p1=(c1+10-key) Mod 10                             '计算明文
    p2=(c2+10-key) Mod 10
    p3=(c3+10-key) Mod 10
    p4=(c4+10-key) Mod 10
    s1=s1 & vbCrLf & "解密结果明文是: " & p1 & Space(2) & p2 & Space(2) & _
        p3 & Space(2) & p4                           '将明文连接在 s1 上
    MsgBox(s1)                                        '输出
End Sub
```

加密运行结果如图 2-20 所示，解密运行结果如图 2-21 所示。

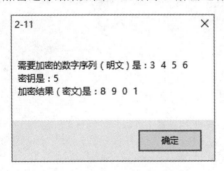

图 2-20　加密运行结果　　　　　　　　图 2-21　解密运行结果

习　　题

1. 复合赋值语句的 a/=b+y 的意义是什么？假设 a、b、y 的值为 24、4、8，那么计算结果 a 的值是多少？

2. MsgBox( )函数和 InputBox( )函数有什么区别？

3. 某学校的期末成绩由三部分组成，期末考试成绩占 60%，平时成绩占 20%，综合大作业成绩占 20%，这三部分成绩都以百分制表示。输入同学的三部分成绩，计算期末成绩是多少。

4. 在文本框内输入一个长方体的长、宽、高，求长方体的表面积。

5. 编写程序输出在制定范围内的 3 个随机数，范围在文本框内输入。

6. 对例 2-11 进行改造，试着对字母进行加密解密。提示：字母一共 26 个，可以利用 Asc( ) 函数求得字母在 ASCII 表中的序号。利用 Chr( ) 求数字所对应的字母。

第 3 章　选择结构程序设计

用顺序结构编写的程序比较简单，只能进行一些简单的运算，所以处理的问题也很有限。在实际应用中，有许多问题都需要根据某些条件来控制程序的转移，这就需要选择结构。选择结构通过对条件的判断而选择执行不同的分支，其功能是当满足条件时，就执行某一语句块，反之则执行另一语句块。VB 中是用条件语句来实现选择结构的，条件语句有 If 和 Select Case 两种形式。

3.1　If　语　句

If 语句是实现选择结构的常用语句，又可分为单分支结构、双分支结构和多分支结构。用户可以根据需要选择使用。

3.1.1　If…Then 语句

If…Then 语句也称单分支结构，有以下两种语句形式。
语句形式 1：

```
If 条件 Then  语句块      '条件为真（True）时执行语句块，否则，不做任何动作
```

语句形式 2：

```
If 条件 Then
    语句块                '条件为真（True）时执行语句块，否则，不做任何动作
End If
```

其流程如图 3-1 所示。

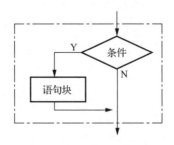

图 3-1　单分支结构

其中：

（1）条件：一般为关系表达式、逻辑表达式，也可以是算术表达式。若是算术表达式，则按非 0 为 True，0 为 False 进行判断。

（2）语句块：可以是一条语句或多条语句。

【例 3-1】输入两个数 a、b，比较它们的大小，把大数存入 a，把小数存入 b（即 a > b）。

```
Dim a, b, t As Integer
a=InputBox("请输入 a 的值: ", "比较大小")
b=InputBox("请输入 b 的值: ", "比较大小")
If (a < b) Then
    t=a
    a=b
    b=t                    '这三条语句可实现变量a和b中的数据互换。
End If
TextBox1.Text=a
TextBox2.Text=b
```

把两个变量（假设为 a，b）的值互换，不能写为：

```
a=b
b=a
```

这样写的结果是，两个变量的值都将为原来 b 的值。请读者思考一下这是为什么？

【例 3-2】用单行 If 语句实现例 3-1。

```
Dim a, b, t As Integer
a=InputBox("请输入 a 的值: ", "比较大小")
b=InputBox("请输入 b 的值: ", "比较大小")
If(a<b) Thent=a:a=b:b=t
TextBox1.Text=a
TextBox2.Text=b
```

第二种用法：整个语句写在一行（也称单行 If 语句）。语法形式如下：

```
If 条件 Then 语句
```

注意：此时，Then 后面只能跟一条语句。若为多条语句，则必须用冒号分隔语句，且写在一行上。

3.1.2　If…Then…Else…语句

If…Then…Else…语句也称双分支结构，其语法形式如下：

```
If  <条件>  Then
    语句块 A
Else
    语句块 B
End If
```

其中的"条件"、"语句块 A"和"语句块 B"与 3.1.1 节中的"条件"和"语句块"作用相同。

双分支结构的执行过程：如果"条件"的值为逻辑真 True，则执行紧接在 Then 后面的"语句块 A"；若条件的值为逻辑假 False，则执行紧接在 Else 后面的"语句块 B"。其流程如图 3-2

所示。

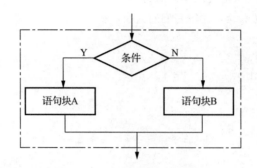

图 3-2　双向条件分支结构

【例 3-3】求一元二次方程 $ax^2+bx+c=0$ 的实根（不考虑虚根）。

说明：在程序运行时输入的 a、b、c 的值，要确保 $b*b-4*a*c \geqslant 0$；否则，程序出错。

```
Dim a, b, c, delt, x1, x2 As Double
a=Val(TextBox1.Text)
b=Val(TextBox2.Text)
c=Val(TextBox3.Text)
delt=b*b-4*a*c
If delt>0 Then
    x1=(-b+Math.Sqrt(delt))/(2*a)
    x2=(-b-Math.Sqrt(delt))/(2*a)
Else
    x1=-b/(2*a)
    x2=x1
End If
TextBox4.Text=Format(x1, "0.###")
TextBox5.Text=Format(x2, "0.###")
```

【例 3-4】利用文本框输入一个数，判断这个数是否能被 3 和 7 同时整除，并给出相应的提示信息。

分析：在这个示例的要求中，重点在于条件是同时被 3 和 7 整除，那么在条件并列存在的情况下，要注意它的表达方式。

最简单的就是利用双分支结构进行最简单的判断，给出能或不能被 3 和 7 整除的提示信息。

```
Dim x As Integer
x=Val(TextBox1.Text)
If x Mod 3=0 And x Mod 7=0 Then
    MsgBox(Str(x) & "能被 3 和 7 同时整除")
Else
    MsgBox(Str(x) & "不能被 3 和 7 同时整除")
End If
```

思考：如果要求对于输入的任意一个整数，都能给出最详细的报告，如既能被 3 整除，也能被 7 整除；能被 3 整除，但不能被 7 整除；能被 7 整除，但不能被 3 整除；既不能被 3 整除，也不能被 7 整除。若要这 4 种情况都给出相应报告，而不是简单的肯定和否定，程序该做如何修改？

3.1.3　If…Then…Elseif…语句

双分支结构的 If…Then…ElseIf…语句只能根据表达式的值决定处理两个分支中的一个。当要处理的问题有多个条件时，就要用到多分支结构（或者是 If 语句的嵌套）。

语句形式如下：

```
If  <条件 1>  Then
    语句块 1
ElseIf  <条件 2>  Then
    语句块 2
    ...
[Else
    语句块 n+1 ]
End If
```

此语句中的"条件"和"语句块"的作用与前面 If 语句中的一样。

多分支结构的执行过程：依次判断各条件的值，根据条件的值确定执行哪个语句块。测试条件的顺序为条件 1、条件 2······一旦遇到条件的值为 True，就执行该条件下的语句块，然后退出此语句；若所有条件的值都为 False，则执行语句块 n+1。流程如图 3-3 所示。

如果当所有条件的值都为假时，程序也不需要完成任何操作，则可以省略 Else 语句。

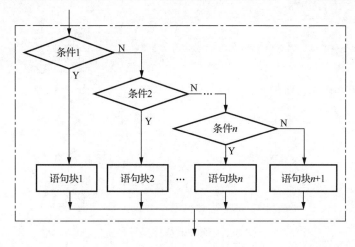

图 3-3　多分支结构

【例 3-5】求函数 $y = \begin{cases} 1 & x > 0 \\ 0 & x = 0 \\ -1 & x < 0 \end{cases}$ 的值。

```
Dim x, y As Integer
x=InputBox("输入 x 的值: ", "符号函数")
If x>0 Then
    y=1
ElseIf x=0 Then
    y=0
Else
```

```
    y=-1
End If
```

【例 3-6】设计一个获奖查询程序，要求能够查询是否中奖及所中奖励的等级。

界面由 4 个控件组成：两个标签框、一个文本框、一个命令按钮，如图 3-4 所示。

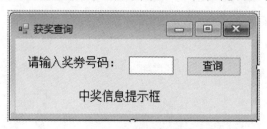

图 3-4 界面设计

```
Dim str1 As String
str1=TextBox1.Text
If str1="123" Then
    Label2.Text="真幸运，中了一等奖！"
ElseIf str1 Like "12?" Then
    Label2.Text="恭喜你，中了二等奖！"
ElseIf str1 Like "1? ?" Then
    Label2.Text="还不错，中了三等奖！"
Else
    Label2.Text="感谢您的参与，继续努力！"
End If
```

程序运行界面如图 3-5 所示。

图 3-5 例 3-6 程序运行界面

【例 3-7】编写一个程序，功能是：当在文本框 TextBox1 中输入一个学生的成绩后，单击"判断等级"按钮，在标签 Lable3 中输出对应的判断等级。界面设计及等级判断结果如图 3-6、图 3-7 所示。等级判断条件如下：成绩（百分制，0～100），相应的等级（优秀 A、良好 B、中等 C、及格 D、不及格 E）。其中：90～100 分为优秀 A；80～89 分为良好 B；70～79 分为中等 C；60～69 分为及格 D；0～59 分为不及格 E。

方法一：

```
Dim score As Double
score=Val(TextBox1.Text)
If score<0 Or score>100 Then
    MsgBox("成绩不合理，请重新输入")
```

```
ElseIf score>=90 And score<=100 Then
    Label3.Text="优秀 A"
ElseIf score>=80 And score<90 Then
    Label3.Text="良好 B"
ElseIf score>=70 And score<80 Then
    Label3.Text="中等 C"
ElseIf score>=60 And score<70 Then
    Label3.Text="及格 D"
Else
    Label3.Text="不及格 E"
End If
```

图 3-6　界面设计

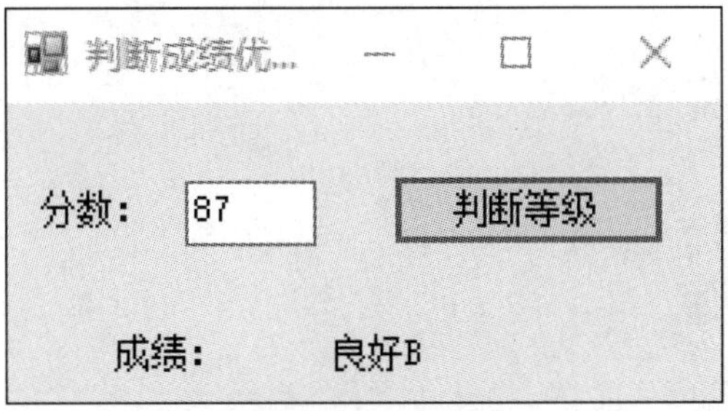

图 3-7　例 3-7 程序运行界面

方法一的条件表达式比较严谨,但过于烦琐,可以替换成下面方法二中的表示方法,为什么?

方法二:

```
Dim score As Double
score=Val(TextBox1.Text)
If score<0 Or score > 100 Then
    MsgBox("成绩不合理,请重新输入")
ElseIf score>=90 Then
    Label3.Text="优秀 A"
ElseIf score>=80 Then
    Label3.Text="良好 B"
ElseIf score>=70 Then
    Label3.Text="中等 C"
ElseIf score>=60 Then
    Label3.Text="及格 D"
Else
```

```
    Label3.Text="不及格 E"
End If
```

方法三：用顺序结构的多个单分支 If 语句实现。

```
If score>100 or score<0 Then MsgBox("成绩不合理，请重新输入")
If score>=90 And score<=100 Then Label3.Text="优秀 A"
If score>=80 And score<90 Then Label3.Text="良好 B"
If score>=70 And score<80 Then Label3.Text="中等 C"
If score>=60 And score<70 Then Label3.Text="及格 D"
If score>=0 And score<60Then Label3.Text="不及格 E"
```

思考：为什么用这样的单分支 If 语句，条件要写成这样严谨的格式？

【例 3-8】求一元二次方程 $ax^2+bx+c=0$ 的根（考虑虚根）。

说明：由于在 VB.NET 中没有表示复数的数据类型，但可以把一个复数看成两部分：实部和虚部（即 a+bi 的形式，其中的 a、b 当成实数看待）。因此，定义两个变量 sb、xb 分别表示 a 和 b。然后，把 sb 和 xb 通过字符串的连接运算形成一个复数的形式。

```
Dim a, b, c, delt, x1, x2, sb, xb As Double
a=TextBox1.Text
b=TextBox2.Text
c=TextBox3.Text
delt=b*b-4*a*c
If delt>0 Then
    x1=(-b+Sqrt(delt))/(2*a)
    x2=(-b-Sqrt(delt))/(2*a)
    TextBox4.Text=Format(x1, "0.###")
    TextBox5.Text=Format(x2, "0.###")
ElseIf delt=0 Then
    x1=-b/(2*a)
    x2=x1
     TextBox4.Text=Format(x1, "0.###")
    TextBox5.Text=Format(x2, "0.###")
Else
    sb=-b/(2*a)
    xb=Sqrt(-delt)/(2*a)
    TextBox4.Text=Format(sb, "0.###")+"+"+Format(xb, "0.###")+"i"
    TextBox5.Text=Format(sb, "0.###")+"-"+Format(xb, "0.###")+"i"
End If
```

此时的显示分 3 种情况分别显示（看起来比较重复），而不能合在一起显示。这是因为实根和虚根的表示方法不一样。若把实根也看成字符串的形式，则可以在程序的最后用一次显示。程序代码如下：

```
Dim a, b, c, delt, sb, xb As Double
Dim x1, x2 As String
a=TextBox1.Text
b=TextBox2.Text
c=TextBox3.Text
delt=b*b-4*a*c
```

```
If delt>0 Then
    x1=Format((-b+Sqrt(delt))/(2*a), "0.###")
    x2=Format((-b-Sqrt(delt))/(2*a), "0.###")
ElseIf delt=0 Then
    x1=Format(-b/(2*a), "0.###")
    x2=x1
Else
    sb=-b/(2*a)
    xb=Sqrt(-delt)/(2*a)
    x1=Format(sb, "0.###")+"+"+Format(xb, "0.###")+"i"
    x2=Format(sb, "0.###")+"-"+Format(xb, "0.###")+"i"
End If
TextBox4.Text=x1
TextBox5.Text=x2
```

3.2　多向选择语句

Select Case 语句又称情况语句，是多分支结构的另一种表示形式。该语句的语句形式如下：

```
Select Case  <变量或表达式>
    Case  <表达式列表 1>
      语句块 1
    Case  <表达式列表 2>
      语句块 2
        …
    [Case Else
      语句块 n+1]
End Select
```

Select 语句的功能：根据变量或测试表达式与表达式列表的值，从多条语句块中选择符合条件的语句块执行。

Select 语句的执行流程：Select Case 语句在结构的开始计算表达式的值，而且只计算一次。然后，拿"变量或表达式"的结果依次与"表达式列表 i"的值进行比较。当"变量或表达式"的结果与"表达式列表 i"的某个列表的值相等时，就执行与该 Case 相关联的语句块，然后退出此结构；若"变量或表达式"的结果与"表达式列表 i"的任一个列表都不相等，则执行 Case Else 后的语句块。

说明：

（1）"变量或表达式"只能是数值表达式或字符串表达式，不能是逻辑表达式。

（2）每个语句块是由一行或多个 Visual Basic 语句组成。

（3）"表达式列表 i"与"变量或表达式"的类型必须相同。如果在一个表达式列表中有多个值，就用逗号把值隔开。表达式有 4 种形式：

① 一个表达式。例如：

```
Case 8
```

② 一组枚举表达式，即多个表达式，表达式之间用逗号隔开。例如：

```
Case 2,4,6,8
Case "a","love","then"
```

③ 表达式1 To 表达式2。该形式指定某个数值范围，较小的数值放在前面，较大的数值放在后面；字符串常量则按字符的编码顺序从低到高排列。

```
Case 1 to 10                '表示表达式的值在整数1~10范围内
Case "a" to "z"             '表示表达式的值在小写字母a~z范围内
```

④ is <关系运算符><表达式>。例如：

```
Case 2,4,6,8,Is>=60         '表示表达式的值为2、4、6、8或大于等于60
Case Is<>"This"
```

除第一种表达式是与某个值比较外，其他3种形式都是与设置值的范围比较。另外，在数据类型相同的情况下，上述4种形式可以混合使用。

（4）Case Else 子句可以省略。如果 Case 后的"变量或表达式"的结果与"表达式列表 *i*"中多个列表的值相匹配，则根据自上而下的原则，只执行与之匹配的第一个 Case 子句后的语句块。

【例3-9】利用 Select Case 语句实现例3-7的功能。部分关键程序段如下：

```
If IsNumeric(TextBox1.Text) Then
    Select Case CDbl(TextBox1.Text)
        Case Is<0, Is>100
            MsgBox("成绩不合理，请重新输入")
        Case Is>=90
            Label3.Text="优秀 A"
        Case 80 To 89
            Label3.Text="良好 B"
        Case 70 To 79
            Label3.Text="中等 C"
        Case 60 To 69
            Label3.Text="及格 D"
        Case Is < 60
            Label3.Text="不及格 E"
    End Select
End If
```

3.3 条 件 函 数

1．IIf( )函数

IIf( )函数可以用来执行简单的条件判断操作，可以代替"If…Then…Else…"的简单应用，其语法形式如下：

```
IIf (条件,True 部分,False 部分)
```

IIf 的功能：当条件为真时，返回"True 部分"的值，否则返回"False 部分"的值。"True 部分"和"False 部分"可以是表达式、变量或其他函数。例如：

```
Max1=IIf(a > b, a, b)
```

该语句可以挑选出 a、b 中较大的并赋值给 Max1。

2. Choose( )函数

Choose( )函数的语法形式如下：

```
Choose (整数表达式, 选项列表)
```

Choose( )函数的功能：根据整数表达式的值来决定返回选项列表中的某个值。如果整数表达式值是 1，则 Choose( )会返回列表中的第 1 个选项；如果整数表达式值是 2，则 Choose( )会返回列表中的第 2 个选项；依此类推。若整数表达式的值小于或大于列出的选项数目，Choose( )返回 Null。

例如：如下程序段的功能是随机生成一个运算符并将其送给 op，使用 Choose( )函数来完成。

```
Dim a As Integer
Dim op As String
a=Int(Rnd()*4+1)
op=Choose(a, "+", "-", "×", "÷")
MsgBox(op)
```

当 a 的值为 1 时，Choose 返回字符串"+"，并放入 op 变量中；当 a 的值为 2 时，返回字符串"-"，并放入 op 变量中；依此类推。当 a 值小于 1 或大于 4 时，返回 Null 值。

3.4　图片控件 PictureBox

在 VB.NET 中，图片显示控件是用来在窗体的指定位置显示图形信息的控件，包括图片控件 PictureBox 和图片列表控件 ImageList。本书只介绍 PictureBox 控件，关于图片列表控件的知识，请读者参考其他相关书籍。

PictureBox 控件称为图片框，用来容纳和显示多种格式的图形图像，还可以显示动态的图形信息，灵活性高。设计时用 Image 属性加载图片，任务中也如此。加载图片有两种方式：一是本地资源，该方式图片文件保留在原地，实际上是建立了一个链接；另一种方式是项目资源文件，这种方式将图片文件复制到 Resources 文件夹下。两种方式各有利弊，可根据应用需要进行选择。如果要清除图片，可在"属性"窗口中选择 Image 属性，并右击出现在图像对象名称左边的小缩略图像，选择"重置"命令。

前面提到过用 Label 控件也可以用来显示图片，与 Label 控件相比，用 PictureBox 控件来显示图片的优点在于它提供了一个 SizeMode 属性来调整控件或者图片的大小及位置。表 3-1 列出了 SizeMode 属性的 4 个属性值和相应的描述。

表 3-1 SizeMode 属性的 4 个属性值和相应的描述

属 性 值	描 述
AutoSize	PictureBox 控件调整自身的大小使图片正好能够容纳在其内部
CenterImage	如果 PictureBox 控件比图片大，图片放在控件的中央。如果图片比 PictureBox 控件大，控件放在图片的中央，图片在控件之外的部分被剪切掉
Normal	图片位于控件的左上角，如果图片比控件大，就把图片在控件之外的部分剪切掉
StretchImage	图片被拉伸或者缩小以适应控件

【例 3-10】编写程序，交换两个图片框中的图形。

在传统的程序设计中，交换两个变量的值通常要引入第三个变量。交换两个图片控件中图片的操作与此类似。

首先在窗体上建立 3 个图片框 PictureBox1、PictureBox2、PictureBox3，其中 PictureBox3 的大小和位置任意，再建立两个 Button 按钮。主要代码如下：

```
Private Sub Form1_Load(sender As Object, e As EventArgs) Handles MyBase.Load
    PictureBox1.SizeMode=PictureBoxSizeMode.StretchImage
    PictureBox2.SizeMode=PictureBoxSizeMode.StretchImage
    PictureBox3.SizeMode=PictureBoxSizeMode.StretchImage
    PictureBox3.Visible=False
    PictureBox1.Image=Image.FromFile("D:\lake.jpg")      '装图片
    PictureBox2.Image=Image.FromFile("D:\house.jpg")     '装图片
End Sub
Private Sub Button1_Click(sender As Object, e As EventArgs) Handles Button2.Click
    PictureBox3.Image=PictureBox1.Image                  '通过第三个图片框来交换
    PictureBox1.Image=PictureBox2.Image
    PictureBox2.Image=PictureBox3.Image
End Sub
Private Sub Button2_Click(sender As Object, e As EventArgs) Handles Button2.Click
    Close()
End Sub
```

运行结果如图 3-8 所示。

（a）原图

（b）交换后

图 3-8 交换两个图片框中的图形

在例 3-10 中，第三个图片框是临时控件，它的大小、位置甚至是否可见都无关紧要。但要注意：代码中涉及的两个图片文件 D:\lake.jpg 和 D:\house.jpg 要存在。

3.5　滚动条控件 HscrollBar 和 VscrollBar

在 VB.NET 中，有两种类型的滚动条：一种是垂直滚动条 VscrollBar；另一种是水平滚动条 HscrollBar。使用滚动条的目的有以下 3 个：

（1）当开发人员设计程序时，如果希望避免输入数值错误，可以使用滚动条控件，使用户通过直接调整滚动轴输入而不必输入具体数值。

（2）显示事件的进度。

（3）在有限的窗口内查看更多的信息。

滚动条控件的操作不依赖于其他控件，与 Windows 内部的滚动条或其他附加在文本框、列表框、组合框或者 MDI 窗体上的滚动条不同，它拥有自己的属性集、方法和事件，且不会自动出现。无论何时，Windows 内部的滚动条或其他附加在文本框、列表框、组合框或者 MDI 窗体上的滚动条，只要应用程序或控件所包含的信息超过当前窗口（或者在 ScrollBars 属性被设置成 True 时的文本框和 MDI 窗体）所能显示的信息，滚动条就会自动出现。

在一般情况下，垂直滚动条的值由上往下递增，最上端代表最小值（Min），最下端代表最大值（Max）。而水平滚动条的值则从左向右递增，最左端代表最小值，最右端代表最大值。滚动条的值均以整数表示，其默认的取值范围为 0～100，也可以根据情况自行设置。

图 3-9　在 Form 中添加滚动条

3.5.1　建立滚动条

单击"工具箱"内"Windows 窗体"选项卡中的 HscrollBar 控件，将鼠标指针移至窗体中适当的位置，按住鼠标左键并拖动鼠标将 HscrollBar 控件调整到合适的大小放开左键。

同样，在 Form 上设置一个 VscrollBar 控件，如图 3-9 所示。

3.5.2　滚动条控件的常用属性

表 3-2 列出了滚动条控件的常用属性。

表 3-2　滚动条控件常用属性

属　性	说　明
LargeChange	设置滚动框每次移动的距离。当用户在滚动框的任意一边单击滚动条轨迹时，Value 属性将按照 LargeChange 属性中设置的值而更改，默认值为 10
SmallChange	设置当用户单击"微调"箭头按钮时，滚动框移动的距离，默认值为 1

续表

属　　性	说　　明
MaxiMum	滚动条的 Value 属性允许的最大值，默认值为 100，当滚动框位于最右端或最下端时，Value 属性设为该值
MiniMum	滚动条的 Value 属性允许的最小值，默认为 0，当滚动框位于最左端或最上端时，Value 属性取该值
Value	该属性是与滚动框在滚动条中的位置相对应的一个 Integer 值。默认值为 0，对应的是滚动条的最左端（水平滚动条）或最顶端（垂直滚动条）。当滚动框在最右端或最底端时，对应于滚动条的 MaxiMum 值。同理，滚动框取中间数值时将位于滚动条的中间位置。除了可单击来改变滚动条和数值外，也可将滚动框沿滚动条拖动到任意位置，结果取决于滚动框的位置，但该值总是在用户所设置的 MiniMum 属性和 MaxiMum 属性的范围之内

3.5.3　滚动条的应用

利用水平滚动条和垂直滚动条来调整图片的宽度和高度，以产生缩放效果。

【例 3-11】设计一个窗体，分别加入水平滚动条和垂直滚动条，并将滚动条的 Value 属性值实时地显示到文本框中。

在窗体中设置两个文本框、两个标签框、水平滚动条和垂直滚动条，分别设置其合适的属性值，如图 3-10 所示。3 个滚动条的最小值均为 0，最大值均为 200。

ScrollBar 控件的常用事件是 Scroll 事件，当 Value 属性值发生改变时触发该事件。

程序代码如下：

```
Private Sub VScrollBar1_Scroll(sender As Object, e As ScrollEventArgs) Handles
VScrollBar1.Scroll
     TextBox2.Text=VScrollBar1.Value
  End Sub
  Private Sub HScrollBar1_Scroll(sender As Object, e As ScrollEventArgs) Handles
HScrollBar1.Scroll
     TextBox1.Text=HScrollBar1.Value
  End Sub
```

图 3-10　滚动条界面设计及运行结果

【例 3-12】浏览大幅图片。利用图片框配以滚动条实现图片的滚动显示程序。

（1）界面设计：在窗体中放置 2 个滚动条、1 个 Panel 控件、1 个放置在 Panel 控件中的图片框 PictureBox。给图片框选择一幅图片，要求图片的尺寸比显示区域大，采用滚动条，使图片能在显示区域中滚动显示。

界面控件的属性如表 3-3 所示。

表 3-3　窗体中控件属性表

对　象	属 性 名	属 性 值
VScrollBar	Name	VScrollBar1
	Dock	Right
HScrollBar	Name	HScrollBar1
	Dock	Bottom
Panel	Name	Panel1
	Dock	Fill
PictureBox	Name	PictureBox1
	Image	D:\tree.jpg
	SizeMode	AutoSize

（2）程序代码如下：

```
Private Sub Form1_Load(sender As Object, e As EventArgs) Handles MyBase.Load
    '设置滚动条的最大值和最小值
    VScrollBar1.Maximum=PictureBox1.Height-Panel1.Height
    HScrollBar1.Maximum=PictureBox1.Width-Panel1.Width
    HScrollBar1.Minimum=0
    VScrollBar1.Minimum=0
    '设置 LargeChange 为图像大小的 1/10
    VScrollBar1.LargeChange=PictureBox1.Image.Height/10
    HScrollBar1.LargeChange=PictureBox1.Image.Width/10

    '设置 SmallChange 为 LargeChange 的 1/5
    VScrollBar1.SmallChange=System.Convert.ToInt32(VScrollBar1.LargeChange/5)
    HScrollBar1.SmallChange=System.Convert.ToInt32(HScrollBar1.LargeChange/5)
    '设置滚动条的初始值
    VScrollBar1.Value=0
    HScrollBar1.Value=0
End Sub
Private Sub HScrollBar1_Scroll(sender As Object, e As ScrollEventArgs) Handles
    HScrollBar1.Scroll
    '当水平滚动条滚动时,改变图片框的位置
    PictureBox1.Left=-HScrollBar1.Value
End Sub
Private Sub VScrollBar1_Scroll(sender As Object, e As ScrollEventArgs) Handles
    VScrollBar1.Scroll
    '当垂直滚动条滚动时,改变图片框的位置
    PictureBox1.Top=-VScrollBar1.Value
End Sub
```

程序分析：

① PictureBox 的 SizeMode 属性设置为 AutoSize，使其能反映出图片的实际大小。由于在 VB.NET 中，PictureBox 不再是容器控件，所以在窗体上增加一个容器控件 Panel，将 PictureBox 控件放置在该容器控件内，则通过改变 PictureBox 左上角的坐标就可以改变图片的位置。

② 适当地设置滚动条的最大值和最小值，可以保证滚动条的滚动块在任意位置时，图片显示区域都不会留空白。程序中让滚动条的最大值等于图片实际大小减去容器控件大小的差值。

程序中的原图片、设计界面及运行结果如图 3-11～图 3-13 所示。

图 3-11　图片框中的原图片

图 3-12　设计界面

图 3-13　运行界面

本例中的 Panel 没有一次性完整地显示原图形，如果想在一个图片框中同时显示出全部图形，可利用水平滚动条和垂直滚动条来调整图片的宽度和高度，以产生缩放效果。

【例 3-13】程序运行时，通过拖动滚动条，实现 PictureBox1 控件中 Image 图片的放大或缩小。

使用水平滚动条调整图片的宽度，使用垂直滚动条调整图片的高度。滚动条的 Maximum 及 MiniMum 属性分别设为 200 和 20，其余属性取默认值。单击"结束"按钮时，终止程序运行。

程序代码如下：

```
Private Sub VScrollBar1_Scroll(sender As Object, e As ScrollEventArgs) Handles
VScrollBar1.Scroll
    PictureBox1.Height=VScrollBar1.Value
```

```
    End Sub
    Private Sub HScrollBar1_Scroll_1(sender As Object, e As ScrollEventArgs)
Handles HScrollBar1.Scroll
        PictureBox1.Width=HScrollBar1.Value
    End Sub
    Private Sub Button1_Click(sender As Object, e As EventArgs) Handles Button1.Click
        Close()
    End Sub
```

程序运行时，图片的大小会随用户拖动滚动条而放大或缩小，运行前后效果如图 3-14 所示。

（a）运行前

（b）运行后

图 3-14　使用滚动条调整画面大小

3.6　时间日期控件

时间日期控件是一类以时间和日期为其主要功能的控件，包括定时控件 Timer、月历控件 MonthCalendar 和日期时间选择器控件 DateTimePicker。

3.6.1　定时控件 Timer

Timer 控件看起来像一个小闹钟，是按标准时间间隔引发事件的控件。使用 Timer 控件，可完成一些每隔一定时间就要重复一次的操作。表 3-4 列出了 Timer 控件常用的属性、事件和方法，其中最重要的是 Timer 控件的 Tick 事件，Tick 事件会每隔 Interval 属性指定的时间间隔发生一次。

表 3-4　Timer 控件的常用属性和方法

类　别	名　称	描　　　述
属性	Interval	指定每隔多长时间发生一次 Tick 事件，单位是毫秒（千分之一秒）
	Enabled	决定定时器是否有效。属性值为 True 就启用 Timer 控件，也就是每隔 Interval 属性指定的时间间隔调用一次 Tick 事件，否则停止使用 Timer 控件
方法	Start	启动（或打开）Timer 控件，相当于设置 Enabled 属性为 True
	Stop	停止（或关闭）Timer 控件，相当于设置 Enabled 属性为 False
事件	Tick	每隔 Interval 属性指定的时间间隔就自动调用的事件

VB.NET 中的大多数控件都是用来建立用户界面的，程序运行后，这些控件出现在窗体上，构成了用户界面，这类控件称为界面控件。而有些控件不能用来构成用户界面，程序运行后自动消失，这类控件称为非界面控件，计时器就是一种非界面控件。与其他控件不同，在设计阶段，非界面控件不出现在窗体上，而是位于窗体下面专用的面板中。VB.NET 的非用户界面控件一般称为"组件"。

【例 3-14】建立带开关的数字计时器。

通过对计时器的 Enabled 属性设置为 False 或 True 来实现计时器的开关。

计时器的 Enabled 属性设为 True，才能使计时器按指定的时间间隔显示。如果把该属性设为 False，则可使计时器停止显示。为了启动计时器，设置了一个按钮；为了不断地启动/停止，则需要增加一个按钮，通过单击该按钮，使得计时器的 Enabled 属性在 True/False 中来回转换。

在窗体中放置 1 个 Label 控件和 1 个 Timer 控件，更改 Timer 控件的 Interval 属性为 1000；Label 控件的 BorderStyle 属性为 Fixed3D，Font.Size 设为 16，AutoSize 设为 True，界面如图 3-15 所示。

图 3-15　带开关的数字计时器

在 VB.NET 程序中，可以用 TimeOfDay( ) 函数获得系统时钟的时间。Tick 事件是模拟实时计时器的事件，这是两个不同的时间系统。另外，属性 Now 用来获得当前的日期和时间。

双击 Timer 控件，在响应 Timer1_Tick 事件的代码中添加如下代码：

```
Private Sub Timer1_Tick(sender As Object, e As EventArgs) Handles Timer1.Tick
    Label1.Text=TimeOfDay
End Sub
```

单击"计时器开关"按钮可使计时器开始计时，单击"启动/停止"按钮可使计时器反复启动、停止。两个按钮的代码如下：

```
Private Sub Button1_Click(sender As Object, e As EventArgs) Handles Button1.Click
    Timer1.Enabled=True                        '计时器开始计时
End Sub
Private Sub Button2_Click(sender As Object, e As EventArgs) Handles Button2.Click
    Timer1.Enabled=Not Timer1.Enabled          '计时器反复启、停
End Sub
```

运行上述程序时，设计时的计时器控件消失。

说明：在设计时把计时器的 Enabled 属性设置为 False。

【例 3-15】用计时器实现控件的移动。

用计时器可以按指定的时间间隔移动窗体上的控件。在窗体上画一个 Label 控件，将其 AutoSize 属性设为 True，FontSize 设为黑体 18，再加两个按钮和一个计时器，如图 3-16 所示。

程序代码如下：

```
Private Sub Form1_Load(sender As Object, e As EventArgs) Handles MyBase.Load
    Timer1.Interval=1000      '每秒移动一次
    Label1.Text="Visual Studio 2013"
    Button1.Text="移动/停止"
```

```
        Button2.Text="退出"
    End Sub
    Private Sub Timer1_Tick(sender As Object, e As EventArgs) Handles Timer1.Tick
        Label1.Left+=10                    '增加标签的 Left 属性值使标签向右移动，每秒移动 10 个像素
        Label1.Left=Label1.Left Mod Me.Width
        Beep()                             '响铃
    End Sub
    Private Sub Button1_Click(sender As Object, e As EventArgs) Handles Button1.Click
        Timer1.Enabled=Not Timer1.Enabled              '使计时器反复启、停
    End Sub
    Private Sub Button2_Click(sender As Object, e As EventArgs) Handles Button2.Click
        End
    End Sub
```

Timer1_Tick 事件中，通过 Mod 运算符判断标签的 Left 值是否等于窗体的宽度，如果等于，则把 Left 值置 0。程序运行后，标签即开始向右移动，同时响铃，移动出窗体后，再移回窗体左端，重新向右移动，如图 3-17 所示。在移动过程中，如果单击"移动/停止"按钮，则停止移动，再单击一次，继续移动。单击"退出"按钮则退出程序的运行。

图 3-16　用计时器实现控件界面设计

图 3-17　用计时器实现控件运行界面

3.6.2　月历控件 MonthCalendar

月历控件 MonthCalendar 用于显示一个或者几个月的月历。其常用属性和事件如表 3-5 所示。

表 3-5　MonthCalendar 的常用属性和事件

类别	名　称	描　　述
属性	AnnuallyBoldedDates	属性值是 DateTime[ ] 数组类型的，设置一年中要用粗体显示的日期
	MonthlyBoldedDate	属性值是 DateTime[ ] 数组类型的，设置一个月中要用粗体显示的日期
	BoldedDate	属性值是 DateTime[ ] 数组类型的，设置要用粗体显示的日期
	CalendarDimensions	月历中月份的行数和列数
	MinDate	用户可以选择的最小日期
	MaxDate	用户可以选择的最大日期
	SelectionRange	在月历中选择日期的范围
	ShowWeekNumbers	是否显示每个星期是本年度中的第几个星期
	ShowToday	是否在月历控件的底部显示"今天"的日期
	ShowTodayCircle	是否在当天的日期上加一个圈
事件	DateChanged	选中的日期改变时触发的事件

在图 3-18 所示的 MonthCalendar 控件的例子中，设置 AnnuallyBoldedDates 属性值为 12 月 15 日，ShowToday 属性值为 True，ShowWeekNumbers 属性值为 True（在控件的左侧会显示星期）。设置 CalendarDimensions 属性值为"1，1"，也就是显示一行一列的月历。

图 3-18　使用 MonthCalendar 控件的例子

3.6.3　日期时间选择器 DateTimePicker 控件

DateTimePicker 控件是一个下拉列表框，用来显示时间和日期，而且可以单击下拉按钮，在弹出的 MonthCalendar 控件中选择日期。表 3-6 所示为 DateTimePicker 控件的常用属性和事件。

表 3-6　DateTimePicker 的常用属性和事件

类　别	名　称	描　述
属性	Format	显示时间日期的格式，有 4 个属性值：Long、Short、Time 和 Custom
	CustomFormat	Format 属性值为 Custom 时，使用的格式
	ShowUpDown	属性值为真时显示上下滚动的按钮
	MaxDate	规定用户可选择的最大日期
	MinDate	规定用户可选择的最小日期
事件	ValueChanged	选择的日期改变时触发的事件

在表 3-6 中，Format 属性是一个比较重要的属性，用来确定下拉列表框中显示的内容和格式。更多的应用，读者可参考其他书籍。

习　　题

1. 在 VB.NET 中，有哪几种选择结构语句？

2. 编写程序计算函数的值：

$$Y = \begin{cases} 3x+2 & x<0 \\ x^2+10 & 0 \leqslant x < 10 \\ 5x-6 & x \geqslant 10 \end{cases}$$

3. 编写应用程序，输入一个合理工资数目，计算出应该交税款。说明：低于或等于 5 000 元免交税，高于 5 000 元但低于等于 8 000 元的部分交 3%的税，高于 8 000 元但低于等于 15 000

元的部分交 8%的税，高于 15 000 元但低于等于 30 000 元的交 20%的税，高于 30 000 元但低于或等于 80 000 元的交 35%的税，高于 80 000 元的部分交 45%的税。

4. 编写应用程序，要求随机生成 100 个三位正整数，并统计其中大于 500、小于 500 和等于 500 的数据的个数分别是多少。

5. 编写应用程序，读入一个整数，然后判断它能否同时被 2、5 和 7 整除，如果能则输出该数及其平方根。

6. 编写应用程序，读入一行字符，统计其中字母、数字、空格和其他字符的个数分别是多少。

7. 飞机票的标准价格是 2 000 元/张，1 月或者 3～6 月，每张打 6 折；9～11 月每张打 7 折，7、8 月每张打 8 折，其他月份每张打 9 折。要求：自行设计合理界面，并设计程序，输入月份和张数，即可打印出应付款是多少。

8. 输入三角形的三条边 a、b、c 的值，根据其数值，判断能否构成三角形。若能，显示三角形的性质：等边三角形、等腰三角形、直角三角形、任意三角形。

9. 输入年份，判断是否为闰年，并显示有关信息。判断闰年的条件是：年份同时满足两个条件：（1）能被 4 整除，但不能被 100 整除；（2）能被 400 整除。

10. 使用 Select Case 结构将一年中的 12 个月份，分成 4 个季节输出。

第 ④ 章　循环结构程序设计

所谓循环结构，就是程序中允许重复执行的一行或数行代码。该代码将不停地被反复执行，直到条件为 True、直到条件为 False、执行了指定的次数，或者为集合中的每个元素各执行一次语句才终止循环，这种重复的过程被称为"循环"（Loop）。使用循环结构反复运行语句块，可以运行由特定变量控制的设置好的确定次数，也可以运行不确定的次数（取决于条件的 Boolean 值）。

4.1　循环结构的类型

循环结构可以分为两种结构类型：当型循环与直到型循环。

1. 当型循环结构

当型循环又称前测式循环。当程序进行到循环语句时，首先测试条件是否为真，如果条件为真，就执行语句块 A，然后再返回到测试条件继续判断，如果仍然为真，则再次执行语句块 A，如此不停地重复，直到条件为假才离开循环，向下执行语句块 B。所以，在语句块 A 中必须有改变测试条件的语句，否则程序会不停地循环下去。该流程如图 4-1 所示。

在这种循环方式中，如果首次测试条件即为假，则直接执行语句块 B，语句块 A 则一次也不被执行。

2. 直到型循环结构

直到型循环又称后测式循环。当程序进行到循环语句时，首先执行语句块 A，再测试条件是否成立。如果条件为真，则返回重复执行语句块 A，然后再次测试条件是否为真，如果依然为真则继续执行语句块 A，如此循环往复，直到测试条件为假时才结束循环，继续向下执行语句块 B。该流程如图 4-2 所示。

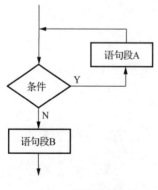

图 4-1　当型循环结构

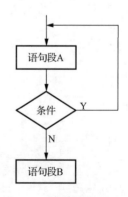

图 4-2　直到型循环结构

在这种循环方式中，因为是先执行语句块 A 而后测试，所以语句块 A 至少会被执行一次。

VB.NET 程序中可以使用的循环结构有 For…Next 结构、While…End While 结构、Do…Loop 结构和 For Each…Next 结构。

4.2　For…Next 循环结构

当需要将一组语句重复执行确定的次数时，一般使用 For…Next 循环结构，常称其为 For 循环。For 循环结构使用起来最灵活，它的重复次数可以通过设置一个计数变量及其上、下限来决定，每循环一次，计数变量就会自动增加或者减少，这个计数变量通常称为"循环控制变量"。

4.2.1　For…Next 循环结构的语法格式

For…Next 循环结构的语法格式如下：

```
For 循环控制变量=初始值 To 终止值 [Step 步长]
    [语句块]
    [Exit For]
    [语句块]
Next [循环控制变量]
```

其中参数说明如下：

（1）"循环控制变量"：For 语句的必选项，数值变量，用作循环计数器。这个变量的类型通常是 Integer，但也可以是支持大于等于号（>=）、小于等于号（<=）和加法（+）、减法（-）的任何基本数值类型。

（2）"初始值"：必选项，数值表达式，循环控制变量的初始值。

（3）"终止值"：必选项，数值表达式，循环控制变量的最终值。

（4）"步长"：可选项，数值表达式，指出每次循环后循环控制变量的增量，可以是正数或负数。如果为正，则初始值应小于终止值；若为负，控制变量会逐渐减小，初始值应大于终止值。否则，会造成循环语句不被执行。如果省略了该项，则步长的默认值为 1。

（5）"语句块"：放在 For 和 Next 之间的一条或多条语句，称为循环体，它们将被执行指定的次数。

（6）Exit For：可选项，将控制转移到 For 循环外，是无条件退出循环语句，当碰到该语句时，无论是否执行完指定的循环次数，都立即退出循环，直接执行 Next 语句后面的语句。

（7）Next：必选项，在要重复的最后一条语句后面使用，完成 For 循环的构造，可以在 Next 语句中指定循环控制变量，也可省略。

4.2.2　For…Next 循环结构的执行过程

For 循环结构流程图如图 4-3 所示。

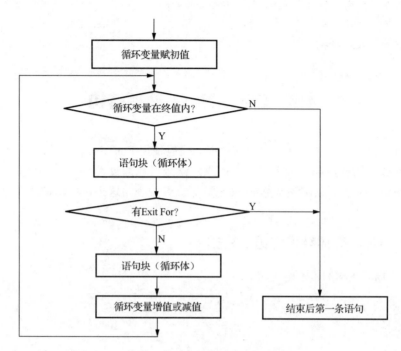

图 4-3　For 循环结构流程图

执行步骤如下：

（1）设置循环控制变量等于初始值。

（2）如果步长为正，测试循环控制变量是否大于终止值；若步长为负，则测试循环控制变量是否小于终止值。如果是 Exit For，退出循环。

（3）否则，执行循环体。

（4）循环控制变量=循环控制变量+步长。

（5）转到步骤（2）。

注意：

　① 步长可正可负。若为正，则初始值必须小于等于终止值，否则不能执行循环体。

　② 如果没有设置 Step 项，则步长的默认值为 1。

【例 4-1】编写程序，计算 1～30 这 30 个整数的和，分别取步长为 1 和-1 来计算。

分析：根据题目要求，可知循环次数是确定的，所以利用 For 循环是最合适的。同时，循环控制变量的初始值、终值及步长都可以确定，则在循环体中只做求和即可。窗体设计如图 4-4 所示。

（1）取步长为 1 的程序如下：

```
Private Sub Button1_Click(ByVal sender As System.Object, ByVal e As _
    System.EventArgs) Handles Button1.Click
    Dim i As Integer                        'i 为循环控制变量
```

```
    Dim sum As Long
    sum=0
    For i=1 To 30                '取值，判断是否大于终值，大于 30 退出，默认步长为 1
        sum=sum+i                      '求和
          Textbox1.text+=i.ToString+"个自然数的和为"+sum.ToString+vbCrLf
        Next i                         '将 i+1 赋值给 i，再跳回到 For 行
End Sub
Private Sub Button2_Click(ByVal sender As System.Object, ByVal e As _
    System.EventArgs) Handles Button2.Click
        Close()
End Sub
```

运行结果如图 4-5 所示。

图 4-4　窗体设计

图 4-5　例 4-1 程序运行结果

（2）取步长为-1 的关键程序段如下：

```
Dim i As Integer, sum As Long
sum=0
For i=30 To 1 Step -1          '取值，步长为-1，判断是否小于终值，小于 1 退出
    sum=sum+i                      '求和
    TextBox1.Text+=(30-i+1).ToString+"个自然数的和为"+ _
            sum.ToString+vbCrLf
  Next i                           '将 i-1 赋值给 i，再跳回到 For 行
```

For…Next 结构使用关键字 Step 来改变循环的步长，可对循环变量反向计数，而结果数值
不变。

> **注意**：在循环体中可以引用循环控制变量的值，但不要改变它的值，这也是 For 循环的
> 特点之一。

试想，将输出语句置于循环体外，输出会有怎么样的变化？请读者实践并体会。

当然，开发人员也可以采用 1 以外的数值作为步长值，即不使用默认步长。

【例 4-2】编写一个程序，求 1～80 之间所有奇数的和。

分析：根据题目要求，可确定循环控制变量的初始值、终值及步长，利用 For 循环来解决是
最合适的。

程序代码如下：

```
Private Sub Button1_Click(ByVal sender As System.Object, ByVal e As _
    System.EventArgs) Handles Button1.Click
    Dim i As Integer
    Dim sum As Long
    sum=0
    For i=1 To 80 Step 2
        sum=sum+i
    Next i
    Textbox1.Text=sum.ToString
End Sub
```

思考：若求 1～200 之间所有偶数的和，程序该如何修改？认真体会初始值、终止值、步长的意义。

循环操作大多与其他结构配合使用，如条件语句。可以将条件判断放在循环结构中，如 For...Next 循环中的 If...Then...Else 块。这种将一个控制语句放在另一个控制语句中的方式称为"嵌套"。VB.NET 中的控制结构可以根据需要嵌套任意多级。为了使嵌套结构具有更好的可读性，通常的做法是缩进每个结构的控制体。集成开发环境（IDE）编辑器会自动完成此操作。

【例 4-3】利用文本框输入一个正整数 num，求出 1～num 中所有能被 7 整除的数的和，并输出结果。

分析：根据题目要求，通过文本框输入的正整数 num 即可确定循环控制变量的终止值，而初始值及步长也已告知，所以循环次数可以确定，依然利用 For 循环来解决。

程序代码如下：

```
Private Sub Button1_Click(ByVal sender As System.Object, ByVal e As _
    System.EventArgs) Handles Button1.Click
    Dim i, num, sum As Integer
    Label2.Text=""
    Sum=0
    num=Int(TextBox1.Text)
    If num<1 Then MsgBox("输入错误，请重新输入大于 1 的整数")
    If num>1 Then
        For i=1 To num
            If i Mod 7=0 Then
                sum=sum+i
            End If
        Next
        Label2.Text=sum
    End If
End Sub
Private Sub Button2_Click(ByVal sender As System.Object, ByVal e As _
    System.EventArgs) Handles Button2.Click
    Close()
End Sub
```

窗体界面设计和运行结果分别如图 4-6 和图 4-7 所示。

图 4-6　设计界面　　　　　　　　图 4-7　例 4-3 程序运行结果

【例 4-4】编写程序，求出三位数中所有的水仙花数。（如果一个三位数的个位、十位和百位的立方和等于该数本身，则称该数为水仙花数）

分析：根据题意，可用循环控制变量依次表示每一个三位数，而在循环体中，只要找出对应于每一个三位数的个位、十位和百位，并且判断其各位数的立方和是否等于该数本身，即知是否为水仙花数。窗体设计如图 4-8 所示。

程序代码如下：

```
Private Sub Button1_Click(ByVal sender As System.Object, ByVal e As _
    System.EventArgs) Handles Button1.Click
  Dim i,bw,sw,gw As Integer
  TextBox1.Clear()
  For i=100 To 999
    bw=i\100                  '取出百位数
    sw=(i\10) Mod 10          '取出十位数
    gw=i Mod 10               '取出个位数
    If i=bw^3+sw^3+gw^3 Then
      TextBox1.Text+=i.ToString+"="+bw.ToString+"^3+"+_
        sw.ToString+"^3+"+gw.ToString+"^3"+vbCrLf
    End If
  Next
End Sub
```

程序运行结果如图 4-9 所示。

图 4-8　窗体界面设计　　　　　　图 4-9　例 4-4 程序运行结果

4.2.3　Exit For 语句

在 For 循环中的任何位置可以插入任意数量的 Exit For 语句，以便随时退出循环。Exit For

通常在计算特定条件后使用，例如在 If…Then…Else 结构中，程序执行中碰到该语句时，不再执行循环结构中的任何语句，直接转到 Next 语句后面的语句继续执行。

　　Exit For 的另一种用途是测试可能导致"无限循环"（即运行次数非常多甚至无限的循环）的条件。如果检测到使继续迭代不必要或不可能的条件（如错误值或终止请求），也可以使用 Exit For 退出循环。

　　无限循环的特点是一旦被执行，就不会停止。例如：

```
For n=1 to 100 step -1
    …
Next
```

这个循环开始时，循环控制变量的初值为 1，再接下去就是 0、-1 等，n 永远不可能达到 100，这个循环就是无限的。

　　【例 4-5】计算整数 1~100 的和，当和大于 3 000 时退出循环。

　　分析：该循环看似是确定的次数，但在循环体中需要通过条件的判断来决定循环是否继续，而不完全依靠循环控制变量与终止值的对比来决定。当循环次数未到，和值却已经达到要求时，使用 Exit For 语句最合适。

　　程序代码如下：

```
Private Sub Button1_Click(ByVal sender As System.Object, ByVal e As _
    System.EventArgs) Handles Button1.Click
    Dim i, sum As Integer
    sum=0
    For i=1 To 100
        sum=sum+i
        If sum>3000 Then Exit For    '当 sum>3000 时，直接退出循环
    Next i
    TextBox1.Text="i=" & i.ToString & vbCrLf & "sum=" & sum.ToString
End Sub
```

程序运行结果如图 4-10 所示。

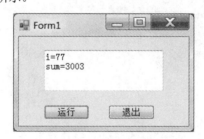

图 4-10　例 4-5 运行结果

4.2.4　多重循环

　　可以将一个 For…Next 循环放置在另一个 For…Next 循环中，以形成嵌套循环，内嵌的循环中还可以包含其他的循环，从而构成多重循环。多重循环也称多层循环或者嵌套循环。各种循环语句均可以嵌套。不过，每个循环必须具有唯一的循环控制变量，即要使用不同的变量名。例如：

```
For i=1 To 5
   For j=1 To 6
     For k=1 To 7
       ...
     Next k
   Next j
Next i
```

如果省略 Next 语句中的循环控制变量，程序仍像其存在时一样执行，即第一个 Next 语句关闭内部的 For 循环，而最后一个 Next 语句关闭外部的 For 循环。但如果不省略 Next 语句中的循环控制变量，则必须注意 Next 语句的位置。如果先遇到外部嵌套级别的 Next 语句，后遇到内部嵌套级别的 Next 语句，编译器将发出错误信号。但是，仅当在所有 Next 语句中都指定了循环控制变量时，编译器才能检测到这种重叠错误，这种错误称为"重叠控制结构"。

> **注意：**嵌套必须是一个循环完整地放在另一个循环当中，绝对不能重叠控制结构，这意味着，任何嵌套结构必须完全包含在下一个最里面的结构中。例如，下面的嵌套就是无效的，因为 For 循环在内部 If 块终止之前终止。编译器检测到这样的重叠控制结构并发出编译时错误信号。
>
> ```
> For i=1 to 500 step 2
>    If  i<100  then
>          sum=sum+i
>    Next i
> End If
> ```
>
> 下面的程序段也出现了这样的错误，第二层循环与第三层循环间同样形成了"重叠控制结构"错误。
>
> ```
> For i=1 To 5
>    For j=1 To 6
>      For k=1 To 7
>        ...
>      Next j
>    Next k
> Next i
> ```

【例 4-6】判断 1 000 以内有多少完数并输出所有的完数。

所谓完数就是该数除了自身以外的所有约数相加正好等于该数本身。约数就是能整除自己的自然数。例如，6 就是一个完数，6=1+2+3。运行程序，单击"计算"按钮，在窗体上显示出 1 000 以内的完数信息。

程序代码如下：

```
Dim i, j, s As Integer
Dim str1 As String=""
For i=1 To 1000
   s=0
   For j=1 To i-1
     If i Mod j=0 Then s=s+j          '求因子和
```

```
   Next
   If s=i Then                               '判断是否是完数
      str1=str1+Str(s)+"的因子是：  "
      For j=1 To s-1
         If s Mod j=0 Then
            str1=str1+Str(j)+","           '将所有因子连接在显示字符串中
         End If
      Next
      str1=str1+vbCrLf                       '换行显示下一个可能的完数
   End If
Next
TextBox1.Text=str1
```

程序运行结果如图 4-11 所示。

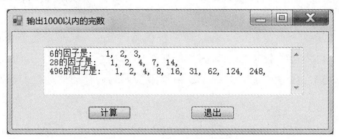

图 4-11　运行结果界面

TextBox 控件的 ScrollBar 属性给文本框设置滚动条，只有当 TextBox 控件的 Multiline 属性值为 True 时才有效。

【例 4-7】"百钱买百鸡问题"。公元 5 世纪末，我国古代数学家张丘建在他编写的《算经》里提出了一个不定方程问题：

鸡翁一，值钱五；鸡母一，值钱三；鸡雏三，值钱一。百钱买百鸡，问鸡翁、鸡母、鸡雏各几何？

这个问题是说每只公鸡价值 5 钱，每只母鸡价值 3 钱，每 3 只鸡雏价值 1 钱。现有 100 个钱想买 100 只鸡，问公鸡、母鸡和小鸡各能买几只？

分析：3 个未知数，却只有两个方程，因此这是一个不定方程问题。根据题意，设 x、y、z 分别为鸡翁、鸡母、鸡雏的数目，则可得如下方程：

$$\begin{cases} 5x+3y+z/3=100 \\ x+y+z=100 \end{cases}$$

因为公鸡每只 5 钱，100 钱最多买 20 只，但如果全买了公鸡，就买不了母亲和小鸡了，同时也不符合买百鸡的要求，所以最多只能买 19 只公鸡；同样 100 钱最多能买 33 只小鸡。当买 1 只、2 只、…、19 只公鸡时，可买的母鸡和小鸡的情况都列出。

程序代码如下：

```
Private Sub Button1_Click(ByVal sender As System.Object, ByVal e As _
  System.EventArgs) Handles Button1.Click
      Dim intcock As Integer
      Dim inthen As Integer
      Dim intchicken As Integer
```

```
'当买1只、2只…19只公鸡时，可买母鸡和小鸡的情况都列出
For intcock=1 To 19
    For inthen=1 To 33
        intchicken=100-intcock-inthen
        If intcock*5+inthen*3+intchicken/3=100 Then
            TextBox1.Text+="cock:"+intcock.ToString()+_
                "hen:"+inthen.ToString()+"chicken:"_
                +intchicken.ToString()+vbCrLf
        End If
    Next
    Next
End Sub
```

例 4-6 和例 4-7 采用的都是 "穷举法"，即将各种可能的组合都考虑到并一一列出，再检查每一组合是否符合给定的条件。

在百鸡问题中，当公鸡数=1 时，母鸡数由 1 到 33；然后再使公鸡数=2，母鸡数再由 1 到 33；直到公鸡数=19 时，母鸡数再由 1 到 33。这样，就把所有的可能组合一一测试过了。

> **注意：** 当循环次数确定时，使用 For…Next 循环语句非常方便，而且循环可以多重嵌套。若要正确设计 For…Next 循环，需要了解它的执行过程及正确设置边界条件，即循环控制变量的初值和终值，否则不能得到正确结果。

使用 For…Next 循环输出图形，通常采用双重 For…Next 循环。利用外循环控制输出图形的行数，内循环控制每一行输出的字符列数，在内、外循环的循环体中对图形中字符的变化进行合理的控制。

【例 4-8】编写程序，使用双重 For…Next 循环输出如图 4-12 所示图形。

图 4-12　例 4-8 输出图形

分析：本例中图形有 4 行，所以外循环控制行数，执行 4 次；内循环控制列数，随着行的增加，字符前空格在增加，而列字符在减少，所以在内循环中，在每一行连接字符前，需要预留相应的空格数，并有效控制字符数的个数。因每行的字符数量不同，字母也不同，字符的顺序变化却有两种：递增和递减，所以在内循环中都要考虑到并加以控制。当内循环执行完毕时，通过换行命令进入下一行。另外，每一行的起始字符都是从 "A" 开始的，所以当内循环执行完毕时、再次进入外循环前，字符也要做相应的改变，为下一行的字符输出做准备。

程序代码如下：

```
Private Sub Button1_Click(sender As Object, e As EventArgs) Handles Button1.Click
```

```
    Dim i, j As Integer
    Dim str1 As String=""
    Dim p As String="A"                    '声明变量赋初值
    str1=""
    For i=1 To 4                           '外循环控制输出图形的行数
        str1=str1+Space(6+2*i)             '每一行连接字符前预留空格
        For j=1 To 5-i                     '内循环，实现一行左半部字符连接
            str1=str1+p+" "                '字符连接
            p=Chr(Asc(p)+1)                '字符转换
        Next
        p=Chr(Asc(p)-2)
        For j=1 To 4-i                     '并列内循环，实现同一行右半部字符连接
            str1=str1+p+" "
            p=Chr(Asc(p)-1)
        Next
        str1=str1+vbCrLf                   '内循环完毕、通过换行命令进入下一行
        p="A"
    Next
    Label1.Text=str1                       '输出字符图形
End Sub
```

几乎所有有规律的图形都可以利用双重 For 循环来实现，读者可自行设计图形并尝试去实现。

4.3　While…End While 循环语句

在知道循环次数的前提下，使用 For…Next 非常方便，但在大多数情况下，事先并不知道需要将循环中的语句运行多少次，而是要求只要满足某一条件时就结束循环。While…End While 循环正是这样的一种循环。

While…End While 循环用于对一条件表达式进行计算并判断，只要给定条件值为 True，则执行循环体，否则直接执行 End While 后面的语句。每一次循环结束后，重新计算条件表达式。While…End While 循环与 For 循环最大的区别在于 For 循环的循环次数是确定的，执行一定次数后结束循环；而 While 循环只是指定控制循环重复的条件，循环次数依赖于条件表达式的值，在不同条件下循环次数不一样。

4.3.1　While…End While 循环语句的语法格式

While…End While 循环结构的格式如下：

```
While  <条件表达式>
    [语句块]
    [Exit While]
    [语句块]
End While
```

其中参数说明如下：

（1）条件表达式：必选项，其值必须为 True 或 False，即为 Boolean 表达式。如果表达式的

值为 Nothing，VB.NET 会将其作为 False 处理。

（2）语句块：可选项，跟在 While 后面的一条或多条语句，这些语句将在每次条件表达式为 True 时运行。

（3）Exit While：可选项，可以将任意数量的 Exit While 语句放在 While 循环中的任何位置。如果检测到使继续迭代不必要或不可能的条件（如错误值或终止请求），可以使用 Exit While 退出循环。Exit While 通常在计算了某些条件的值后使用，例如，在 If…Then…Else 结构中使用。执行到该语句时，将控制权即刻传送到 While 块外部，即 End While 语句后面的语句。

（4）End While：必选项，结束 While 块的定义。

4.3.2　While…End While 循环语句的执行过程

程序执行到 While…End While 结构时，如果条件表达式的值为 True，则执行 While 后的循环体直到 End While 语句，然后返回到 While 语句并再次检查表达式结果；如果表达式仍为 True，则重复上面的过程。如果为 False，则跳出循环，将控制权传递到 End While 语句后面的语句，从 End While 循环语句后面的那条语句开始继续执行。

While…End While 结构流程图如图 4-13 所示。

因此，在设计 While 循环时要注意：While 语句在开始循环前始终检查条件表达式的值，在条件一直为 True 时循环会继续下去。如果在第一次进入循环时条件表达式就是 False，它一次都不会运行；而如果在第一次进入循环时条件表达式为 True，则在其循环体内，必须在适当的时候加入对循环条件的改变，使其最终能使条件表达式的值变为 False，即确保在执行了一定的循环次数之后可以退出循环，否则就成了"无限循环"，即俗称的"死循环"。一旦程序进入无限循环，将永远在循环结构中反复执行而无法结束。

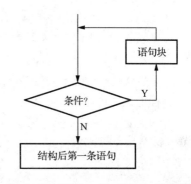

图 4-13　While…End While 流程图

While…End While 循环也可以是多层的嵌套结构，每个 End While 都匹配最近的 While 语句。

4.3.3　While…End While 语句示例

本示例使用 While…End While 语句来增加循环控制变量的值。While 语句在开始循环前始终检查该条件，如果条件的计算结果值为 True，则循环内的语句将一直执行下去。

【例 4-9】对例 4-1 重新编写，用 While…End While 语句求 1～30 这 30 个整数的和。

分析：For 循环中，对循环控制变量的初始值、终止值、步长的设置很简单，而 While…End While 语句则需要在循环体中对循环控制变量进行适当的改变，以免造成"死循环"。

程序代码如下：

```
Dim i, s As Integer
    i=1                          '等同于设置 For 循环的循环控制变量的初始值
    s=0
    While i<=30                  '测试计数器的值
      s=s+i
```

```
    i=i+1                               '等同于设置 For 循环的循环控制变量的步长
End While                              '当 i>30 时停止
MsgBox(Str(s))
```

【例 4-10】计算整数从 1 开始的若干整数的和，当和大于 3 000 时退出循环。

分析：在例 4-5 中用 Exit For 语句实现了在足够多的循环次数下，满足条件时直接退出循环，而对于不知道循环次数的问题，用 While…End While 语句比较合适。

程序代码如下：

```
Dim i, sum As Integer
i=0
sum=0
While sum<=3000                        '当 sum>3000 时，直接退出循环
    sum=sum+i
    i=i+1
End While
TextBox1.Text="i=" & (i-1).ToString & vbCrLf & "sum=" & sum.ToString
```

从这个例子可以看出，当不能确定多少个整数相加才能够达到 3000 以上时，使用 While…End While 循环语句更为恰当。

思考：最后一句输出语句中为什么是"i-1"，而不是 i？

变量 sum 的作用不仅仅是存放和值，更起到了控制循环结束的作用，因此也称为循环控制变量。假如程序中误将 sum = sum + i 写成 sum = i，那么在循环体中的循环控制变量 sum 永远不会改变，条件表达式永远不会为 False，循环也就永远不会停止，要注意避免这种无限循环的发生。

下面的循环也是无限循环：

```
num=7
While num <>0
    num+=-2
End while
```

循环开始时，num 为 7，下一次为 5，再接下去就是 3、1、-1 等，条件 num<>0 会一直为真。可以改变条件为 num>=0 来避免无限循环。

如果程序一旦进入了无限循环，可以单击位于窗体上标题栏右上角的"关闭"按钮来关闭程序，也可以选择 Debug 菜单中的 Stop Debugging 命令停止程序运行。

【例 4-11】由键盘输入两个数，求这两个数的最大公约数（gys）和最小公倍数（gbs）。

分析：利用辗转相除法求得任意两数的最大公约数。所谓辗转相除，就是用大数除以小数，在余数不为 0 的情况下，将小数给被除数，余数给除数，再次相除，直到余数为 0 为止，则最后的除数即为最大公约数。最小公倍数等于两个原始数的积除以最大公约数。

程序代码如下：

```
Private Sub Button1_Click(sender As Object, e As EventArgs) Handles Button1.Click
    Dim n, m As Integer
    Dim x, y As Integer
    Dim r, gys, gbs As Integer
    n=Val(TextBox1.Text)               '输入原始数值
    m=Val(TextBox2.Text)
```

```
        If n<m Then x=n : n=m : m=x  '大数放入 n，小数放入 m 中
        x=n                           '备份原始数值
        y=m
        r=n Mod m                     '取余数
        While r<>0                    '当余数不为 0，辗转赋值，再取余
            n=m
            m=r
            r=n Mod m
        End While
        gys=m                         '当余数为 0 时，除数 m 的值即为其最大公约数
        gbs=x*y/gys                   '最小公倍数等于两个原始数的积除以最大公约数
        Label5.Text=Str(gys)
        Label6.Text=Str(gbs)
End Sub
```

程序运行结果如图 4-14 所示。

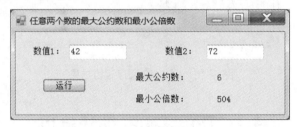

图 4-14　例 4-11 程序运行结果

【例 4-12】利用循环嵌套编写程序，计算并输出 1 000～2 000 之间质数之和 s 与其中最小的质数 minshu。（提示：只能被 1 和自身整除的自然数称为质数）

分析：用一个外层循环，将从 1 000～2 000 的所有数用循环变量 i 循环一遍，再用一个内层循环，对于外层选定的某个数 i 进行检测，测试这个 i 是否能被除了 1 和它本身以外的数整除。对每一个整数 i，都有可能因子 2～i/2，将所有的可能因子依次相除，如果有任一个可能因子被整除，则立即跳出 While 循环；如果遍历所有的可能因子却均不能被整除，则代表外层变量对应的整数 i 是一个质数，否则该整数不是质数，结束内层循环。

程序代码如下：

```
Private Sub Button1_Click(sender As Object, e As EventArgs) Handles Button1.Click
    Dim s As Double
    Dim j, k, m, i, minshu As Integer
    s=0 : j=0
    '偶数不可能是质数，故初值、终值均取可能的奇数，步长为 2
    For i=1001 To 1999 Step 2
        k=2                     '可能的最小因子
        m=i/2                   '可能的最大因子
        While ((k<=m) And (i Mod k<>0))
            k=k+1
        End While
    '判断退出 While 循环的条件是什么，如果该条件为 True，说明该 i 值是质数
        If (k>m) Then
```

```
        j=j+1
        If j=1 Then
            minshu=i          '将第一个质数，也是最小的质数记录下来
        End If
        s=s+i                 '求质数和
    End If
Next i
Label1.Text=("最小的质数为: "+Str(minshu)+vbCrLf+  _
    "1000 到 2000 之间的质数之和为: "+Str(s))
End Sub
```

程序运行结果如图 4-15 所示。

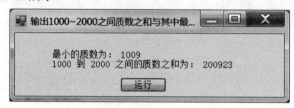

图 4-15 例 4-12 程序运行结果

4.4 Do…Loop 循环语句

Do…Loop 语句也是用于在不确定循环次数的情况下，通过一个条件表达式来控制循环次数的又一种循环结构。它有两种形式，"Do While 结构"和"Do 结构"。

Do 循环允许在循环结构的开始或结尾对条件进行测试，还可以指定在条件保持为 True 时重复执行代码块，或一直重复执行代码块直到条件变为 True 时结束循环。

4.4.1 Do…Loop 循环语句的语法格式

Do 循环语句有两种语法形式，可在循环开始或结束处指定测试条件，条件关键字的位置决定在何处测试条件。即条件前置的 Do While…Loop 结构和条件后置的 Do…Loop While 结构，而每一种形式又各有两种用法。

条件前置的 Do While…Loop 结构的语法格式如下：

```
Do While |Until  <条件表达式>
    [语句块]
    [Exit Do]
    [语句块]
Loop
```

Do While…Loop 循环结构流程图如图 4-16 所示。执行步骤：首先测试条件；当条件为 True 时，执行语句块 A，如此循环执行并测试条件；一旦条件为 False，就跳过所有语句到循环体外。

条件后置的 Do…Loop While 结构的语法格式如下：

```
Do
```

```
     [语句块]
     [Exit Do]
     [语句块]
Loop  While|Until   <条件表达式 >
```

Do…Loop While 循环结构的流程图如图 4-17 所示。可见二者的不同在于：是先执行语句块 A 还是先测试循环条件。

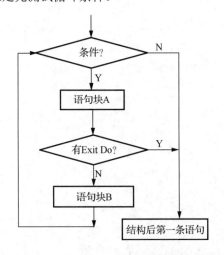

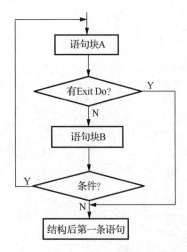

图 4-16　Do While…Loop 循环结构流程图　　　图 4-17　Do…Loop While 循环结构流程图

> **注意**：前置式循环中的循环体有可能被执行零次或者多次，但后置式循环中的循环体至少要被执行一次。这两种循环是可以互相转换的，可以根据情况选择合适的形式。

Do…While 语句与 Do…Until 语句的区别：Do…While 语句在条件保持为 True 时重复执行循环，Do…Until 语句是在条件变为 True 之前重复执行循环，变为 True 则终止循环。

关键字 Until 和 While 之间的区别类似于 And 与 Or 之间的区别，条件反转后就可以用另一个关键字。下面以一个例子说明这 4 种形式之间的区别。

【例 4-13】分别用 4 种格式求自然数 1～30 的和并输出。

程序代码如下：

```
Private Sub Button1_Click(ByVal sender As System.Object, ByVal e As  _
    System.EventArgs) Handles Button1.Click
    Dim i As Integer
    Dim sum As Integer
    sum=0
    Do While i<=30              'Do While...Loop 循环
        sum=sum+i
        i=i+1
    Loop
    MsgBox(i.ToString+Space(5)+sum.ToString)
End Sub
Private Sub Button2_Click(ByVal sender As System.Object, ByVal e As  _
    System.EventArgs) Handles Button2.Click
```

```
    Dim i As Integer
    Dim sum As Integer
    sum=0
    Do Until i>30              'Do Until...Loop 循环
        sum=sum+i
        i=i+1
    Loop
    MsgBox(i.ToString+Space(5)+sum.ToString)
End Sub

Private Sub Button3_Click(ByVal sender As System.Object, ByVal e As _
    System.EventArgs) Handles Button3.Click
    Dim i As Integer
    Dim sum As Integer
    sum=0
    Do                         'Do ...Loop While 循环
        sum=sum+i
        i=i+1
    Loop While (i<=30)
    MsgBox(i.ToString+Space(5)+sum.ToString)
End Sub

Private Sub Button4_Click(ByVal sender As System.Object, ByVal e As _
    System.EventArgs) Handles Button4.Click
    Dim i As Integer
    Dim sum As Integer
    sum=0
    Do                         'Do Until...Loop 循环
        sum=sum+i
        i=i+1
    Loop Until i>30
    MsgBox(i.ToString+Space(5)+sum.ToString)
End Sub
```

由此可见，这 4 种方式是可以相互转换的。

> **注意**：循环控制变量 i 必须在循环体内由语句改变，否则会形成死循环。

思考：例 4-13 中都是先求和，再改变循环控制变量的值，如果调整一下语句顺序，即先改变循环控制变量的值，再求和，那么条件表达式需要如何修改才能符合题意？

4.4.2　Do…Loop 循环语句的执行过程

（1）当条件表达式前置时，先计算表达式的值；当表达式的值在第一次测试就为 False 时，循环体一次也不执行。当条件表达式后置时，先执行一次循环体再计算表达式的值，因此循环体至少被执行一次。

（2）关键字 While 和 Until 必选其一且只能选其中一个，{While | Until} 正是表达了这个含

义。While 用于指明条件表达式的值为 True 时就执行循环体中的语句；Until 正好相反。

（3）Exit Do 语句将执行 Loop 语句后面的语句，也就是使得循环立即结束。可以在 Do 循环中的任何位置放置任意数量的 Exit Do 语句。

【例 4-14】利用 Do 循环求 π 的近似值。利用公式计算，直到最后一项的绝对值小于 10^{-4} 为止。

$$\pi/4 \approx 1-1/3+1/5-1/7+1/9+\cdots$$

分析：循环的结束条件可以是只要某一项的绝对值大于 10^{-4}，也就是说，当关系表达式 Math.Abs(t)>0.0001 为 True 时，就重复执行循环。

程序代码如下：

```
Private Sub Button1_Click(ByVal sender As System.Object, ByVal e As _
    System.EventArgs) Handles Button1.Click
    Dim n As integer
    Dim t,s ,pi As Double
    n=1
    t=1
    s=1
    Do While Math.Abs(t)>0.0001
        n=n+1                          '项数递增
        t=(-1)^(n-1)*1/(2*n-1)         '求某一项的值
        s=s+t                          '数列项累和
    Loop
    pi=s*4
    TextBox1.Text="pi="+pi.ToString
End Sub
```

【例 4-15】计算 e 的近似值。e=1+1/1!+1/2!+1/3!+⋯+1/n!+⋯当通项 1/n!<10^{-7} 时停止计算。

分析：本题与例 4-14 类似，完全可用相同的方法，即用条件表示 Do…While 语句构造循环。也可以用 Do…Until 语句，不过表达式应该表达这样的意思：直到通项 1/n! <10^{-7} 时结束循环。

程序代码如下：

```
Private Sub Button1_Click(ByVal sender As System.Object, ByVal e As _
    System.EventArgs) Handles Button1.Click
    Dim n As integer
    Dim t,s ,pi As Double
    n=1
    t=1
    s=1
    Do
        t=t/n                          '求某一项的值
        s=s+t                          '数列项累和
        n=n+1                          '项数递增
    Loop Until t<0.0000001
    TextBox1.Text="e="+s.ToString
End Sub
```

从以上两例可以看出，条件表达式前置和条件表达式后置时的程序完全可以等价。但是，循环体是否至少被执行一次，与程序能否得出正确结果紧密相关。

【例 4-16】从键盘输入一个整数 n，利用 Do 循环求它的阶乘。

分析：利用循环控制变量的有序变化，使得当其小于从键盘输入的值时将一直做连乘运算，即求阶乘。既可以用 Do…While 语句构造循环，也可以用 Do…Until 语句，本例中利用 Do…While 语句，条件表达式表达的意思是：当循环控制变量小于从键盘输入的值时将一直做连乘运算。

程序代码如下：

```
Private Sub Button1_Click(ByVal sender As System.Object, ByVal e As _
    System.EventArgs) Handles Button1.Click
    Dim jc As Double
    Dim n As Integer
    Dim i As Integer
    n=Val(TextBox1.Text)
    jc=1
    i=1
    Do While i<=n
        jc=jc*i                    '利用累积，求阶乘的值
        i=i+1
    Loop
    Label3.Text=TextBox1.Text+"!="+Str(jc)
End Sub
Private Sub Button2_Click(ByVal sender As System.Object, ByVal e As _
    System.EventArgs) Handles Button2.Click
    Close()
End Sub
```

程序运行结果如图 4-18 所示。

图 4-18   例 4-16 程序运行结果

4.4.3   Do…Loop 循环语句趣例

【例 4-17】加密电文。为了使电文加密，往往按一定规律将其转换成密码，收报人再按规律译回原文。

假设将字母 A 变成 E，即变成其后的第 4 个字母，依此类推。相应地，最后 4 个字母 W 变成 A，X 变成 B，Y 变成 C，Z 变成 D。小写字母也是这样。

界面需要 2 个 Label、2 个 Textbox、1 个 Button。要求在 TextBox1 中输入原文，单击 Button1，在 TextBox2 中出现加密后的密文。

程序代码如下：

```
Private Sub Button1_Click(sender As Object, e As EventArgs) Handles Button1.Click
```

```
    Dim str1, str2, c As String
    Dim strlenth, i As Integer
    str1=TextBox1.Text
    str2=""
    strlenth=Len(str1)                    '得到输入字符串的长度
    i=1
    Do While i<=strlenth                  '循环次数由长度决定
        c=Mid(str1, i, 1)                 '取字符串中一个字母
        If (c>="a" And c<="z") Or (c>="A" And c<="Z") Then
            c=Chr(Asc(c)+4)
            If c>"Z" And Asc(c)<=Asc("Z")+4 Or c>"z" Then
                c=Chr(Asc(c)-26)          '当字母是最后 4 个字母时
            End If
        End If
        str2=str2 & c                     '连接字符串,每个字符单独转换后再组合成完整密文
        i=i+1
    Loop
    TextBox2.Text=str2
End Sub
```

程序运行结果如图 4-19 所示。

图 4-19 例 4-17 程序运行结果

4.5 循环的嵌套

【例 4-18】编写程序，输出如图 4-20 所示的"九九乘法表"。

```
Form1
*   1    2    3    4    5    6    7    8    9
1   1
2   2    4
3   3    6    9
4   4    8    12   16
5   5    10   15   20   25
6   6    12   18   24   30   36
7   7    14   21   28   35   42   49
8   8    16   24   32   40   48   56   64
9   9    18   27   36   45   54   63   72   81
```

图 4-20 九九乘法表

程序代码如下：

```
Private Sub Form1_Load(sender As Object, e As EventArgs) Handles MyBase.Load
    Dim i, j, k, temp As Integer
```

```
    Dim str1 As String
    str1=""
    str1=str1+" "+"*"
    For i=1 To 9
        str1=str1+Space(3)+Str(i)
    Next i
    str1=str1+Chr(13)+Chr(10)
    For j=1 To 9
        str1=str1+Str(j)
        For k=1 To j
            temp=k*j
            If temp>9 Then
                str1=str1+Space(2)+Str(temp)
            Else
                str1=str1+Space(3)+Str(temp)
            End If
        Next k
        str1=str1+Chr(13)+Chr(10)
    Next j
    Label1.Text=str1
End Sub
```

【例 4-19】统计文本框中英文单词的个数。

分析：这是一个字符串处理问题。从输入的文本框中读取字符，当字符符合条件时，单词个数计数器加 1，不符合条件直接读取下一个字符，直到将整篇文档的字符串读完为止，最后输出统计的英文单词的个数信息。

程序代码如下：

```
Private Sub Button1_Click(sender As Object, e As EventArgs) Handles Button1.Click
    Dim nw, nl As Integer
    Dim wt As Boolean
    Dim strt As String
    nw=0
    nl=Len(RTrim(TextBox1.Text))
    For i=1 To nl
        strt=Mid$(TextBox1.Text, i, 1)        '取第 i 个字符
        Select Case strt
            Case " ", ",", ";", "!"
                wt=False
            Case Else
                If Not wt Then
                    nw=nw+1
                    wt=True
                End If
        End Select
    Next
    Label2.Text="单词数为:" & nw
End Sub
```

程序运行结果如图 4-21 所示。

图 4-21　例 4-19 程序运行结果

4.6　Exit 语 句

流程控制（判断与选择）和循环控制都可用来改变程序执行的顺序，其执行的规则是：根据程序员设置的条件表达式的值来决定程序流程如何进行。但是有时，在程序中必须强制改变程序流程，例如，强制跳转至某个程序，或者强制脱离循环，退出过程或块，并且立即将控制传送到过程调用或块定义后面的语句。VB.NET 提供了 Exit 语句来满足这些要求。

Exit 语句形式如下：

```
Exit { for | while | do | sub | function | property | select | try }
```

其中参数说明如下：

（1）Exit For：立即退出所在的 For 循环，继续执行 Next 语句后面的语句。只能在 For…Next 或 For Each…Next 循环内使用 Exit For。当在嵌套的 For 循环中使用 Exit For 时，Exit For 将退出最内层的循环，并将控制权交给下一个较高级别的嵌套循环，即传送到 Exit For 所在循环的外层循环。

（2）Exit While：立即退出所在的 While 循环，继续执行 End While 语句后面的语句。只能在 While 循环内使用 Exit While。当在嵌套的 While 循环中使用 Exit While 时，Exit While 会将控制权交给 Exit While 所在循环的上一个级别的循环。

（3）Exit Do：立即退出所在的 Do 循环，继续执行 Loop 语句后面的语句。只能在 Do 循环内使用 Exit Do。当在嵌套的 Do 循环中使用 Exit Do 时，Exit Do 将退出最内层的循环，并将控制权交给下一个较高级别的嵌套，即传送到 Exit Do 所在循环的外层循环。

（4）Exit Sub：立即退出所在的 Sub 过程，继续执行调用 Sub 过程语句后面的语句。只能在 Sub 过程内使用 Exit Sub。

（5）Exit Function：立即退出所在的 Function 过程，继续执行调用 Function 过程语句后面的语句。只能在 Function 过程内使用 Exit Function。

（6）Exit Property：立即退出所在的 Property 过程，继续执行调用 Property 过程的语句，该语句请求或设置属性的值。只能在 Property 过程内使用 Exit Property；只能在属性的 Get 或 Set 过程内使用 Exit Property。

（7）Exit Select：立即退出所在的 Select Case 块，继续执行 End Select 语句后面的语句。只能在 Select Case 语句内使用 Exit Select。

（8）Exit Try：立即退出所在的 Try 或 Catch 块。如果存在 Finally 块，则继续执行 Finally 块，否则继续执行 End Try 语句后面的语句。只能在 Try 或 Catch 块内使用 Exit Try，不能在 Finally 块内使用它。

使用上述几种中途跳转语句，可以为某些循环体或过程设置明显的出口，能够增强程序的可读性，符合结构化程序设计的要求。

> **注意**：不要将 Exit 语句和 End 语句混淆，Exit 不定义语句的结尾。

【例 4-20】Exit Do 语句的使用。

在 Do…Loop 中，还有一个特殊的语句可以随时跳出 Do…Loop 循环，这就是 Exit Do 语句。Exit Do 语句可以在任何位置放置任意多个，通常用于条件判断之后，例如 If…Then…Else 块，在这种情况下，Exit Do 语句将控制权转移到 Loop 后面的语句。

如果 Exit Do 使用在嵌套的 Do…Loop 语句中，则 Exit Do 会将控制权转移到 Exit Do 所在位置的外层循环。

```
Private Sub Button1_Click(ByVal sender As System.Object, ByVal e As _
    System.EventArgs) Handles Button1.Click
    Dim check As Boolean
    Dim counter As Integer
    check=True : counter=0              '设置变量初始值
    Do                                  '外层循环
        Do While counter<20            '内层循环
            counter=counter+1           '计数器加一
            If counter=10 Then
                check=False             '将标志值设成False
                Exit Do                 '退出内层循环
            End If
        Loop
    Loop Until check=False              '退出外层循环内层的Do…Loop语句
    MsgBox(counter.ToString)
End Sub
```

循环到第 10 次时将标志值设置为 False，并用 Exit Do 语句强制退出内层循环。外层循环则在检查到循环标志的值为 False 时，马上退出。此时输出的 counter 值定为 10。

【例 4-21】分鱼问题。

A、B、C、D、E 五人一起捕鱼后各自休息。第二天，A 第一个醒来，他将鱼分成 5 份，把多余的 1 条鱼扔掉，拿走自己的一份。B 第二个醒来，也将鱼分成 5 份，把多余的 1 条鱼扔掉，拿走自己的一份，C、D、E 依次醒来，都按同样的方法拿走了鱼。问他们合伙至少捕了多少条鱼？

分析：根据题意，假设鱼的总数是 x，那么第一次每人分到的鱼的数量可用(x-1)/5 来表示，余下的鱼数为 4*(x-1)/5，将余下的数量重新赋值给 x，依然调用(x-1)/5，如果连续 5 次 x-1 后均能被 5 整除，则说明最初的 x 值便是本题的解。

上述分析思路归纳起来也是一种常用算法，称为迭代法，也叫递推法，对于一个问题的求解，可先给定一个初始值，通过某一算法（公式）求得一个新值，再以新值作为初始值，按照同样的算法求得另一个新值，这样经过有限次运算即可求得其解。

程序代码如下：

```
Private Sub Button1_Click(sender As Object, e As EventArgs) Handles Button1.Click
    Dim j, n, sum As Integer
    For sum=100 To 9999
        j=sum
        n=0
        Do While (j-1) Mod 5=0
            n=n+1
            If n=5 Then
                Label1.Text="鱼的总数为： " & Str(sum)
                Exit For
            Else
                j=(j-1)*4/5
            End If
        Loop
    Next
End Sub
```

程序运行结果如图 4-22 所示。

图 4-22　例 4-20 程序运行结果

总结：如果要重复一组语句不确定的次数，请使用 While…End While 结构，只要条件一直为 True，语句将一直重复运行。如果想要更灵活地选择在何处测试条件以及针对什么结果进行测试，一般使用 Do…Loop 语句；如果想要重复语句确定的次数，则 For…Next 通常是较好的选择。

习　题

1. 编写程序，计算并输出下面数列中前 n (设 $n = 20$)项的和。

   $1×2×3, 2×3×4, 3×4×5, \cdots, n×(n+1)(n+2), \cdots$

2. 编写程序，计算并输出下面数列前 n 项的和 (设 $n=30, x=0.5$)，要求结果保留 3 位小数。

   $\sin(x)/x, \sin(2x)/2x, \sin(3x)/3x, \cdots, \sin(n*x)/(n*x), \cdots$

3. 有一分数序列：2/1,3/2,5/3,8/5,13/8,21/13,…（即后一项的分母为前一项的分子，后一项的分子为前一项分子与分母之和），用迭代算法编写程序，计算并输出其前 n 项之和。（设 $n=20$，结果取 4 位小数）。

4. 编写应用程序，输入若干学生一门课程的成绩，统计平均成绩、及格和不及格的人数。

5. 编写程序，计算并输出下面级数中偶数项的和 Sum，求和过程在第一次出现和值 Sum 的绝对值大于 1 000 时结束。原级数和可表示为：

$$\text{Sum}=1\times2-2\times3+3\times4-4\times5+\cdots+(-1)(n-1)\times n\times(n+1)+\cdots$$

6. 编写应用程序，统计并逐行显示（每行 5 个数）在区间[10 000，50 000]上的回文数。所谓回文数，就是该数字无论正读还是反读，数字都相等。

7. 编写应用程序，读入一行字符，统计其中有字母、数字、空格和其他字符各有几个。

8. 找出所有的 3 位数中，能同时被 3 和 7 整除，且个位、十位、百位上的数码之和等于 18 的数据，将这些数据以每行 5 个的形式输出，并求出满足条件的数据个数。

9. 求 $a+aa+aaa+aaaa+\cdots+aa\cdots a(n$ 位)，其中 a 为 1~9 之间的整数。

当 $a=1,n=3$ 时，求 1+11+111 之和。

当 $a=5,n=7$ 时，求 5+55+555+5 555+\cdots+5 555 555 之和。

10. 已知 $\sin(x) = 1-1/3!+1/5!+1/7!+,\cdots$，编写应用程序，计算 $\sin(0.2)$ 的值，要求计算到求和项的绝对值小于 1×10^{-10} 为止。

11. 求阶乘小于 9 999 的那个自然数是多少。

12. 对自然数求和，当和值大于等于 80 000 时结束，输出此时的和值 S 及项数 N。

13. 输入一个十进制整数（不多于 5 位），分析它是几位数，并求其各位数数字之和。

14. 编写程序，查找符合如下条件的两位数对：两个两位数的和等于它们各自交换十位和个位后产生的另两个两位数的和，例如 10+12=1+21、12+32=21+23。问这样的两位数有多少对？分别输出来。

15. 编写程序，计算并输出下面级数当 n 等于某整数值时的部分和的值 D(设 $n=20$，$x=1.0$)。（其中幂运算用^表示）（保留 5 位小数）：

$$e^{-x}=1-x/1!+x^2/2!-x^3/3!+\ldots+(-1)^n\times x^n/n!+\cdots$$

16. 利用循环嵌套，求 Sum=1+(1+2)+(1+2+3)+…+(1+2+3+…+100)。

17. 用迭代算法求解猴子吃桃问题：小猴在一天摘了若干个桃子，当天吃掉一半多一个；第二天接着吃了剩下桃子的一半多一个；以后每天都吃尚存桃子的一半多一个，到第 8 天早上要吃时只剩下一个，问小猴最初摘了多少个桃子？

18. 用迭代算法编写程序求解下面问题：一球从 100 m 高度自由落下，每次落地后反跳回原高度的一半，再落下。求它在第 8 次落地时，共经过多少米？第 8 次反弹多高？

第 ⑤ 章　程序调试与异常处理

本章将介绍程序编辑调试过程中常用的运行环境配置，分析调试中常见的错误类型，详细介绍如何利用 Visual Studio 2013 集成开发环境中的工具来发现、更正 Windows 应用程序中的错误，怎样通过错误处理来捕获程序中的错误，并进行相应的处理，最后介绍 Windows 应用程序的部署。

5.1　应用程序的三种工作模式

VB.NET 应用程序的 3 种工作模式：设计模式、运行模式和中断模式。

1. 设计模式

当新建项目后，系统自动进入设计模式的"设计器"视图，并新建窗体 Form1。由于 VB.NET 采用代码与窗体分离的设计模式，所以用户窗口界面和后台功能代码分别存放于两个文件中。设计模式编辑器包括"设计器"和"代码"两种设计视图。

只有在设计器视图状态下，才能够显示工具箱，在窗体上添加控件对象，设置控件的属性；在代码视图中编写程序代码，还可以为程序设置断点，在代码视图中引用的控件对象的名字为控件属性的 Name 属性值。

设计器视图和代码视图之间既可以通过"视图"菜单下的命令来切换，如图 5-1 所示；也可以在"解决方案资源管理器"中通过图标按钮进行切换，如图 5-2 所示。

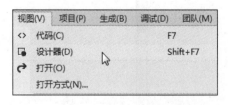

图 5-1　在"视图"菜单下切换视图　　　　图 5-2　在"解决方案资源管理器"切换视图

2. 运行模式

项目设计完成后，按快捷键【F5】，或者选择"启动调试"命令，系统就会从设计模式进入运行模式。在 IDE 的标题栏上将显示"正在运行"字样，如图 5-3 所示。

在运行模式下，可以测试程序的运行结果，可以与应用程序对话，还可以查看程序代码，但不能修改程序。选择"调试"→"停止调试"命令，就可以停止程序运行。

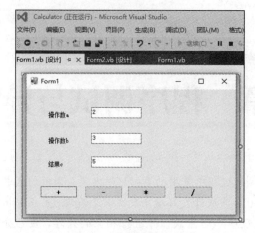

图 5-3　系统运行模式

3．中断模式

在运行模式的程序执行中，当程序出现语义错误或异常情况，或者在设计模式下的代码窗口中设置有断点时，或者单击工具栏中的"全部中断"按钮时，都会暂停程序的运行，由运行模式转为中断模式。此时，在 IDE 的标题栏上将显示"正在调试"字样。

在中断模式下，可以利用各种调试手段检查或更改某些变量或表达式的值，或者在断点附近逐语句执行程序，以便发现错误或改正错误。

5.2　程序编辑环境设置

5.2.1　设置工具箱

在设计器视图下，若找不到工具箱，可以选择"视图"→"工具箱"命令添加，如图 5-4 所示。在"代码"视图下，系统不提供工具箱，只有切换到"设计器"视图才能看到或设置工具箱。假若在设计过程中把视图窗口搞乱了，可以选择"窗口"→"重置窗口布局"命令来还原。

图 5-4　设置工具箱

5.2.2　显示代码中的行号

选择"工具"→"选项"命令，在打开的"选项"对话框左栏选择"文本编辑器"→Basic →"常规"选项，在右侧的"设置"栏下选中"行号"复选框，如图 5-5 所示。

图 5-5　自动换行与代码行号设置

5.2.3　设置自动换行首选项

选择"工具"→"选项"命令，在打开的"选项"对话框左栏选择"文本编辑器"→Basic→ "常规"选项，在右侧的"设置"栏下，选中或清除"自动换行"复选框。

选中"自动换行"复选框后，会启用"显示可视的自动换行标志符号"复选框。如果希望在较长行换到下一行的位置显示一个回车箭头指示符，需选中"显示可视的自动换行标志符号"复选框；如果不想显示指示箭头，则清除此复选框。自动换行与代码行号设置如图 5-5 所示。

5.2.4　设置代码字体与颜色

选择"工具"→"选项"命令，在打开的"选项"对话框左栏选择"环境"→"字体与颜色"选项，在右侧可以对程序代码进行字体与颜色的相应设置，如图 5-6 所示。

图 5-6　代码字体与颜色设置

5.2.5 在编辑器中指定缩进

可以从 3 种不同的文本缩进样式中选择，并选择编辑器在缩进文本时是插入制表符还是空格字符。选择"工具"→"选项"命令，在打开的"选项"对话框左栏选择"文本编辑器"→Basic→"制表符"选项，在右侧的"缩进"栏下，选择以下选项之一。

（1）无：光标转到下一行的开头。

（2）块：光标将下一行与上一行对齐。

（3）智能：（可用时为默认选项）所使用的编程语言决定了所使用的相应缩进样式。例如，在编写 VB.NET 应用程序时，创建一个包括 If 或 Select Case 语句的 For…Next 循环时，这些语句在循环中将显示为缩进的代码块，其中将保留自己习惯的内部缩进。

另外，还可以确定表示一个缩进或制表符的空格数，手动调整缩进选择要缩进的文本。若要增加缩进，请按［Tab］键或单击"缩进"按钮 ▐▌ ▐▌。若要减少缩进，可按［Shift+Tab］快捷键或单击"取消缩进"按钮。

5.3 程序中的错误类型

图灵奖得主 Edsger Dijkstra 说过：如果调试（Debug）是去除错误（Bug）的过程，那么编程就是制造 Bug 的过程。这说明无论多么细心地去编写一个程序，几乎都不可避免地要犯这样或那样的错误，所以，调试是程序开发中不可缺少的过程。在软件工程的概念中，软件的开发比重是4:2:4，即前期规划设计占用 40%的时间，编码占用 20%的时间，而程序的测试与运行则占 40%的时间。可见，程序的调试是一个很重要的过程，因此必须掌握调试程序的方法。

Bug 就是程序中暗含的错误或问题，它的存在会导致程序运行失败或运行不正常，甚至导致整个系统崩溃。为了防止错误的发生，必须要求保持良好的编程风格，少用或者不用那些可能使程序发生混乱的语句。更重要的是，在编程时要能够很好地把握程序运行的每一个细节。当程序发生错误时，能够根据程序的流程逐步推敲找到错误，而不是一旦发现程序运行可能存在问题，就盲目地在已经完成的代码上进行修改。这样只会给程序带来更多的错误。

那么编程中常会出现哪些错误？通常可以分为以下 3 种：

5.3.1 语法错误

语法错误是一种程序编写中出现了违反 VB.NET 语法规则的错误，它会影响编译器完成工作。它也是最简单的错误，几乎所有的语法错误都能被编译器或解释器发现。

在 Visual Studio 2013 集成开发环境中遇到语法错误时，如变量没有定义、参数类型不匹配、控件对象未添加、缺少元素、关键词录入错误等，都可以通过其智能感知功能，在编译程序之前及时地发现程序中的语法错误，并用波浪线标示出来，同时错误消息还将同时显示在"错误列表"窗口中。这些消息将告诉错误的具体位置（行、列、文件），并给出错误的简要说明，如图 5-7所示。

图 5-7 智能感知语法错误

5.3.2 语义错误

程序源代码的语法正确而语义或意思与程序设计人员的本意不同时，就是语义错误。此类错误比较难以察觉，通常在程序运行过程中出现。

例如，溢出错误、下标越界错误、未将对象引用设置到对象的实例中等。当程序中出现这种错误时，程序会自动中断，并给出可能的错误类型。

例如，让程序运行下面的代码：

```
Private Sub Button1_Click(ByVal sender As System.Object, ByVal e As _
    System.EventArgs) Handles Button1.Click
Dim a(5) As Integer          '定义一个长度为 6 的整数数组，其范围是 a(0)到 a(5)
a(6)=10                      '将 10 赋给实际并不存在的数组元素 a(6)
msgbox(a(6).ToString)        '输出数组元素 a(6)中的数
End Sub
```

运行这段程序，将会出现索引超出数组界限的错误，如图 5-8 所示。

当出现这种错误的时候，有 4 个选项：中断、继续、忽略、帮助。选择"中断"将中断正在进行的调试；选择"继续"将调用意外处理，并继续调试；选择"忽略"将不调用意外处理而继续执行；选择"帮助"将给出与当前有关的帮助目录。但是，对于某些错误而言"继续"或"忽略"选项可能不可用。

通常，将除数为零的错误也归于语义错误，但是在编写 VB.NET 程序时，输入下面的代码：

```
Private Sub Button1_Click(ByVal sender As System.Object, ByVal e As _
System.EventArgs) Handles Button1.Click
    Dim a As Integer
    Dim b As Integer
    Dim c As Double
    a=0
    b=1
    c=b/a                    'c 等于 1 除以 0，这里会产生一个错误
    Msgbox(c)                '输出结果
End Sub
```

图 5-8　运行时出现错误

编译时没有报错，但是注意输出对话框中输出的结果："正无穷大"，系统并没有像以前的 Visual Basic 版本中一样会出现"Division by zero"的错误提示。可见在新的 VB.NET 开发环境中对除零的错误是隐式处理的，这一点要注意。在程序中要尽量避免除数为零的错误。当然，也可以在异常窗口中进行设置，让程序发生此类错误时自动中断。

5.3.3　逻辑错误

在编程时，有时候会出现这样一种情况：程序编译时没发现任何错误，每条语句都符合语法规则，程序也能正常地进入、退出，但就是不能完成想要实现的结果。在这种情况下，多半就是程序中出现了逻辑错误。

逻辑错误可以说是编程中最难解决的错误之一，因为它在外观上并没有表征。只有当自己对运行的结果有十分清楚的了解，才能发现并纠正逻辑错误。在纠正逻辑错误时，更要求对程序运行数据和算法有深刻的了解，因此在编程之前的准备工作也是十分重要的。

下面例子的目的是求一个学生成绩的平均分，其中就出现了一个很隐蔽的错误。

```
Private Sub Button1_Click(ByVal sender As System.Object, ByVal e As _
    System.EventArgs) Handles Button1.Click
    Dim index As Integer=5                    '一共有 5 门课程
    Dim mark() As Integer={80, 90, 85, 68, 78} '给出每门课的成绩
    Dim average As Double                     'average 变量用来存放平均分
    Dim total As Integer                      'total 变量用来存放总分
    For index=1 To 5
        total+=mark( index-1 )
    Next index                                '上面的循环是为了将各门功课的分数相加
    average=total/index                       '求平均分
    msgbox( average )                         '输出结果
End Sub
```

上面的程序顺利运行，并输出结果，如图 5-9 所示。

这个结果实际上是错误的。当输入的分数，分别是 80，90，85，68，78 时，这几个分数的平均数会是 66.8333333333333，显然这里有一个逻辑错误。

那这个程序错在哪里呢？读者可以将此题作为课后程序分步调试的一个练习实例，通过监视窗口，查看 index 的变化，看一看最终求平均值时 index 的实际值，就会明白产生这个逻辑错误的原因。

图 5-9　输出结果

程序运行时的错误和逻辑错误是不容易发现的，开发环境对于这些错误的提示也是不明确的，因此查找这些错误需要特别注意。

（1）仔细浏览程序，首先避免发生明显的错误。因为人们往往都容易有这样的观点：这种小错误绝对不会发生在我身上。因此，在发生这种错误之后，程序员常常绞尽脑汁，却不能发现眼皮底下的错误。所以在编程时要特别注意，从一开始就严格遵守编程规范，防止这类错误的发生。

（2）发生错误的时候，常常会在程序报错的地方查找错误。但有一点要注意，有时候报错的地方并不是错误的源头。修改这些地方并不能彻底纠正程序的错误，反而会让程序中的错误隐藏得更深。正确的方法应在报错的上下文统筹来查看，从而发现错误的源头，然后进行修改。

（3）判断程序发生逻辑错误，往往是根据输出的结果不合常识，但有时看起来合理的结果并不一定是正确的。因此，在调试程序的时候，要合理安排测试的数据，以验证程序的正确性。

（4）有时候运行程序，程序中发生了错误并且给出了提示，但并不一定就明白错在什么地方。此时要做的就是跟踪程序的运行，了解每一个变量当前的运行值，弄清楚错误产生的真正原因，从而纠正程序中的错误。

下面介绍几种相当有用的调试技巧，用于发现错误和处理错误。

5.4　程序的调试

5.4.1　设置启动窗体

在"解决方案资源管理器"项目中可以有多个窗体，但调试运行时只能有一个首先启动的窗体。要想设置启动窗体，可右击项目，在弹出的快捷菜单中选择"属性"命令，在打开的对话框中选择"应用程序"选项，在"启动窗体"下拉列表中选择需要启动的窗体文件，如图 5-10 所示。

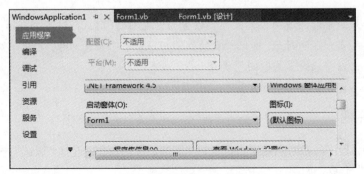

图 5-10　设置启动窗体

5.4.2　设置断点

在代码窗口中，单击某行程序左边的灰色区域，出现一个红点（表示一个断点）并且该行的程序文本突出显示为红色。当在调试器下运行该应用程序时，此调试器将在命中该代码时在该位置中断执行，然后可以查看应用程序的状态并进行调试，如图 5-11 所示。

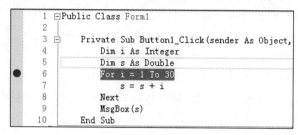

图 5-11　设置断点

程序编译调试的方法有以下几种：

（1）选择"调试"→"启动调试"命令。

（2）按【F5】快捷键。

（3）在工具栏中单击"启动调试"按钮▶。

（4）在命令窗口中调试。

启动调试后 Windows 窗体开始运行，单击 Button1 按钮，则在 Visual Studio 2013 集成开发环境中，此操作将转到代码页上设置了断点的行。该行将用黄色突出显示。如图 5-12 所示，现在，可以查看应用程序中的变量并控制其执行。应用程序现已停止执行，并等待后续的操作。

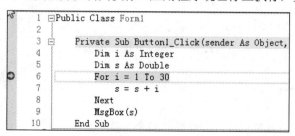

图 5-12　在断点处中断

> **注意**：如果"活动的解决方案配置"设置为"发布"，则执行将不会在断点处停止，这是在模拟实际发布程序的行为。标记断点的圆圈将包含一个白色问号。若有必要，可使用"配置管理器"对话框将此设置更改回"调试"。

5.4.3　添加监视

调试运行后，程序将在断点处停止执行，并等待后续的操作。选择"调试"→"窗口"→"监视"→"监视 1"命令，如图 5-13 所示。

图 5-13　添加监视窗口

在"监视 1"窗口中，单击一个空行，在"名称"列中输入 i，然后按 Enter 键；单击下一个空行，在"名称"列中输入 s，然后按【Enter】键；在"值"列中，分别显示其初始值和分步调试时的执行结果，如图 5-14 所示。

5.4.4　逐语句执行

从"调试"菜单（或从调试工具栏）中选择"逐语句"。在"监视 1"窗口中 i 和 s 的值会随着语句的循环执行而改变。如图 5-15 所示。循环被"逐语句"执行，循环控制变

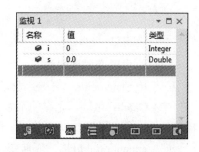

图 5-14　在监视窗口中添加监视对象

量 i 的值，从 1 递增到 3，求和变量 s 的值，从 1、3 到 6，当 i=4 时，由于 i 大于循环终值 3，故结束循环，最后通过 MsgBox( )函数输出求和结果。

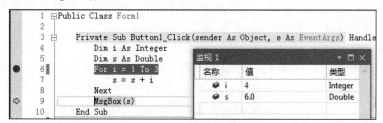

图 5-15　监视窗口中监视效果

选择"调试"→"继续"命令，继续调试程序。在 Windows 窗体上，再次单击 Button1 按钮，Visual Studio 2013 集成开发环境再次中断执行。

若要删除断点，可以选择"调试"→"停止调试"命令。然后，单击表示断点的红点，将从代码中移除该断点。

5.5　结构化异常处理

前面已经谈到了程序调试的常用方法和调试的技巧，但真正让 VB 程序员感到兴奋的是 VB.NET 中提供了 Try…Catch…Finally…End Try 结构化的异常处理语句来测试错误。其结构如下：

```
Try
    [tryStatements]
    [Catch [exception [As type]] [When expression]
      catchStatements1
      [Exit Try]
    Catch [exception [As type]] [When Expression]
      catchStatements2
      [Exit Try]
    …
Catch [exception [As type]] [When expression]
    catchStatementsn
    [Exit Try]
[Finally
    finallyStatements]
End Try
```

该结构中的变量说明如下：

（1）tryStatements：可选，测试表达式及可能发生错误的语句，可以是复合语句。

（2）Catch：可选，允许使用多个 Catch 块。如果在处理 Try 块期间发生异常，则按文本顺序检查每个 Catch 语句，以确定它是否处理该异常。Exception 表示已引发异常。

（3）exception：可选，任何变量名称。exception 的初始值是引发的错误的值，它将与 Catch 一同使用以指定所捕获的错误。

（4）type：可选，指定类筛选器的类型。如果 exception 的值是 type 指定的类型或者派生类型的值，则该标识符将绑定到异常对象。

（5）When：可选，带有 When 子句的 Catch 语句只在 expression 的计算结果为 True 时才捕获异常。When 子句仅在检查异常类型之后应用，expression 可以引用表示异常的标识符。

（6）expression：可选，必须可隐式转换为 Boolean，说明一般筛选器的任何表达式，通常用来根据错误号进行筛选。它与 When 关键字一同使用，以指定捕获错误时的环境。

（7）catchStatements：可选，处理在相关的 Try 块中所发生错误的语句，可以是复合语句。

（8）Exit Try：可选，中断 Try…Catch…Finally 结构的关键字，程序由紧随在 End Try 语句后的代码继续执行，不允许在 Finally 块中使用。

（9）Finally：可选，总是在执行离开 Try 语句的任何部分时执行。

（10）finallyStatements：可选，在所有其他错误处理结束后执行的语句。

（11）End Try：终止 Try…Catch…Finally 结构。

上面的结构可能并不好理解，下面通过一个例子进行说明。

```
Private Sub Button1_Click(ByVal sender As System.Object, ByVal e As  _ System.
    EventArgs) Handles Button1.Click
  Dim a(5) As Single
    Try
      a(6)=10
      MsgBox(a(6))
    Catch err As Exception
      MsgBox(err.Message)
    End Try
End Sub
```

这样，当程序运行到出错的地方后，将激活错误捕捉代码，并输出错误信息，如图 5-16 所示。

利用 Try…Catch…Finally 结构还可以在发生错误后继续执行后面的程序，而不会因为发生错误中断程序的执行。例如，上面的例子中发生了一个越界错误，在下面的例子中不但要捕捉到这个错误，而且还要利用 Finally 语句执行另一条命令，以测试另一种情况下是否有错误发生。

图 5-16 捕捉错误

```
Private Sub Button1_Click(ByVal sender As System.Object, ByVal e As _
    System.EventArgs) Handles Button1.Click
    Dim a(5) As Single
    Try
        a(6)=10
        MsgBox(a(6))
    Catch err As Exception
        MsgBox(err.Message)
    Finally
        Try
            a(2)=5
            MsgBox(a(2))
        Catch exp As Exception
            MsgBox(exp.Message)
        End Try
    End Try
End Sub
```

这样，程序运行时首先汇报越界错误，然后再输出 a(2)的值为 5。

这里为什么会发生越界错误？请仔细回忆前面有关数组的内容，因为在 VB.NET 程序中，数组的下标下界是零。也就是说，如果定义一个数组 a(5)，其长度为 6，范围从 a(0)到 a(5)。故这里如果给元素 a(6)赋值，将发生越界错误。但如果给 a(2)赋值就不会有问题，因此在上面例子的 Finally 中利用 a(2)来赋值就没有发生问题，正常输出"5"。

除了上面的用法之外，也可以使用多重 Catch 结构。例如：

```
Private Sub Button1_Click(ByVal sender As System.Object, _
ByVal e As System.EventArgs) Handles Button1.Click
    Dim a(5) As Single
    Try
        a(6)=10
        MsgBox(a(6))
    Catch exp As IndexOutOfRangeException
        MsgBox("下标越界!!! ")        '检测下标越界错误
    Catch erro As Exception
        MsgBox("其他异常错误")        '检测其他错误
    End Try
End Sub
```

图 5-17 下标越界的错误

上面的例子中，为了检测出越界错误，直接将异常定义为 IndexOutOfRangeException（越界错误）。检测出了下标越界的错误，调试结果如图 5-17 所示。

但是，很多情况下，并不一定知道程序中会有哪些意想不到的异常。因此，在后面定义了另外一个 Exception。Exception 类似于 Select Case 语句中的 Case Else 语句，用以检测其他异常。

在上面的程序中，由于运行中发生的是 IndexOutOfRangeException 下标越界的异常，因此第一条 Catch 语句就已经将错误捕获了，第二条 Catch 语句将不会捕获错误信息。反之，当运行中发生了非 IndexOutOfRangeException 的错误时，第一条 Catch 语句不会捕捉到错误，而第二条 Catch 语句将会发生作用，输出"其他异常错误"。从中也可以注意到，必须将特殊的错误的检测放在一般错误检测之前，否则特殊错误检测将失败。

前面讲到了各种各样的调试方法，但是只知道方法还不行，还要灵活地应用这些手段来检测错误，在找到错误之后，更重要的是完整而正确地更正错误。所以，要对异常的类型比较了解才可以理解调试过程中异常信息的含义。公共语句运行环境中提供的常见标准异常类如表 5-1 所示。

表 5-1 运行环境中的常见标准异常类

异 常 类 型	描 述
Exception	所有异常类的基础类
SystemException	在运行时产生异常的基础类
ArgumentException	变量异常的基础类
ArgumentNullException	变量值为空的异常（而此时不应为空）
ArgumentOutOfGangeException	变量越界异常
IndexOutOfRangeException	数组下标越界异常
InvalidOperaException	非法调用对象的方法时产生的类
NullReferenceException	引用未分配内存的对象时的异常
InteropException	与公共语言运行环境外进行数据交换而产生的异常
ExternalException	在运行库的外部环境中发生或针对这类环境的异常的基类
ComException	与 Com 有关的异常的类
SEHException	结构包含异常句柄的类

5.6 Windows 应用程序的部署

Windows 应用程序编写完毕，经过调试证明无误后，还必须将已完成的应用程序（或组件）发到用户计算机上。在之前，需要通知 Visual Studio 2013 部署内容、部署位置及部署方法。可通过向解决方案添加一个或多个部署项目来实现上述目的，每个部署项目指定在目标计算机上安装文件和组件的指令。

部署 Windows 应用程序就是将 Windows 应用程序从开发者的计算机中发布到用户的计算机中的过程。假设已经新建一个 Windows 应用程序，用于实现加、减、乘、除的简单数学运算。项目的名字为 Calculator，经调试运行后功能正常，可以部署或发布到其他计算机上。其部署操作如下：

选择"文件"→"添加"→"新建项目"命令。在打开的"添加新项目"对话框中，选择"其他项目类型"→"安装和部署"选项，再单击右侧窗格中的"启用 InstallShield limited Edition"。在"名称"文本框中输入 CalculatorSetup，如图 5-18 所示。

图 5-18　添加"安装项目"

单击"确定"按钮后，对话框关闭，确保计算机联网，接着系统会跳转到微软公司网站，选择转到下载网站。按照提示信息进行注册 InstallShield Limited Edition，项目部署注册页面，如图 5-19 所示。

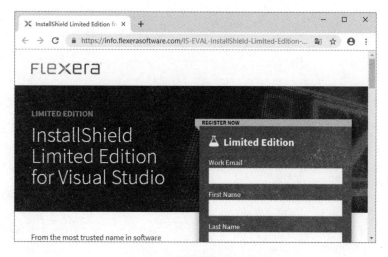

图 5-19　项目部署注册页面

习　题

1. 编程中常见的错误有哪几种？
2. 调试程序有几种方式？输出窗口的作用是什么？
3. 在 VB.NET 中，结构化异常处理使用的语句是什么？请写出该语句的结构。
4. 设计一个程序，在其中设置断点，并添加监视，逐语句调试观察程序的运行情况。

第6章 数　组

在前面的学习中，所使用到的整型、字符串型、逻辑型等数据类型都是简单类型，以这种简单类型所定义的变量称为简单变量，一个简单变量对应一个数据单元，只能存储一个该数据类型的数据。然而在实际应用中，经常需要处理具有相同数据类型的一批数据，如记录工人的工资、存储学生的成绩等，这类问题最有效的解决方法就是利用数组。本章将学习数组的相关知识。

6.1　数组的概念

6.1.1　引例

在存储学生成绩的问题上，假如学生的人数为100，如果使用简单变量来存储成绩，将需要声明100个变量分别对应存储100个学生的成绩，非常不方便。在VB.NET中，提供了数组这一构造数据类型，可以把一组具有相同类型的数据放在一起并用一个统一的名字来作为标识，这个名字称为数组名。数组中的每个数据称为数组元素，用数组名和该数据在数组中的序号来标识，序号称为下标，各元素之间通过下标来区分。

【例6-1】输入100名学生的成绩，求其平均成绩，然后统计高于平均分的人数。

考虑这个问题时，如果还用以前的简单变量，代码如下：

```
Dim score1,score2,score3,…,score100, average As Single
'此处省略了变量名称
score1=Val(InputBox("请输入第 1 位学生的成绩"))
score2=Val(InputBox("请输入第 2 位学生的成绩"))
…    '此处省略了部分代码
score100=Val(InputBox("请输入第 100 位学生的成绩"))
average=(score1+score2+score3+…+score100)/100
```

很显然，在上述代码中，需要定义100个简单变量，再写100条输入语句来输入100个学生的成绩，最后才能计算出平均分并做其他的处理，程序的编写工作量将非常大。而如果能用循环来处理就变得简单，代码如下：

```
Dim I As Integer
Dim score, aver As Single
For I=1 To 100
    score=Val(InputBox("请输入第" & I & "位学生的成绩"))
    aver=aver+score
Next
aver=aver/100
```

但是上面的代码只能求平均分，若要统计高于平均分的人数，则无法实现。因为存放学生成绩的变量名 score 是一个简单变量，只能存放一个学生的成绩。在循环体内输入一个学生的成绩，就把前一个学生的成绩覆盖了。在循环结束时，score 变量中存放的是第 100 个学生的成绩。若要统计高于平均分的人数，必须再重复输入这 100 个学生的成绩与平均分比较。这样就带来两个问题：其一，输入数据的工作量成倍增加；其二，若本次输入的成绩与上次不同，则统计的结果不正确。

如果用数组来解决这一问题，仅需一条语句：Dim score(99) As Single 即可定义一个包含 100 个元素的数组，而且每个数组元素 score(0)，score(1)，…，score(99) 都可以像简单变量一样使用，分别存放一个学生的成绩，之后就可以利用循环来完成想要完成的任务。

6.1.2 数组的概念

数组是具有相同数据类型且按一定次序排列的一组变量的集合体，构成数组的这些变量称为数组元素。数组元素之间是通过下标来区分的，数组元素的个数就是数组的长度。

一个简单变量，没有左邻和右邻，是一个完全独立的量；但数组中的元素，除了第一个元素前没有元素，最后一个元素后没有元素外，其他的所有元素之前和之后都有相邻的元素，并且数组元素之间的顺序关系是确定的。

使用数组的最大好处是可以用一个数组来存储和表示逻辑上相关的一组数据，在编程时与循环语句结合使用，通过下标来表示数组中的各个元素将使得程序书写简洁。数组中的第一个元素下标称为下界，最后一个元素下标称为上界，其余元素下标连续地分布在上下界之间，在实际使用时要注意数组元素的下标不要越界。数组在处理数据排序、跟踪数据、矩阵计算等问题时非常有用。

数组必须先定义（声明）后使用，定义时要明确数组名、数组类型、数组维数等。在 VB.NET 中，按定义数组时下标的个数来确定数组的维数，只有一个下标的数组称为一维数组，具有两个或两个以上下标的数组称为二维数组或多维数组。如果要记录一个学生每门课程的成绩，仅需区分课程，则使用一维数组就可以了；如果要记录一个班级中每个学生每门课程的成绩，需区分学生和课程，则需要使用二维数组；如果要记录不同班级每个学生每门课程的成绩，需区分班级、学生和课程，则需要使用三维数组。三维数组要使用 3 个下标，如物理空间中的 x、y 和 z 坐标。尽管数组最多可达 32 维，但多于三维的情况并不多见，因为增加一个数组的维数时，该数组所需的总存储空间会急剧增大，因此应慎用多维数组。

6.2 定 长 数 组

6.2.1 定长数组的概念

在 VB.NET 中有两种形式的数组：定长数组和动态数组。定长数组的长度在定义时就是确定的，在程序运行过程中是固定不变的，即定长数组的元素个数是固定不变的。下面将介绍一维和二维定长数组。

6.2.2 一维数组的定义、赋值与引用

1．一维数组的定义

如果用一个下标就能确定数组中的不同元素，这种数组称为一维数组。一维数组的声明是在变量名称后面加上一对圆括号。具体格式为：

```
Dim 数组名（下标上界）[As 数据类型]
```

其中，数组名是用户定义的标识符，要符合标识符命名规则。数组的下标下界为 0，数组的长度为：下标上界+1。"数据类型"指定数组中每个数组元素的数据类型，如 Integer 表明数组中的每个元素都是整型。用 Dim 语句声明数组为系统提供了一系列信息，如数组名称、数组中各元素的类型、数组的维数和各维的大小等。例如，要表示 100 个学生的成绩（均为整数），可以声明具有 100 个元素的数组 score，其声明如下：

```
Dim score(99) As Integer
```

该语句声明了一个一维数组，该数组的名称为 score，每个元素的数据类型为整型，下标范围为 0～99；数组各元素通过不同的下标来区分，分别为 score(0)，score(1)，…，score(99)；score(i) 表示下标值是 i 的数组元素，其中 i 的值介于 0~99 之间。系统必须为该数组的 100 个元素分配一段连续的存储空间，如图 6-1 所示。

图 6-1 一维数组存储空间示意图

声明数组，仅仅表示在内存中为数组分配了一段连续的存储区域，在以后的操作中，一般是针对数组中的某一个元素进行的。数组元素是带有下标的变量，其一般表示形式为：

```
数组名（下标）
```

下标表示顺序号，每个数组元素有一个唯一的顺序号，下标不能超出数组声明时的上界、下界范围。一维数组元素仅需一个下标，下标可以是整型的常数、变量、表达式，甚至还可以是一个数组元素。定义 score 数组后，score (10)、score (3+4)、score(i)（i 为整型变量名）都表示该数组的数组元素，但若 i 的值超出 0～99 的范围，则程序运行时会显示"索引超出了数组界限"。

使用数组时需要注意以下几点：

（1）数组名的命名方法及使用规则同简单变量，可以是任意合法的变量名，但最好起一个有意义的名字。

（2）数组类型可以是任意的基本类型，如 Integer、Long、Single、Double 和 String 等，也可以是 Object 类型。如果声明数组时指定了数据类型，则数组的所有元素也必须为此类型；如果声明时省略了"As 数据类型"，则数组元素默认为 Object 类型。

（3）数值数组中的元素若为基本数值类型，则全部元素都被自动初始化为 0，而字符串数组或字符数组中全部元素都被自动初始化为 Nothing。

在定义数组时，不仅可以使用 Dim 关键字，还可以使用以下关键字来声明数组：

（1）Public：用于在标准模块中声明公用数组，所声明的数组的作用域为整个应用程序。例如：

```
Public sc(10) As Integer
```

（2）Private：用于在窗体模块或者标准模块的通用声明部分声明一个模块级的私有数组，其作用域为定义该数组的模块。例如：

```
Private sc(10) As Integer
```

在窗体模块或标准模块的通用声明部分使用 Private 和使用 Dim 的作用相同。

（3）Static：用于在过程中声明静态数组，所声明的静态数组的作用域为定义该数组的过程。例如：

```
Static sc(10) As Integer
```

使用 Static 所定义的静态数组中的元素和静态变量一样，在定义该数组的过程结束后数组元素仍然存在并可以保留其最新值。

2．一维数组的赋值

对数组的赋值，既可以在声明数组时直接给数组元素赋初值，也可以在定义过后，在程序中通过循环结构中的赋值语句逐个给数组元素赋值。

（1）数组定义时，可直接赋值。格式如下：

```
Dim 数组名() As 数据类型={数组元素值}
```

例如：

```
Dim intScore() As Integer={56,78,83}
Dim strDays() As String={"sun","mon","tue","wed","thu","fri","sat"}
```

定义格式中的一对大括号（{ }）用于设置可以直接保存在数组中的值，值与值之间用逗号分隔。在上例定义 intScore、strDays 数组的语句中，在大括号中输入了多个以逗号分隔的数组元素初值，但是用于指定数组下标上界的小括号中却是空的，也就是说没有为这两个数组显式地指定上界。因为在 VB.NET 中，显式地声明了长度的数组是不能显式初始化的。下面的声明是不允许的：

```
Dim intScore(2) as Integer={56,78,83}
```

在定义时给数组元素赋初值，数组元素的个数就等于初始值的个数，VB.NET 是用基于所提供的初始值的个数来计算上界的。在本例中，这两个数组的下标下界为 0，intScore 数组元素的个数为 3，所以下标的上界为 2；strDays 数组共有 7 个元素，所以下标的上界为 6。

（2）定义了数组之后，再给它赋值，通常可以通过一个 For 循环来完成。例如：

```
Dim intNum(2) As Integer
Dim I As Integer
For I=0 To 2
    intNum(I)=InputBox("请输入第"+Str(I+1)+"个各元素的值")
Next I
```

上例中首先声明了一个包含 3 个元素的数组 intNum，并通过一个循环语句将数组的元素依次赋值。

3．一维数组的引用

对数组的操作主要是通过对其数组元素的操作来完成的，对数组的引用，通常也是指对其元素的引用。由于数组中各元素通过下标来区分，数组元素的引用方法就是在数组名后面的括号中指定要引用元素的下标。又因为下标可以使用变量，所以数组和循环语句结合使用，使得程序书写简洁、操作方便。

可以通过为数组的每一维提供"索引"或"下标"来指定数组元素。在每一维中，元素都是按照从索引 0 到该维的最大索引的顺序连续排列的。图 6-2 给出了长度为 5 的一维数组的概念性结构图，图中的每个元素都显示访问该元素的索引值。例如，使用索引（2）可以引用到该数组的第三个元素。

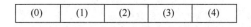

图 6-2　一维数组的索引顺序

数组元素几乎能出现在简单变量可以出现的任何情况下，例如，可以被赋值，也可以被打印，可以参加表达式计算。例如：

```
Dim A(3) As Integer
A(1)=5
A(2)=2+A(1)
```

数组声明中的下标规定的是每一维的下标上界，表明数组的整体特性，而在其他位置出现的下标表示的是数组中的不同元素。两者虽然写法相同，但含义不同，要严格区分数组声明和数组元素。例如：

```
Dim C(5) As Integer
C(5)=23
```

两条语句中都有 C(5)，但是 Dim 语句中的 C(5)是数组声明，表示数组 C 中元素下标的最大值为 5，数组中元素的个数为 6；而第二句中的 C(5)是表示数组 C 中下标为 5 的那个数组元素，即给 C(5)赋值为 23。

在引用数组元素时，数组名、数据类型、维数和下标的范围必须与数组的声明严格一致。例如：

```
Dim intA(10) As Integer
```

该语句定义了一个一维数组 intA，下标的可取值为 0～10，每个元素只能取整型值。在引用该数组元素时，必须严格遵守其声明，如元素的引用 intA(2)是正确的，但引用 intA(12)则是错误的，超出了数组上界。

介绍了如何给一维数组定义、赋值和引用后，再来看例 6-1，经过前面的分析，需要定义一个包含 100 个元素的数组来存储每个学生的成绩，在成绩录入和统计时要使用循环结构来完成。现在设计如图 6-3 所示的用户界面，在窗体上放置两个 Button 按钮用于输入成绩和统计，两个 TextBox 文本框用于显示运算结果，两个 Label 标签用于标记文本框。

图 6-3 "成绩统计" 界面

分别对 "输入成绩" 和 "统计" 按钮编写事件处理程序，代码如下：

```
Public Class Form1
'在窗体模块的通用声明部分声明的编程元素，在各个过程中都有效
    Dim score(99) As Single              '声明定长一维数组，数组有100个元素
    Dim flag As Boolean=False             '设置标记，用于判断是否输入了分数
    Dim i As Integer
    Private Sub Button1_Click(sender As Object, e As EventArgs) Handles Button1.
      Click                               '输入成绩
        For Me.i=0 To 99                  '循环控制变量i也就是数组元素的下标
            score(i)=Val(InputBox("请输入第"+(i+1).ToString+"个学生的成绩"))
                                          '从键盘输入分数

        Next
        flag=True                         '输入分数后，将标记的值改为True
        MsgBox("输入结束")
    End Sub
    Private Sub Button2_Click(sender As Object, e As EventArgs) Handles Button2.
      Click                               '统计
        Dim aver As Single=0.0            '定义变量aver，放平均分
        Dim n As Integer=0                '定义变量n，放高于平均分的人数
        If flag=False Then                '如果一个分数也没有输入，则用消息框提示
            MsgBox("请先输入成绩")
        Else
            For Me.i=0 To 99              '本循环结构求分数总和
                aver+=score(i)
            Next
            aver=aver/100                 '求100人的平均分数
            For Me.i=0 To 99              '本循环结构统计高于平均分的人数
                If score(i)>aver Then
                    n=n+1
                End If
            Next
            TextBox1.Text=aver.ToString   '输出平均分
            TextBox2.Text=n.ToString      '输出高于平均分的人数
        End If
    End Sub
End Class
```

在 "输入成绩" 按钮的 Click 事件中，循环体将每次循环时从键盘输入的分数依次存放在各

数组元素 score(i)中。因为每循环一次，循环控制变量 i 都加 1，而 i 正是数组元素的下标，所以每个分数就被依次存放在各个不同的数组元素中，如 score(0)，score(1)，…，score(99)。循环进行完以后，布尔类型变量 flag 值被置为 True，如果没输入分数就单击"统计"按钮，程序将提示"请先输入成绩"。

说明：语句 score(i) = Val(InputBox("请输入第" + (i + 1).ToString + "个学生的成绩"))，虽只有一条语句，但在循环体内，被执行 100 次，每次运行时都要输入 100 个成绩，调试程序时需要花费很多时间。对于大量的数据输入，用户可根据题目要求，通过随机函数产生一定范围内的数据。在本例中要表示的是分数，产生的随机数范围是 0～100，可将上述语句替换为 score(i) = Int(Rnd( ) * 101)。

【例 6-2】求一维整型数组 A（数组长度任意）的最大值和最小值。

分析：按照题目要求，需要定义两个整型变量来存储数组的最大值和最小值，假设变量名为 Max 和 Min。不管是求最大值还是最小值，都要将数组 A 中的每一个元素和最大值变量 Max 或者最小值变量 Min 比较，不满足大小要求的，修改 Max 值或 Min 值。由于整型变量定义后被自动初始化为 0，也就是说 Max 和 Min 的初值都是 0，如果直接将数组元素与 Max、Min 比较，那么当数组元素均为负值时求最大值或者当数组元素均为正值时求最小值，将导致结果不正确。如何为变量 Max、Min 赋一个合理的初值是本例中需要首要考虑的地方。题目要求的是数组所有元素中的最大值和最小值，只有将 Max、Min 的初值设为数组元素值之一才是最简单合理的，那么就用数组首元素为其赋值。

程序代码如下：

```
Private Sub Button1_Click(sender As Object, e As EventArgs) Handles Button1.Click
    Dim A() As Integer
    Dim n, i, Max, Min As Integer
    Dim stroutput As String=""
    n=Val(InputBox("请输入 n 值"))
    ReDim A(n-1)
    For i=0 To n-1
        A(i)=Val(InputBox("请输入第" & i+1 & "个数组元素"))
        stroutput=stroutput & Str(A(i))
    Next
    Max=A(0) : Min=A(0)          '将 Max 和 Min 的初值设为第一个数组元素
    For i=1 To n-1               '从第二个数组元素开始进行遍历比较
        If A(i)>Max Then Max=A(i)
        If A(i)<Min Then Min=A(i)
    Next
    MsgBox("数组 A: " & stroutput & vbCrLf & "数组的最大值是" & Max & ",最小值是" & Min)
End Sub
```

程序运行后，依次输入 n 值及各数组元素值，将以消息框的形式输出数组元素的最大值和最小值。

【例 6-3】设计如图 6-4 所示用户界面，编写程序，单击"读数据"按钮将数据 12、78、35、67、45、97 依次按序读入到一维数组 A(5)并在文本框中显示，单击"左移"按钮将数组 A 各元素左移一位，单击"右移"按钮将数组 A 各元素右移一位，并分别在文本框中显示出左、右移后的数组元素。

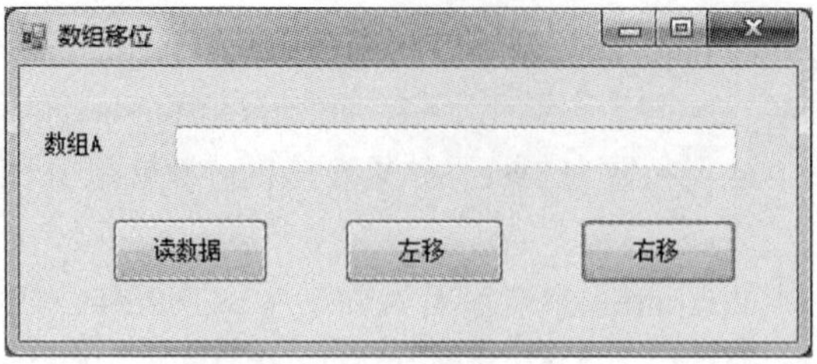

图 6-4　用户界面图

分析：这个题目的关键是实现数组各元素的左右移位。数组中各元素是有序排列的，并且除了第一个元素没有左邻、最后一个元素没有右邻外，其余各元素均有左邻和右邻。所以，在将数组进行左移操作时，第一个元素就是特例，需要特殊处理；而在右移操作时，最后一个元素就是特例，需要特殊处理。处理的方法类似，在左移之前，先将第一个元素暂存到一个变量之中，在设计左移循环结构时，要从第二个元素开始，通过语句 A(i-1)=A(i)实现元素的左移，左移后再将变量中暂存的值放到尾元素之中。右移时则需要暂存尾元素值，右移后再将变量中暂存的值放到首元素之中。

程序代码如下：

```vb
Public Class Form1
    Dim A(5) As Integer
    Dim i As Integer
    Dim stroutput As String
    Dim strtemp As String
    Private Sub Button1_Click(sender As Object, e As EventArgs) Handles Button1.Click
        stroutput=""
        For Me.i=0 To 5
            '数组元素赋值
            A(i)=Val(InputBox("请输入第" & i+1 & "个元素值"))
            stroutput=stroutput & Str(A(i))
        Next
        TextBox1.Text=stroutput        '输出赋值后的数组
    End Sub
    Private Sub Button2_Click(sender As Object, e As EventArgs) Handles Button2.Click
        stroutput=""
        strtemp=A(0)                   '暂存首元素
        For Me.i=1 To 5                '左移操作
            A(i-1)=A(i)
        Next
        A(5)=strtemp                   '把左移前的首元素值放到尾元素 A(5)中
        For Me.i=0 To 5
            stroutput=stroutput & Str(A(i))
        Next
        TextBox1.Text=stroutput        '输出左移后的数组
    End Sub
    Private Sub Button3_Click(sender As Object, e As EventArgs) Handles Button3.Click
        stroutput=""
        strtemp=A(5)                   '暂存尾元素
```

```
        For Me.i=4 To 0 Step -1         '右移操作
            A(i+1)=A(i)
        Next
        A(0)=strtemp                    '把右移前的尾元素值放到首元素 A(0)中
        For Me.i=0 To 5
            stroutput=stroutput & Str(A(i))
        Next
        TextBox1.Text=stroutput         '输出右移后的数组
    End Sub
End Class
```

6.2.3　二维数组的定义、赋值与引用

当程序需要以矩阵的方式来保存数据时，就需要二维数组，二维数组也称为"矩形数组"。

1. 二维数组的定义

二维数组的声明是在变量名后面加上一对圆括号并将逗号置于圆括号中以分隔维数。具体格式如下：

```
Dim 数组名（下标 1 上界，下标 2 上界）As 数据类型
```

其中，下标的个数决定了数组的维数，有两个下标的即为二维数组，两个下标之间用逗号隔开。"数据类型"决定了每个数组元素的数据类型。声明了数组后，每一维下标的取值范围就决定了，数组的元素个数也就决定了。和定义一维数组一样，也可以使用 Public、Private、Static 关键字来声明公用二维数组、模块级的私有二维数组以及静态二维数组。

对二维数组来说，每一维的长度为"上界+1"，数组的长度是数组的各维长度的乘积，它表示数组中所包含的元素的总个数。即

```
二维数组的元素个数=(第 0 维的下标上界+1) × (第 1 维的下标上界+1)
```

假设有如下数组定义语句：

```
Dim A(2,3) As Single
```

该语句声明了一个单精度类型的二维数组，第 0 维下标的取值范围为 0～2，第 1 维下标的取值范围为 0～3，每一个数组元素都是单精度类型。声明该数组后，系统要为每一个数组元素分配 4 字节的存储单元，并且各存储单元是连续的。数组 A 的总大小是 (2 + 1) × (3 + 1)，结果为 12，共占据 12 个单精度类型变量的存储空间。在 VB.NET 中，数组是按照行优先顺序存储的，数组 A 在内存中的存储结构图如图 6-5 所示。

多维数组的声明同二维数组大致一样，仅是在声明时多了几项。

例如：

```
Dim A(1,2,3) As Integer
```

A(0,0)
A(0,1)
A(0,2)
A(0,3)
A(1,0)
A(1,1)
A(1,2)
A(1,3)
A(2,0)
A(2,1)
A(2,2)
A(2,3)

图 6-5　二维数组存储空间示意图

该语句声明了一个三维整型数组 A，第 0 维下标范围为 0~1,第 1 维下标范围为 0~2，第 2 维下标范围为 0~3，数组 A 共有 2×3×4 个元素。

由于数组在程序运行时要占用一定的存储空间，而且个数和维数越多占用的空间也越多，因此在使用数组时，用户一定要按需定义。

2．二维数组的赋值

对二维数组的赋值，也是既可以在声明数组时直接给数组元素赋初值，也可以在定义后，在程序内部通过循环结构中的赋值语句逐个给元素赋值。

（1）数组定义时，可直接赋值。格式如下：

```
Dim 数组名(,) As 数据类型={{数组元素值}, {数组元素值}}
```

例如：

```
Dim intScore(,) As Integer={{4,3,2}, {5,4,1}, {6,9,8}, {7,5,2}}
```

给数组元素赋初值时，以{ }进行维的划分，外层{ }表示对数组整体赋初值，内层{ }的数量代表第一维的大小，而内层{ }里面数据的数量代表第二维的大小。数组各维的下标下界为 0，上界由初值的个数决定。在本例中，intScore 数组共有 12 个元素，第一维长度为 4，下标上界为 3，第二维长度为 3，下标上界为 2。

在上例定义语句中，给 intScore 数组输入了 12 个初值，以{ }和逗号隔开，并且不允许指定数组的上界，而是使用"(,)"，这一点和一维数组是一致的。下面的声明也是不允许的：

```
Dim intScore(3,2) As Integer={{4,3,2}, {5,4,1}, {6,9,8}, {7,5,2}}
```

（2）定义了数组之后，再给它赋值，通常可以通过一个双重循环来完成。例如：

```
Dim nums(19, 19) As Integer
Dim i, j As Integer
For i=0 To 19
   For j=0 To 19
      nums(i, j)=20
   Next j
Next i
```

上例中首先声明了一个 20 行 20 列的二维数组，然后将数组的元素全部赋值为 20。

3．二维数组的引用

二维数组的引用与一维数组在原则上没有区别，同样是要求在引用数组元素时，数组名、数据类型、维数和下标的范围必须与数组的声明严格一致。例如：

```
Dim intB(4,5) As Integer
```

该语句定义了一个二维数组 intB，第 0 维下标的可取值为 0~4，第 1 维下标的可取值范围为 0~5，每个元素只能取整型值。在引用该数组元素时，必须严格遵守其声明，如元素的引用 intB(2,4) 是正确的，但引用 intB(5,3)则是错误的。对于二维及二维以上的多维数组，引用数组元素时，相邻的两个下标之间用逗号隔开。

在下面的示例代码中，定义了二维数组 A，并通过双重循环完成了对其元素的引用赋值以及求其所有非负元素值之和的操作。

```
Dim A(3, 2) As Integer
Dim i, j, s As Integer
s=0
For i=0 To 3
    For j=0 To 2
        A(i, j)=Val(InputBox("请输入第" & i+1 & "行第" & j+1 & "列的元素值"))
        If A(i, j)>=0 Then
            s=s+A(i, j)
        End If
    Next j
Next i
MsgBox(s)
```

4. 注意事项

处理数组大小时需要注意以下几点：

（1）维度长度：每个维度的索引从 0 开始，这意味着索引范围为从 0 到它的上限。因此，给定维度的长度比该维度的声明上限大 1。

（2）长度限制：数组的每个维度的长度最大为 Integer 数据类型的最大值 $(2 \wedge 31) - 1$。但是，数组的总大小还受系统可用内存的限制。如果试图初始化超出可用 RAM 量的数组，公共语言运行库将引发 OutOfMemoryException 异常。

（3）大小和元素大小：数组的大小与它的元素的数据类型无关。大小始终表示元素的总数，而不是元素所占用的存储字节数。

（4）内存消耗：对数组在内存中的存储方式做任何假定都是不安全的。不同数据宽度的平台上的存储格式各不相同，因此同一个数组在 64 位系统中占用的内存比在 32 位系统中要多。根据初始化数组时系统配置的不同，公共语言运行库（CLR）可以分配存储来尽可能紧密地压缩元素，或者在自然的硬件边界上完全对齐元素。另外，数组的控制信息也需要存储开销，而这类开销会随每个增加的维度而增加。

【例 6-4】利用随机函数为二维数组 A(5,5)赋值，计算并输出各行元素值之和。

分析：题目要求的二维数组是 6 行 6 列的，行元素值之和就有 6 个，可以定义一个长度为 6 的一维数组来放和值。因为求的是行元素值之和，在使用双重循环遍历二维数组时，要让外层的循环变量来表示行下标，当求的是列元素值之和时就要让外层的循环变量来表示列下标。

程序代码如下：

```
Private Sub Button1_Click(sender As Object, e As EventArgs) Handles Button1.Click
    Dim A(5, 5), i, j As Integer
    Dim sum(5) As Integer
    Dim str1 As String
    Randomize()
    str1="数组元素为: " & vbCrLf
    For i=0 To 5                    '数组赋值
        For j=0 To 5
            A(i, j)=Int(Rnd()*10)
            str1=str1 & Str(A(i, j)) & "  "
        Next
        str1=str1 & vbCrLf
```

```
    Next
    str1=str1 & "各行和值为: " & vbCrLf
    For i=0 To 5                      '计算各行和值
        sum(i)=0
        For j=0 To 5
            sum(i)=sum(i)+A(i, j)
        Next
        str1=str1 & Str(sum(i))
    Next
    MsgBox(str1, , "输出二维数组及各行元素之和")
End Sub
```

程序运行后，单击命令按钮可以看到如图 6-6 所示的运行结果，在消息框中显示数组的各元素值以及各行的元素值之和。

图 6-6 例 6-4 程序运行结果

【例 6-5】将从 100 开始的连续 36 个偶数按列赋值给二维数组 A(5,5)，计算数组主次对角线上各元素值和的平方根，结果保留两位小数，输出数组 A 及运算结果。

分析：要给二维数组赋值需要用到双重循环，要实现按列赋值，只需让外层的循环变量来表示列下标即可。主次对角线上的元素如何表示，是这个题目的关键。二维数组 A(5,5) 是 6 行 6 列的，此时可画出二维数组 A 的示意图，如图 6-7 所示。在图中"*"所示的是主次对角线上的元素，仔细观察，可发现主对角线上元素的行下标和列下标值相等，次对角线上元素的行、列下标值之和总是 5。其实，对于 N 行 N 列的二维数组，也就是方阵来说，主对角线上的元素可表示为 $A(i,i)(i=0 \sim N-1)$，次对角线上的元素可表示为 $A(i,(N-1)-i)(i=0 \sim N-1)$。

A	0	1	2	3	4	5
0	*					*
1		*			*	
2			*	*		
3			*	*		
4		*			*	
5	*					*

图 6-7 二维数组 A(5,5) 示意图

程序代码如下：

```
Private Sub Button1_Click(sender As Object, e As EventArgs) Handles Button1.Click
    Dim A(5, 5) As Integer
    Dim s As Single=0
    Dim i, j As Integer, k As Integer=100
    Dim stroutput As String=""
    For i=0 To 5                         '数组按列赋值
        For j=0 To 5
            A(j, i)=k
            k=k+2                        '递增2，产生连续的偶数
        Next
    Next
    stroutput="数组A为: " & vbCrLf
    For i=0 To 5
        For j=0 To 5
            If i=j Or i+j=5 Then         '判断是否是主次对角线上的元素
                s=s+A(i, j)              '先求主次对角线上的各元素之和
            End If
            stroutput=stroutput & Str(A(i, j))     '组织数组输出
        Next
        stroutput=stroutput & vbCrLf                '换行
    Next
    stroutput=stroutput & "主次对角线上的各元素值和的平方根为: "
    '利用 Format()函数按要求保留结果的小数位数
    MsgBox(stroutput & Format(Math.Sqrt(s), ".00"), , "输出二维数组及主次对角
        线上的各元素值和的平方根")
End Sub
```

程序运行后，单击命令按钮可以看到如图 6-8 所示的运行结果图，在消息框中显示数组 A 的各元素值以及主次对角线上的各元素值和的平方根。

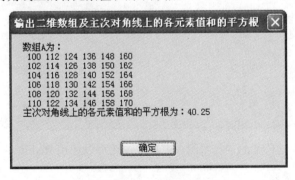

图 6-8 例 6-5 程序运行结果

6.3 动 态 数 组

上述在声明定长数组时，均通过常量确定了数组每维的下标界限及维数，指定了它的长度，所以在程序编译时就为定长数组分配了存储空间。而动态数组在声明时，不指定数组的维数及下

标界限，在使用前通过 Redim 语句指定数组的下标界限，所以在程序运行到 Redim 语句时才给数组分配存储空间。对于一个动态数组，可以根据用户需要，多次使用 Redim 语句来指定数组的下标界限，从而有效利用存储空间。

6.3.1　动态数组的定义

定义动态数组和定长数组的不同之处是不指定数组的下标界限。定义动态数组可分为两步：

第一步：在模块的通用声明部分或者过程中，定义一个没有下标参数的数组。其形式为：

> 说明符　数组名（）As 数据类型

其中，说明符可以是 Dim、Public 或 Static 等。如果要定义多维数组，可以在括号中加逗号，以表明维数。如果要声明二维的动态数组，形式如下：

> 说明符　数组名（，）As 数据类型

第二步：使用数组前，使用 Redim 语句指定数组每维下标的上界，即配置数组个数。其形式为：

> Redim [Preserve] 数组名（下标上界[，下标上界]）

其中，下标上界可以通过常量给出，也可以通过有了具体值的变量给出。

下面的示例代码先声明一个空的数组，然后分别使用 Redim 语句指定数组的大小并为其赋值。

```
Dim numbers(,) As Integer
Dim i, j As Integer
ReDim numbers(9, 6)
For i=0 To 9
    For j=0 To 6
        numbers(i, j)=i*j
    Next j
Next i
ReDim numbers(3, 6)
For i=0 To 3
    For j=0 To 6
        numbers(i, j)=3+(i*j)
    Next j
Next i
```

对于一个已经声明过长度的定长数组，在程序中还可以使用 Redim 语句来改变它。例如：

```
Dim a(3) As Integer
…
ReDim a(4)
```

在定义动态数组时，需要注意以下几点：

（1）Redim 语句后不能使用"As 数据类型"，也就是说 Redim 语句能改变数组的长度，但不能改变数组的数据类型。

（2）Redim 语句只能在过程中使用。

（3）可以使用 Redim 语句重新定义一个数组的上界，但不能改变数组的维数。下面的定义是非法的：

```
Dim a(3) As Integer
…
ReDim a(2,3)
```

（4）每次使用 Redim 语句都会使原数组中的值丢失，可以在 Redim 后面使用 Preserve 参数来保留数组中的数据。但是使用 Preserve 时，只能改变多维数组中最后一维的大小，前几维的大小不能改变。下面的定义是非法的：

```
Dim Month(10,20) As String
…
Redim Preserve Month(15,15)
```

6.3.2　动态数组使用举例

【例 6-6】对例 6-1 进行改进，要求输入若干名学生的成绩，计算平均分数和高于平均分数的人数，并且将结果放在该数组的最后。

分析：题目要求统计的学生人数不确定，并且最后计算的结果也要放在数组中，这就要求数组的大小是能够发生变化的，要将放学生成绩的数组定义为动态的。在设计用户界面时，可以使用 TextBox 控件来输出学生的成绩，为了能够全部显示，将 TextBox 控件设置为可以显示多行并使用垂直滚动条。

程序代码如下：

```
Private Sub Button1_Click(sender As Object, e As EventArgs) Handles Button1.Click
    Dim mark() As Integer
    Dim aver!, n%, i%
    Dim str1, str2 As String
    n=Val(InputBox("请输入学生的人数"))
    ReDim mark(n-1)                '声明存放 n 个学生成绩的数组
    aver=0
    str1=""
    Randomize()                    '初始化随机数生成器
    For i=0 To n-1
        mark(i)=Int(Rnd()*101)     '通过随机函数产生 0~100 的成绩
        aver=aver+mark(i)
    Next i
    '增加两个元素，存放平均分和高于平均分的人数，原来的学生成绩仍保留
    ReDim Preserve mark(n+1)
    mark(n)=aver/n
    mark(n+1)=0
    Fori=0 To n-1
        If mark(i)>mark(n) Then mark(n+1)=mark(n+1)+1
    Next i
    For i=0 To n-1
        str1=str1 & mark(i) & vbCrLf
    Next i
```

```
    str2="平均分=" & mark(n) & vbCrLf & "高于平均分的人数=" & mark(n+1)
    TextBox1.Text=str1
    MsgBox(str2, , "成绩统计结果")
End Sub
```

程序运行后，单击"计算"按钮，在之后打开的对话框中输入 n 的值 10，显示结果如图 6-9 所示。

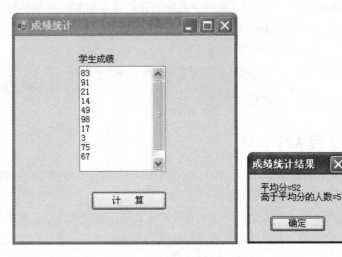

图 6-9 例 6-6 程序运行结果

【例 6-7】编程输出斐波那契数列（Fibonacci）的前 N 项。斐波那契数列为 1、1、2、3、5、8……

分析：如果题目要求输出的是数列的前 20 项、30 项，可以使用定长数组，但题目要求输出前 N 项，N 是一个不确定的值，只能使用动态数组。斐波那契数列的前两项值为 1，从第三项开始，每一项的值都是其相邻前两项的值之和。

程序代码如下：

```
Private Sub Button1_Click(sender As Object, e As EventArgs) Handles Button1.Click
    Dim fib() As Long
    Dim i, N As Integer
    Dim stroutput As String
    N=Val(InputBox("请输入斐波那契数列的项数 n(n>1)"))
    ReDim fib(N-1)                      '声明存放 n 个斐波那契数列值的数组
    fib(0)=1:fib(1)=1                   '为数列前两项赋初值
    stroutput=Str(fib(0))&Str(fib(1))
    For i=2 To N-1
        fib(i)=fib(i-2)+fib(i-1)        '从第三项开始依次计算数列值
        stroutput=stroutput&Str(fib(i))
    Next
    MsgBox("当 N=" & N & "时，斐波那契数列为：" & vbCrLf & stroutput, , "
        MsgBox("当 N=" & N & "时，斐波那契数列为：" & vbCrLf & stroutput, , "斐波
        那契数列")
End Sub
```

程序运行后，如果输入的 N 值为 20，则此时输出的斐波那契数列值如图 6-10 所示。

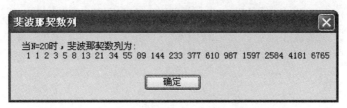

图 6-10　例 6-7 运行结果

6.4　数组的常用属性和方法

在 VB.NET 中，所有数组都是从 System 命名空间中的 Array 类继承的，用户可以在任何数组中访问 System.Array 类的方法和属性。下面列出的是 Array 类的常用属性、方法及说明。

（1）Rank 属性：数组的维数称为数组的"秩"，Rank 属性返回数组的秩。

（2）Length 属性：获取数组所有维度中的元素总数。可以通过更改单个维的大小来更改数组的总大小，但是不能更改数组的秩。

（3）GetLength( )方法：获取数组指定维度的长度，其中作为该方法参数的维度是从零开始的。

（4）GetLowerBound( )方法和 GetUpperBound( )方法。获取数组指定维度的索引下界和上界。每个维度的最小索引值始终为 0，而 GetUpperBound( )方法返回指定维的最大索引值。对于每个维，GetLength( )的返回值都比 GetUpperBound 的返回值大 1。与 GetLength( )一样，为 GetUpperBound( )指定的维度也是从零开始的。例如：

```
Dim intA(5, 8) As Integer
Dim intB(12) As String
Dim intupbound As Integer
intupbound=intA.GetUpperBound(0)      'Intupbound=5
intupbound=intA.GetUpperBound(1)      'Intupbound=8
intupbound=intB.GetUpperBound(0)      'Intupbound=12
```

在上例中，intA 是一个二维数组，第 0 维和第 1 维的上界分别为 5 和 8，因此 intA 的 GetUpperBound( )方法调用分别得到 5 和 8。IntB 是一维数组，只有第 0 维，调用 GetUpperBound( )方法得到 12。由于数组的下界总是 0，所以对 GetLowerBound( )的调用总是得到 0。

（5）System.Array.Sort 方法：对一维数组中的元素按升序进行排序。

【例 6-8】定义一维数组 A 和二维数组 B（数组长度任意），使用 System.Array 类的方法和属性输出数组的秩和数组的长度。

程序代码如下：

```
Private Sub Button1_Click(sender As Object, e As EventArgs) Handles Button1.Click
    Dim A() As Integer
    Dim B(,) As Single
    Dim n As Integer, stroutput As String
    n=Val(InputBox("请输入 n 值"))
```

```
    ReDim A(n-1), B(n-1, n-1)
    stroutput="一维数组 A 的秩为" & A.Rank & ",长度为" & A.Length & vbCrLf
    stroutput=stroutput & "二维数组 B 的秩为" & B.Rank & ",长度为" & B.Length
    MsgBox(stroutput)
End Sub
```

6.5　For Each…Next 循环

6.5.1　For Each…Next 循环的格式

For Each…Next 循环针对一个数组或集合中的每个元素，重复执行一组语句。所以，当需要为集合或数组的每个元素重复执行一组语句时，一般使用 For Each…Next 循环。For Each...Next 循环不是将语句运行指定的次数，而是对于数组中的每个元素或对象集合中的每一项都执行相同的语句。For Each...Next 循环与 For...Next 循环类似，但在不知道集合中元素的数目时使用 For Each...Next 循环更为方便，在对数组操作时也无须知道数组的下标上界。其格式如下：

```
For Each 元素 [As 数据类型] In 组合
    [循环体]
    [Exit For]
    [循环体]
Next [元素]
```

（1）元素：在 For Each 语句中是必选项，在 Next 语句中是可选项，是用来枚举集合或数组中所有元素的变量，用于循环访问集合或数组中的每个元素。

（2）数据类型：若在 For Each 语句前未进行元素定义，则可以在此处定义元素的数据类型，一般将其类型与数组或集合元素类型保持一致。这种情况下，其使用范围就限定在 For Each...Next 循环之中。

（3）组合：必选项，是对象变量，表示集合或数组的名称。

（4）循环体：可选项，对组合中的每一项执行的一条或多条语句。

（5）Exit For：可选项，提前退出循环，将控制转移到 For Each…Next 循环外。在循环体中，可以在任何位置放置 Exit For 语句以退出循环。一般情况下，Exit For 语句与条件语句配合使用。

（6）Next：必选项，终止 For Each…Next 循环的定义。

该语句的功能是对数组或集合中的每个元素重复执行一次循环体。每次循环时，元素取数组或集合中的一个元素值。需要注意的是，迭代次数在循环开始之前只计算一次，如果语句块更改了元素或组合，这些更改不影响循环的迭代。

可以将一个 For Each…Next 循环放在另一个 For Each…Next 之中来组成嵌套式 For Each…Next 循环，但是每个循环必须具有唯一的元素名。每个循环可以在 Next 语句中指定元素名，这将提高程序的可读性。在具有嵌套的 For Each…Next 循环情况下，如果两条 Next 语句的出现次序和与之对应的 For Each 语句的次序不匹配，编译器将发出错误信号。但是，仅当在 Next 语句中指定了元素名时，编译器才能检测到这种重叠错误。

6.5.2 For Each…Next 循环的执行过程

1. 进入循环

当执行 For Each…Next 循环时，如果组合所表示的集合或数组中至少有一个元素，就执行循环体。如果不是，将引发异常。进入循环后，程序对组合中第一个元素执行循环中的所有语句。如果组合中还有其他的元素，则针对它们继续执行循环中的语句，当组合中的所有元素都执行后退出循环，执行 Next 语句之后的语句。

2. 循环的迭代

每次遇到 Next 语句时，系统都返回至 For Each 语句。根据组合中是否还有元素来再次执行循环体或者终止循环。

3. 循环的终止

当组合中的所有元素都执行过循环体后，For Each…Next 循环终止，并将控制传递给 Next 语句后面的语句。如果在循环体中包含 Exit For 语句，则有可能没有遍历到组合中的所有元素。

【例 6-9】使用 For Each…Next 循环在一维字符数组 A 中搜索字符串"Hello"，并给出相应报告。

程序代码如下：

```
Private Sub Button1_Click(sender As Object, e As EventArgs) Handles Button1.Click
    Dim A() As String={"hi", "hey", "Hello", "please", "student"}
    Dim found As Boolean=False          '设置变量初始值
    Dim strelement As String
    For Each strelement In A            '对每个成员作一次迭代
        If strelement="Hello" Then      '如果找到"Hello"
            found=True                  '将变量found的值设成True
            Exit For                    '退出循环
        End If
    Next strelement
    If found Then
        MsgBox("找到")
    Else
        MsgBox("没找到")
    End If
End Sub
```

【例 6-10】定义二维数组 A(5,5)，为其所有元素赋值后使用 For Each…Next 循环求所求元素的和。

程序代码如下：

```
Private Sub Button1_Click(sender As Object, e As EventArgs) Handles Button1.Click
    Dim i, j As Integer
    Dim intsum As Integer=0
    Dim A(5, 5) As Integer
    Randomize()
    For i=0 To 5
```

```
        For j=0 To 5
            A(i, j)=Rnd()*30
        Next
    Next
    For Each i In A
        intsum=intsum+i
    Next
    MsgBox("所有元素的和是" & intsum.ToString)
End Sub
```

6.6　自定义数据类型——Structure

在 VB.NET 中，除了基本数据类型以外，还允许用户自己定义数据类型。用户自定义类型称为"结构"（Structure），包含一个或多个不同种类的数据类型，它是一个或多个不同数据类型成员的串联，视自定义类型的成员来决定存放的数据。尽管可以单独访问其各个成员，但结构还是被视为一个独立的单元。实际上，结构就是通过合并不同类型的数据项来创建的，结构将一个或多个成员彼此关联，并且将它们与结构本身关联。

6.6.1　结构的定义

当需要一个能包含好几个相关信息的变量时，使用自定义类型是十分有用的，即结构。结构的声明必须在模块的声明部分以 Structure 语句开头，以 End Structure 语句结尾，其类型常用的有 Private 和 Public 两种。在 Structure 和 End Structure 语句之间必须至少包含一个成员声明，成员可以是任何数据类型。Structure 语句提供结构的名称，即结构所定义的数据类型的标识符，代码的其他部分可以使用这个标识符声明变量、参数和函数返回值的数据类型。

结构的声明方法如下：

```
[private|public] Structure  结构名
    Dim 成员名 1  As  数据类型
    …
    Dim 成员名 N  As  数据类型
End Structure
```

Structure 和 End Structure 语句中间的声明定义了结构的成员，成员的声明顺序决定了采用该结构数据类型声明的变量的存储顺序。每个成员都使用 Dim 语句声明，并指定其数据类型。

例如，要将班级中学生的姓名、年龄、电话号码和分数一起保存在单个变量中，可以为这些信息声明一个结构，如下所示：

```
Public Structure students
    Dim name As String          '学生的姓名
    Dim age As Integer          '学生的年龄
    Dim code As String          '学生的电话号码
    Dim score As Double         '学生的分数
End Structure
```

在上面的定义中，students 是该结构的名称，它共有 4 个成员，分别对应学生的姓名、年龄、电话号码和分数，共用到了 3 种基本数据类型。

结构在定义时是可以嵌套的，也就是说，结构的成员可以还是结构。可以先把子结构体在父结构体之外声明，然后在父结构体内部把子结构体当成一个普通类型来使用就。例如：

```
Public Structure contactinfo          '先定义子结构体
    Dim addr As String
    Dim tel As String
End Structure
Public Structure employees            '再定义父结构体
    Dim name As String
    Dim age As Integer
    Dim sex As String
    Dim dept As String
    Dim coninformation As contactinfo '使用子结构体定义父结构体成员
End Structure
```

6.6.2 结构的使用

有了之前对 students 结构类型的定义以后就可以直接使用该类型，可以定义 students 类型的变量或数组等。对于一个结构变量，其使用就像使用对象的属性一样，可以通过结构变量名后跟上点号再跟上成员名称来访问，即"结构名.成员名"。用户可以像使用基本数据类型一样使用自定义数据类型，也可以声明局部的、模块级的或公用的结构变量。

下面的语句定义了 students 类型的变量，名称为 student_1，包含 name、age、code 和 score4 个成员：

```
Dim student_1 As students
```

通过访问各个成员，可以给每个成员赋值。例如，可以使用下列方法存取 student_1 结构变量中的成员：

```
student_1.name="张晶晶"
student_1.age=19
student_1.code="13898765432"
```

如果结构成员本身又是一个结构，则必须逐级找到最低级的成员才能使用。对于嵌套结构来说，只能对最低级的成员进行赋值、存取以及运算。假设定义了类型为 employees 的结构体变量 emp001，要给该变量的 coninformation 成员中的 addr 赋值，可以使用如下格式语句：

```
emp001.coninformation.addr="东风路 5 号"
```

如果已经存在一个同种结构的结构变量，也可以整体赋值，而无须对各个成员单独赋值。整体赋值时进行的是总体复制，即复制所有的数据，赋值符号前后两个变量是相互独立的，即改变其中一个变量的内容不会影响另外一个变量。

【例 6-11】声明结构 students，并进行简单应用，要求用到整体赋值的方法。

程序代码如下：

```
Public Structure students          '在窗体模块的通用声明部分定义结构
```

```
    Dim name As String                      '学生的姓名
    Dim age As Integer                      '学生的年龄
    Dim code As String                      '学生的电话号码
    Dim score As Double                     '学生的分数
End Structure
Private Sub Button1_Click(sender As Object, e As EventArgs) Handles Button1.Click
    Dim Jack, Jone As students              '定义 students 结构变量
    '给每个成员赋值
    Jack.name="Jack"
    Jack.age=18
    Jack.code=13937198888
        Jack.score=589
        Jone=Jack                           '结构变量整体赋值
        Debug.WriteLine(Jone.name)          '显示结果为 Jack
        Jone.name="Jone"                    '改变 name 成员值
        Debug.WriteLine(Jack.name)          '显示结果为 Jack
        Debug.WriteLine(Jone.name)          '显示结果为 Jone
End Sub
```

6.6.3 结构与数组

1. 结构成员包含数组

在定义结构时，可以将数组作为其成员之一。例如：

```
Structure computerinfo
    Dim CPU As String
    Dim Memory As Long
    Dim DiskDrives() As String              '可变大小的数组
    Dim PurchaseDate As Date
End Structure
```

需要注意的是，声明为结构成员的数组不能使用初始大小声明，要采用动态数组的声明方式。访问结构中数组成员的方法与访问其他成员的方法相同，只需明确数组元素下标就可以了。例如：

```
Dim MySystem As computerinfo                '定义结构变量
ReDim MySystem.DiskDrives(3)                '使用 ReDim 语句指定数组成员的大小
MySystem.DiskDrives(0)="80GB"               '给数组成员赋值
```

2. 结构数组

一个结构变量中可以存放一组数据（如一个学生的学号、姓名、成绩等）。如果有 10 个学生的数据需要参加运算，显然应该使用数组，而且数组中的每个元素都要是结构变量，这就是结构数组。与基本数据类型数组不同，结构数组的每一个元素都是一个结构类型的变量，它们都分别包含各个成员项。

前面定义了一个名为 students 的结构类型，用来描述学生的姓名、年龄、电话号码及分数信息，并先后定义了两个结构变量 Jack 和 Jone，分别存放两个学生的一组数据。如果学生有多个，则可以定义一个 students 类型的结构数组，数组的每一个元素都是结构变量，都具有 4 个成员。

定义结构数组的一般格式为：

```
Dim  数组名(下标上界)  As  结构名
```

例如，定义以下常量和结构类型：

```
Const MAX_MEM=99
Private Structure mail
    Dim num As Short
    Dim name As String
    Dim title As String
    Dim addr As String
    Dim zip As String
    Dim tel As String
End Structure
```

之后可以使用 mail 类型定义一个结构数组，如下所示：

```
Dim list(MAX_MEM) As mail
```

用上面的语句定义的结构数组名为 list，它的上界为 99，即存放 100 个数组元素，每个数组元素都是一个结构变量。

一个结构数组元素相当于一个结构变量，因此，前面介绍的关于结构变量的引用规则，同样适用于结构数组元素。而数组元素之间的关系和引用规则与以前介绍过的数组的规定相同。下面简单归纳几点，然后举例说明结构数组的引用方法。

（1）引用某一结构数组元素的成员，用以下形式：

```
结构数组名(下标).成员名
```

例如，list(2).num 引用的是数组 list 第三个元素的 num 成员。

（2）可以将一个结构数组元素赋给该结构数组中的另一个元素，或赋给同一类型的结构变量。例如下面的赋值语句是合法的：

```
list(0)=list(1)
```

这两个数组元素都是同一结构类型，因此符合结构的整体赋值规则。

（3）不能把结构数组元素作为一个整体直接输入、输出，只能以结构数组元素的单个成员来进行输入、输出。例如：

```
Debug.Writeline(list(0))            '错误
Debug.WriteLine(list(0).num)        '正确
```

【例 6-12】编程实现会员通信录的数据登录和显示输出操作。

为了简单，只输入 3 个会员的有关信息，然后输出。

程序代码如下：

```
Public Class Form1
    Const MAX_MEM=2                      '会员的总人数
    Private Structure mail
        Public num As Short
        Public name As String
        Public title As String
        Public addr As String
        Public zip As String
```

```
        Public tel As String
    End Structure
    Dim list(MAX_MEM) As mail                    '定义结构数组
    Private Sub Button1_Click(sender As Object, e As EventArgs) Handles Button1.Click
        Dim i As Short
        '依次录入每个会员的各成员项的值
        For i=0 To MAX_MEM
            list(i).num=InputBox("请输入编号")
            list(i).name=InputBox("请输入姓名")
            list(i).title=InputBox("请输入职称")
            list(i).addr=InputBox("请输入地址")
            list(i).zip=InputBox("请输入邮编")
            list(i).tel=InputBox("请输入电话号码")
        Next i
        '在输出窗口中输出数据
        Debug.WriteLine("")
        Debug.Write("=================================================")
        Debug.WriteLine("================")
        Debug.Write("编号 姓名    职称      地址")
        Debug.WriteLine("         邮政编码    电话号码")
        '依次显示已录入数据的各成员值
        Dim spa As String="     "
        For i=0 To MAX_MEM
            Debug.Write("=================================================")
            Debug.WriteLine("================")
            Debug.Write(" " & list(i).num & spa & list(i).name)
            Debug.Write(spa & list(i).title & spa & list(i).addr)
            Debug.WriteLine("   " & list(i).zip & spa & "   " & list(i).tel)
        Next
        Debug.Write("=================================================")
        Debug.WriteLine("================")
    End Sub
End Class
```

该程序有两个功能：一是向结构数组中输入数据；二是列表显示数组中已有的全部数据。程序运行后，显示结果如图 6-11 所示。

图 6-11 例 6-12 程序运行结果

习 题

1. 编写程序，随机产生若干个 1～100 的整数，再通过键盘输入一个数，判断这个新输入的数是否存在于随机产生的这些数中。

2. 分别定义一个一维数组和一个二维数组，并利用随机函数为它们赋值，然后把它们的值显示出来。

3. 设有如下两组数据：

A: 2，8，7，6，4，28，70，25

B: 79，27，32，41，57，66，78，80

编写一个程序，把上面两组数据分别读入两个数组，然后把两个数组中对应下标的元素相加，即 2+79，8+27，…，25+80，并把相应的结果放入第三个数组，最后输出第三个数组的值。

4. 从键盘输入 10 个整数，并放入一个一维数组，将其前 5 个元素与后 5 个元素对换，即第 1 个元素与第 10 个元素互换，第 2 个元素与第 9 个元素互换……第 5 个元素与第 6 个元素互换。分别输出数组原来各元素的值和对换后各元素的值。

5. 已知一维数组 A，数组元素值分别为 {16，62，34，9，25，36，78，20，31，12}。编写程序删除数组 A 中的第 5 个元素，输出删除前后的数组 A。

6. 求一个 5×5 的整型方阵（元素初值任意）对角线上各元素之积。

7. 建立一个 $n \times m$ 的矩阵，为其赋值后找出其中最小的元素所在的行和列，并输出该值及其行号和列号。

8. 编写程序，实现矩阵转置，即将一个 $n \times m$ 的矩阵的行和列互换。例如，矩阵 a 为

$$a = \begin{bmatrix} 1 & 2 & 3 \\ 4 & 5 & 6 \end{bmatrix}$$

转置后的矩阵 b 为

$$b = \begin{bmatrix} 1 & 4 \\ 2 & 5 \\ 3 & 6 \end{bmatrix}$$

9. 编写程序，把下面的数据输入一个二维数组：

25	36	78	13
12	26	88	93
75	18	22	32
56	44	36	58

然后执行以下操作：

（1）输出矩阵两个对角线上的数。

（2）分别输出各行和各列的和。

（3）交换第一行和第三行的位置。

（4）交换第二列和第四列的位置。

（5）输出处理后的数组。

10. 编写程序，建立并输出一个 10×10 的矩阵，该矩阵对角线元素为 1，其余元素均为 0。

11. 编写程序，把下面的数据读入一个二维数组，之后计算该数组以主对角线分隔的上三角形中各元素值之和的立方根，结果保留三位小数。

$$
\begin{array}{ccccc}
30 & 26 & 45 & 23 & 67 \\
76 & 32 & 21 & 54 & 75 \\
65 & 58 & 87 & 64 & 37 \\
55 & 22 & 78 & 21 & 32 \\
53 & 77 & 63 & 31 & 98
\end{array}
$$

12. 编写程序，输出 $n=10$ 的杨辉三角形（共 11 行）。

杨辉三角形的每一行是 $(x+y)^n$ 的展开式的各项系数。例如第 1 行是 $(x+y)^0$，其系数为 1；第 2 行为 $(x+y)^1$，其系数为 1、1；第 3 行为 $(x+y)^2$，其展开式为 $x^2+2xy+y^2$，系数分别为 1、2、1⋯⋯一般形式如下：

$$
\begin{array}{cccccc}
1 \\
1 & 1 \\
1 & 2 & 1 \\
1 & 3 & 3 & 1 \\
1 & 4 & 6 & 4 & 1 \\
1 & 5 & 10 & 10 & 5 & 1 \\
& & \cdots
\end{array}
$$

通过上述形式，可以找出规律：对角线和每行的第一列均为 1，其余各项是它的上一行中前一个元素和上一行的同一列元素之和。例如第 4 行第 3 列的值为 3，它是第 3 行第 2 列与第 3 列元素值之和，可以一般地表示为：

$$a(i,j)=a(i-1,j-1)+a(i-1,j)$$

13. 数学中的矩阵实际上是一个二维数组。矩阵运算的内容较多，诸如矩阵的输入、相加、相减、相乘、一个矩阵乘以一个常数以及矩阵的复制、转置等，可以把这些运算放在一个通用矩阵处理程序中。矩阵运算通常由两个矩阵作运算对象，而把运算结果放在另一个矩阵中，每个矩阵各用一个二维数组存放。编写程序，实现以下矩阵运算：

（1）输入矩阵 *A*、*B*：首先输入矩阵 *A* 和 *B* 的行数和列数，然后一行一行地输入矩阵的各个元素。

（2）矩阵 *A* 和 *B* 相加：根据数学中的规定，只有当两个矩阵的大小相等，即行数和列数分别相同时，才能相加。因此，在执行两个矩阵的相加运算之前，首先应对矩阵 *A*、*B* 的行数和列数进行检查。如果对应相等，则相加，否则输出适当的信息，并且不进行相加运算。

矩阵相加的规则是：矩阵 *A* 和 *B* 中对应的元素相加，结果放入矩阵 *C*，即

$$C(I,J)=A(I,J)+B(I,J)$$

（3）矩阵乘以一个常数：矩阵 *A* 的每个元素分别乘以常数 *K*，结果放入矩阵 *C*，即

$$C(I,J)=A(I,J)\times K$$

（4）输出矩阵：一行一行地输出矩阵的每个元素。

14. 已知二维数组 A(6,4) 和 B(4,6)，数组元素初值任意，编程计算二维数组 C(6,6) 的各元素值，C 数组的计算公式为：C(6,6) = A(6,4)×B(4,6)。

提示：数组 C(6,6) 中第 i 行第 j 列的元素 C(i,j) 的计算公式为：

$$C(i,j)=\Sigma A(i,p) \times B(p,j) \quad (其中\ p=1,2,\cdots,4)$$

第 7 章 常用查找与排序算法

算法是程序设计的核心，要用计算机解决某个实际问题，就需要为计算机设计好解决该问题的方法和步骤，而且这个方法和步骤要符合计算机运算的特点和能力。需要说明的是，并不是所有问题都有算法，有些问题经研究可行，则相应有算法；而有些问题不能说明可行，则表示没有相应算法。要把算法"告诉"给计算机，就需要编写能描述该算法的计算机程序。程序是用程序设计语言对算法的实现，是一种计算机可以识别、接受的算法的描述形式。

7.1 算 法 概 述

算法（Algorithm）的广义定义是，为解决一个实际问题而采取的方法和步骤，换句话说算法是对问题解决方法的精确描述。在日常生活中做任何一件事情，都是按照一定规则，一步一步地进行，例如，在工厂中生产一部机器，先把零件按一道道工序进行加工，然后把各种零件按要求组装成一部完整的机器，它们的工艺流程就是算法；又如，到医院看病，基本的流程是挂号、医生问诊、检查、看报告，根据报告开药、取药，这就是在实现解决"看病"问题的算法；计算机解决问题的方法和步骤，就是计算机的算法。

通常，根据所处理的对象和用途可将算法分为两大类：数值算法和非数值算法。计算机用于解决数值计算，如科学计算中的数值积分、解线性方程等的计算方法，就是数值计算的算法；用于解决非数值计算，如用于管理、文字处理、图像图形等的排序、分类、查找，就是非数值计算的算法。

常用算法有穷举、迭代、递归、查找、排序等，本章只介绍查找、排序算法的描述及其实现。

7.1.1 算法的描述

描述算法有多种不同的工具，采用不同的算法描述工具对算法的质量有很大的影响。描述一个算法可以采用自然语言、流程图、N-S 图、伪代码语言、计算机程序设计语言等方式。

用自然语言描述算法，虽然通俗易懂，但文字冗长，书写不便，特别是文字的"二义性"容易导致描述不清，因此在实际的程序设计工作中并不采用。

流程图是一种直观易懂的描述方法。该方法用一些规定的框图、流程线和框图中的说明文字、算式等来表示各种类型的操作与步骤，既符合计算机程序的特点，又比较容易理解和掌握。

N-S 图的基本单元是矩形框，它只有一个入口和一个出口，矩形框内用不同形状的线来分割，可表示顺序结构、选择结构和循环结构。

伪代码语言是一种用高级程序语言和自然语言组成的面向读者的语言。不同的描述方法可以满足不同的需求。例如，一个为了阅读或交流的算法可以用伪代码语言或流程图来描述。

若需要在计算机上运行程序（程序也是算法）则必须用严格的程序语言（如机器语言、汇编语言）来编写，即计算机程序就是用计算机能够理解的信息（计算机语言）描述的算法。

7.1.2 算法的特性

设计算法应遵循以下 5 个特性：

（1）有穷性：一个算法中执行的步骤应该是有限的，不能无休止地执行下去，或者说它是由一个有穷的操作系列组成。

（2）确定性：算法中每一步操作的内容、顺序、含义必须清楚无误，不能模棱两可，有二义性。

（3）有效性：也称可行性。一个算法必须遵循特定条件下的解题规则，组成它的每一步操作都应该是特定的解题规则中允许使用的、可执行的，并且最后能在有限时间内完成并得出确定的结果，称为有效性。

（4）零或多个输入：一个算法中可以有零个或多个输入，其中零个输入表示算法本身已给出初始条件。

（5）一个或多个输出：算法的目的是用来解决给定的问题，它应向使用者反馈运行的结果，所以一个算法至少要有一个输出，没有输出的算法没有意义。

在设计计算机算法时，不但要考虑算法的可执行性（能够被执行）和执行的有穷性，还要考虑其是否易于其所利用的程序设计语言来实现。

7.1.3 算法的评估

对于解决同一个问题，往往能够编写出许多不同的算法。例如，对于一批数据的排序问题，有很多种排序方法。进行算法评估的目的既在于从解决同一问题的不同算法中选择出较为合适的一种，也在于知道如何对现有算法进行改进，从而设计出更好的算法。一般从以下四方面对算法进行评价。

（1）正确性：也称为有效性，是指对任何合法的输入，算法都能得出正确的结果。正确性是设计和评估一个算法的首要条件，如果一个算法不正确，其他方面也就无法谈起。一般可通过对典型的、苛刻的几组输入数据进行分析和调试来测试算法的正确性。

（2）可读性：算法主要是为了人的阅读和交流，其次才是计算机运行。可读性好有助于人对算法的理解，难读的程序易于隐藏较多错误，难以调试和修改。

（3）健壮性：是指对非法输入的抵抗能力。如果输入非法数据，算法应能加以识别并做出处理，而不是产生错误动作或陷入瘫痪。

（4）高效性（低时间复杂度和空间复杂度）：时间复杂度指的是算法运行的时间消耗，对于同一个问题如果有多个算法可以解决，执行时间短的算法效率高。空间复杂度指算法执行过程中所需要存储空间的多少。不过，这两者都与问题的规模有关，对 100 个数排序和对 10 000 个数排序所花费的时间和占用的空间显然不一样。

以上四方面，正确性和健壮性是设计一个算法首先要保证的。其他方面往往是相互影响的，不能孤立地看待一个方面。如果追求较短的运行时间，可能带来占用较多的存储空间和编写出较难读的算法。所以，在设计一个算法时，要从四方面综合考虑，另外还要考虑到算法的使用频率以及所使用计算机的软硬件环境等诸多因素，这样才能设计出好的算法。随着计算机软硬件的飞速发展，对于一般的运算而言，存储空间和执行时间已不是程序设计者要考虑的主要因素，因此对于求解一个简单问题而可供选择的多种算法而言，选择的主要标准是算法的正确性、可读性和健壮性，其次是算法的低时间复杂度和空间复杂度。而对于数据量大、计算精度高或使用频率高的运算，就要追求低的时间复杂度和空间复杂度，即高效性要甚于可读性。

7.2　查　找　算　法

要想在信息资源海洋中迅速地查找到有用的信息，就必须有好的查找算法和良好的数据资源环境的支持。本节介绍常用的顺序查找和二分查找算法。

7.2.1　顺序查找算法

对于命题"在一组数据中查找有或者没有其值等于给定数 X 的元素"，最基本的方法就是将数据置入一个数组中，从数组的第一个元素开始，依次取出各个数组元素与 X 比较，一旦相等就说明数组中存在数 X，查找过程就可以结束；若直到取出数组的最后一个元素还没有发现和 X 相等的数，则说明数组中不存在数 X。这种在全部查找范围内逐一比较的查找方法称为顺序查找算法。

定义一维数组 $A(N\text{-}1)$，数组元素 $A(0)\sim A(N\text{-}1)$，用于存放 N 个数据。

顺序查找算法的思路：

（1）将被查找的 N 个数存放到数组 A 中，将待查找的数存放到变量 X 中。

（2）从数组的第 1 个元素开始，逐个与变量 X 进行比较，对于某个数组元素 $A(i)$，若 $A(i)=X$，表示查找成功，输出该元素的下标 i，并停止比较；若 $A(i)<>X$，则数组的下一个元素 $A(i\text{+}1)$ 继续与 X 进行比较……

（3）若找遍了所有元素，没有一个元素 $A(i)=X$，表示在该组数中没找到数 X，输出"查找不成功"的信息。

若有 N 个元素的数组 A 已被赋值，顺序查找算法的流程图如图 7-1 所示。

实现该算法的部分关键程序段如下：

```
…
X=Val(TextBox1.Text)           '从 TextBox1 控件读入要查找的数 X
For i=0 To N-1
    If A(i)=x Then             '若某数组元素值和 X 值相同，退出循环
        Exit For
    End If
Next
If i<=N-1 Then                 '依据退出循环时的查找位置判断查找结果
    MsgBox("找到了数值" & Str(X))
Else
    MsgBox("没找到数值" & Str(X))
End If
…
```

上述算法要在 N 个数中查找数 X，最快只需要比较 1 次，最慢要比较 N 次（请思考为什么），则顺序查找算法的算法复杂度为 $(N\text{+}1)/2$，即平均比较次数为 $(N\text{+}1)/2$ 次。

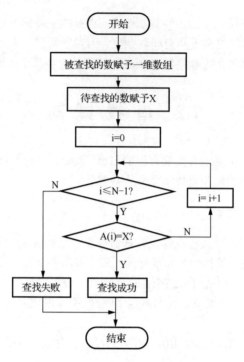

图 7-1　顺序查找算法流程图

【例 7-1】设计程序，完整实现顺序查找算法。

分析：程序界面设计如图 7-2 所示，功能：使用"生成原始数组"按钮的 Click 事件，调用随机函数对一维数组进行赋值，并将生成的原始序列显示在窗体的 Label1 标签中；用户在文本框 TextBox1 中输入待查找的数 X 后，单击"顺序查找"按钮完成查找，用 MsgBox 输出查找结果信息。

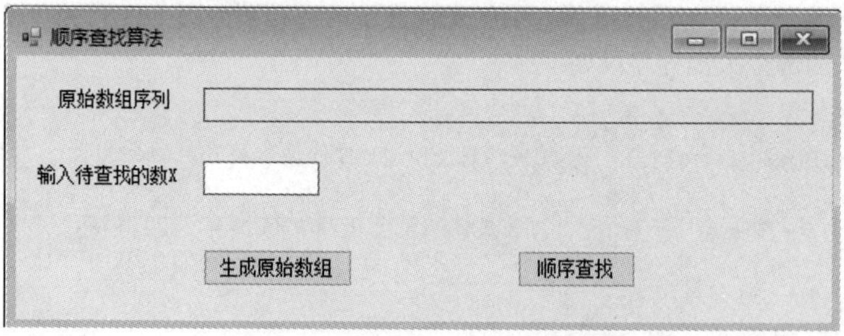

图 7-2　顺序查找算法界面设计

程序代码如下：

```
Dim N, a() As Integer        '定义数组 a 和数组元素个数 N 为窗体级变量
Private Sub Button1_Click(ByVal sender As System.Object, _
     ByVal e As System.EventArgs) Handles Button1.Click
  ' "生成原始数组"按钮，用于随机生成原始数组，并在 Label1 中输出
   Dim i As Integer
   Dim str1 As String
   str1=""
```

```
        N=15                                '用户自定义数组元素个数
        ReDim a(N-1)                        '根据 N 重新定义数组上界
        Randomize()
        For i=0 To N-1
            a(i)=Int(Rnd()*100)
            str1=str1+Str(a(i))+" "
        Next
        Label2.Text=str1
        End Sub
        Private Sub Button2_Click(ByVal sender As System.Object, _
          ByVal e As System.EventArgs) Handles Button2.Click
        ' "顺序查找" 按钮, 用顺序查找算法实现
        Dim x, i As Integer
        x=Val(TextBox1.Text)                '从 TextBox1 控件读入要查找的数 X
        For i=0 To N-1
            If (a(i)=x) Then                '若某数组元素值和 X 值相同, 退出循环
                Exit For
            End If
        Next
        If (i <= N-1) Then                  '依据退出循环时的查找位置判断查找结果
            MsgBox("在第" & Str(i) & " 个元素的位置找到了" & Str(x))
        Else
            MsgBox("没有找到" & Str(x))
        End If
        End Sub
```

在本例中, 数组元素个数 N 和原始数组 a 采用窗体级变量定义, 其作用域包含本窗体的所有过程。变量 N 可使程序更具有通用性, 可通过修改对 N 的赋值, 从而方便地修改数组 a 的大小。

程序运行后, 单击 "生成原始数组" 按钮, 生成随机数序列, 界面如图 7-3 所示。

输入待查找的数 "72" 后, 单击 "顺序查找" 按钮, 执行顺序查找算法, 弹出如图 7-4 所示的 MsgBox 消息框, 返回查找结果。

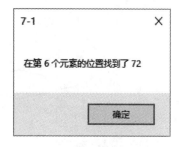

图 7-3　顺序查找算法执行界面　　　图 7-4　顺序查找算法执行
　　　　　　　　　　　　　　　　　　　　　　　　　　结果消息框

7.2.2　二分查找算法

顺序查找算法简单, 且对原数据的排列次序无任何要求, 但执行效率较低。大家可能玩过这样一个游戏: 如何在最短的时间内猜出一件不超过 1 000 元的商品的价格? 最聪明的办法就是每

次猜中间值，然后根据"猜高了"或"猜低了"的提示再调整范围，重新猜中间值，这就是二分查找算法的思想。

若数据为有序排列（按从小到大的次序存放，或按从大到小的次序存放），则采用二分查找算法能显著提高查找效率。二分查找算法的思路描述如下：

（1）假设已在数组 $A(N-1)$ 中存放了从小到大排列的 N 个数，而待查找的数字存放于变量 X 中；

（2）初次查找区间为[0，$N-1$]，令 $L=0$，$H=N-1$（L 和 H 分别为待查找区间的下界和上界），则区间中点 $M=(L+H)/2$。

（3）若查找区间[L，H]存在，即 $L<=H$，则向下执行步骤（4）；否则，说明所有区间已查找完毕，没有找到 X，输出查找失败。

（4）若 $A(M)=X$，则查找成功，输出 M 点位置，结束查找；若 $A(M)>X$，说明 X 可能存在于前半区间，则修改区间上界，令 $H=M-1$，即当前实际查找区间变更为[1，$M-1$]；若 $A(M)<X$，说明 X 可能存在于后半区间，则修改区间下界，令 $L=M+1$，即当前实际查找区间变更为[$M+1$，H]；再次求得新的区间中点 $M=(L+H)/2$。返回，继续执行步骤（3）。

二分查找算法的流程图如图 7-5 所示。

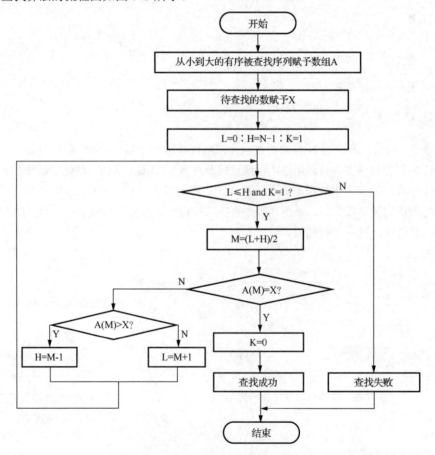

图 7-5　二分查找算法流程图

二分查找算法中，因为每一轮查找的区间均减半，所以又称折半查找，其算法复杂度为（log(N)），大大优于顺序查找算法，但特别注意：其前提是数列已有序。

【**例 7-2**】设计程序，用二分查找算法完成例 7-1 的要求。

经过对流程图的分析，参照例 7-1 的界面设计，二分查找算法的完整示例程序如下：

```
Dim N, a() As Integer                    '定义数组 a 和数组元素个数 N 为窗体级变量
Private Sub Button1_Click(ByVal sender As System.Object, _
ByVal e As System.EventArgs) Handles Button1.Click
  Dim i As Integer
  Dim str1 As String
  str1=""
  N=16
  ReDim a(N-1)
  Randomize()
  For i=0 To N-1
    a(i)=Int(Rnd()*10)+i*10              '生成有序数列
    str1=str1+Str(a(i))+" "
  Next
  Label2.Text=str1
End Sub
Private Sub Button2_Click(ByVal sender As System.Object, _
ByVal e As System.EventArgs) Handles Button2.Click
  ' "二分查找" 按钮，用二分查找算法实现
  Dim L, H, M, X, K As Integer  '定义相关变量
  L=0
  H=N-1
  K=1                                    '设置变量K的值，代表查找状态，1表示还没有找到
  X=Val(TextBox1.Text)                   '读入要查找的整数X
  While(L<=H) And (K=1)                  '由于比较次数为未知，用当型循环控制查找过程
    M=(L+H)/2                            '计算查找区间的中点位置
    If a(M)=X Then                       '若存在X的值，设置结束循环的条件为：K值非1
      K=0
    Else
      If a(M)>X Then                     '否则依据比较结果修改下次的查找区间
        H=M-1
      Else
        L=M+1
      End If
    End If
  End While
  '退出循环后，要依据退出循环的条件（L>H 或K<>1）判断是否找到了 X
  If (K=1) Then
    'K=1成立，意味着上面循环是由L>H而退出的，即查找不成功
    MsgBox("没有找到" & Str(X))
  Else
    MsgBox("在第" & Str(M) & " 个元素的位置找到了" & Str(X))
  End If
End Sub
```

> **注意**：在本例中用变量 K 的不同取值 0 和 1 来表示查找的状态，即先为变量 K 赋值 1，表示"尚未找到数 X"，一旦找到了数 X，则把 K 赋值为 0。把这类表示某种程序运行状态的变量称为标志变量。合理使用标志变量来控制程序的执行流程，是常用的编程技巧之一，当然读者也可以使用 Boolean 型变量来作为查找标志。

若数组为从大到小的顺序，请读者自行修改程序。

7.3　排　序　算　法

排序算法能实现把数据按指定的顺序要求进行排列。排序算法在执行时间和存储空间上对程序的执行有影响，因此选择高效合理的排序算法是编程者应该注意的。本节介绍选择排序、冒泡排序和插入排序等几种经典的排序算法。

7.3.1　选择排序算法

选择排序算法是基于顺序查找算法的一种简单直观的排序算法，用两个数的比较和交换来实现排序。

它的工作原理如下：以从小到大排序为例，其基本思路是：首先在未排序序列中找到最小元素，存放到排序序列的起始位置；然后再从剩余未排序元素中继续寻找最小元素，然后再放到排序序列的末尾。依此类推，直到所有元素均排序完毕。

具体做法：先将第一个位置的数据确定，即通过第一个数和后面的所有数据比较，若后面的数据小于第一个数，则进行交换，一趟比较完后将最小数交换到了第一个位置；再用此方法逐步确定第二个数、第三个数，直到第 $N-1$ 个数；则整个数列即被排成了从小到大的序列。

例如，对给定的 5 个数 33　58　25　47　16，按从小到大的排序要求，排序过程如下：

第 1 趟比较：确定第 1 个位置的数。即 $A(0)$ 依次与 $A(1)$ 到 $A(N-1)$ 进行比较交换，待比较的数据以下画线标识。其比较交换的过程如下：

33	**58**	25	47	16
33<58，不交换 **33**	58	**25**	47	16
33>25，交换 **25**	58	33	**47**	16
25<47，不交换 **25**	58	33	47	**16**
25>16，交换 **16**	58	33	47	25

本趟比较完后，$A(0)$ 即被确定为 16。

第 2 趟比较：确定第 2 个位置的数。即 $A(1)$ 依次与 $A(2)$ 到 $A(N-1)$ 依次比较交换，其比较交换的过程如下：

16	**58**	**33**	47	25
58>33，交换 16	**33**	58	**47**	25
33<47，不交换 16	**33**	58	47	**25**
33>25，交换 16	**25**	58	47	33

本趟比较完后，A(1)即被确定为25。

第 3 趟比较：确定第 3 个位置的数。即 A(2)依次与 A(3)到 A(N-1)依次比较交换，其比较交换的过程如下：

		16	25	**58**	47	33
58>47，交换		16	25	**47**	58	33
47>33，交换		16	25	**33**	58	47

本趟比较完后，A(2)即被确定为33。

第 4 趟比较：确定第 4 个位置的数。即 A(4)与 A(N)比较交换，其比较交换的过程如下：

	16	25	33	**58**	47
58>47，交换	16	25	33	**47**	58

至此，整个序列从小到大排序完成。N 个元素，只需进行 N-1 趟的对比。

总结上述关于选择排序算法的描述，若要按从小到大的次序对给定的 N 个数排序，假定数组 A 已经定义并赋值，选择排序算法的流程图如图 7-6 所示。

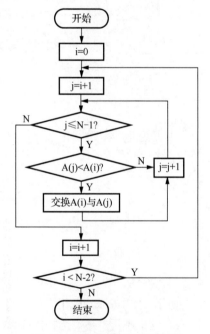

图 7-6　选择排序算法流程图

实现选择排序算法的部分关键程序段如下：

```
...
For i=0 To N-2              '外层循环控制查找第 i+1 个最小数并放置到 A(i)位置
    For j=i+1 To N-1        '内层循环控制第 i+1 个最小数的查找过程
        If A(i)>A(j) Then   '若第 j+1 个数比第 i+1 个数小，则交换它们的位置
            t=A(i)          '交换 A(i)和 A(j)
            A(i)=A(j)
            A(j)=t
        End If
```

```
    Next
Next
...
```

在该程序执行时，有两个值得注意的问题：

（1）在一趟比较过程中，有可能要做多次交换。

（2）即使数组 A 中的数据在给定时就已经符合了排序要求，但内循环体的比较操作仍然要执行 N*(N-1)/2 次。

为了克服这两个问题，提高运行效率，提出两种解决方案：其一是改善本算法；其二是设计新的排序算法。首先看改进本算法的简单分析：

若在程序中增加一个变量 P，用于在一趟比较过程中仅记录最小数的位置，在一趟比较完成后再判别 P 的值，再确定是否做交换操作，就可以减少交换操作，提高程序运行效率。

假定数组 A 和变量 i、j、P 等均已经定义并赋值，实现改进后的算法的关键程序段如下：

```
...
For i=0 To N-2                       '外层循环控制查找第 i+1 个最小数并放置它到 A(i)位置
    P=i                              '一趟比较前，假定第 i+1 个数是最小数，并记下其位置
    For j=i+1 To N-1                 '内层循环控制第 i+1 个最小数的查找过程
        If A(P)>A(j) Then            '若第 j+1 个数比第 i+1 个数小则记下新的位置号
            P=j
        End If
    Next
        If P<>i Then                 '一趟比较完成后，判定比较前的假定是否正确
                                     '若 P<>i，即最小数不是第 i 个数，则执行交换操作
            t=A(i)
            A(i)=A(P)
            A(P)=t
        End If
Next
...
```

【例 7-3】编写程序，实现选择排序算法。

分析：程序界面设计如图 7-7 所示，"生成原始数组"按钮用于生成原始随机数组 a，并在 Label2 中显示输出，其代码同例 7-1，这里不再赘述。选择排序算法使用通用过程 xz_sort 实现，"选择法排序"按钮实现调用通用过程，并将排序后的数组在 Label4 中输出。

图 7-7　选择排序算法界面设计

xz_sort 过程代码如下：

```
Sub xz_sort()
    Dim i, t As Integer
    For i=0 To N-2                  '外层循环控制查找第 i+1 个最小数并放置到 a(i)位置
        For j=i+1 To N-1            '内层循环控制第 i+1 个最小数的查找过程
            If a(i)>a(j) Then       '若第 j+1 个数比第 i+1 个数小，则交换它们的位置
                t=a(i)              '交换 a(i)和 a(j)
                a(i)=a(j)
                a(j)=t
            End If
        Next
    Next
End Sub
```

"选择法排序"按钮代码如下：

```
Private Sub Button2_Click(ByVal sender As System.Object, _
ByVal e As System.EventArgs) Handles Button2.Click
    Dim i As Integer
    Dim str2 As String
    xz_sort ()                      '调用选择排序算法
    str2=""
    For i=0 To N-1
        str2=str2+Str(a(i))+" "
    Next
    Label4.Text=str2
End Sub
```

程序运行后，结果如图 7-8 所示，对原随机数组成功实现了排序。

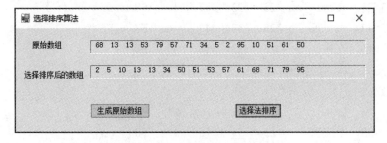

图 7-8　选择排序算法运行结果

若要使用改进后的选择排序算法，则仅修改通用过程 xz_sort 即可。

上述的算法说明和程序举例都是以"从小到大"为条件的，请读者参照示例，写出能实现"从大到小"排序的算法描述和程序段（注意算法中比较"条件"的描述）。

7.3.2　冒泡排序算法

冒泡排序算法是一种形象的称呼，说明在排序过程中数据将依据值的大小向两端移动，就像水中的气泡向水面移动时一样，大的水泡所受浮力较大，可快速移向水面。

冒泡排序就是依次比较相邻两个元素，将小数放在前面，大数放在后面。过程描述如下：

（1）将数列中的第 1 个元素与第 2 个元素进行比较，将小数放前，大数放后，然后比较第 2 个元素和第 3 个元素，依然是小数放前，大数放后……如此继续，直到比较最后两个数。这样经过第一趟排序之后，此时数列中最大的数将被排在最后的位置（即所谓的沉底）。

（2）第 1 趟比较后，最大的数就被确定在了最后的位置，然后进行第二趟排序。依然是从头开始，比较第 1 个元素和第 2 个元素，将小数放前，大数放后……如此继续，直到比较到最后一个数的前边两个相邻的数，第二趟排序结束，此时在倒数第二个元素的位置上得到了数列中第二大的数。如此下去，直到最终完成排序。

从小到大排序时，最大的数一趟比较就将被交换到 $A(N-1)$ 的位置；从大到小排序时，最小的数一趟比较就将被交换到 $A(N-1)$ 的位置。若将排序趟数记录为 J，则第 J 趟比较的范围为 $1\sim N-J-1$。

（3）若 $J=N-2$，则已进行 $N-1$ 趟比较，排序完成。

例如，按从小到大的排序要求，排序如下给定的 5 个数：

33　　58　　25　　47　　16

第 1 趟比较：

<u>33</u>　　<u>58</u>　　25　　47　　16

33<58，不交换	33	**58**	<u>25</u>	47	16
58>25，交换	33	25	**58**	<u>47</u>	16
58>47，交换	33	25	47	**58**	<u>16</u>
58>16，交换	33	25	47	16	58

本趟比较完后，最大的数 58 最先移到自己的位置，下一趟的比较范围缩小 1。

第 2 趟比较：

<u>33</u>　　25　　47　　16|　　**58**

33>25，交换	25	**33**	<u>47</u>	16|	**58**
33<47，不交换	25	33	**47**	<u>16</u>|	**58**
47>16，交换	25	33	16	**47**|	**58**

本趟比较完后，次大的数 47 也移到了自己的位置。

第 3 趟比较：

<u>25</u>　　33　　16|　　**47**　　**58**

25<33，不交换	25	**33**	<u>16</u>|	**47**	**58**
33>16，交换	25	16	**33**|	**47**	**58**

第 3 趟比较后，第 3 大数 33 移到了自己的位置。

第 4 趟比较：

<u>25</u>　　16|　　*33*　　**47**　　**58**

25>16，交换	16	**25**|	*33*	**47**	**58**

至此排序操作完成。

16　　25　　33　　47　　58

假定数组 A 和变量 i、J、N 等均已经定义，有 N 个元素的数组 A 已被赋值，实现从小到大排序的冒泡排序算法的流程图如图 7-9 所示。

冒泡排序算法的通用过程如下所示：

```
Sub bubbling_sort()                    '冒泡排序算法
    Dim i, J, t As Integer
    For J=0 To N-2
        For i=0 To N-2
            If a(i)>a(i+1) Then
                t=a(i)
                a(i)=a(i+1)
                a(i+1)=t
            End If
        Next
    Next
End Sub
```

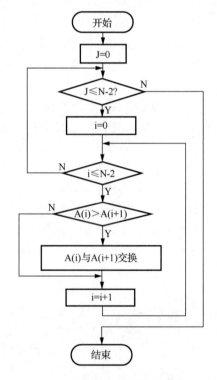

图 7-9　冒泡排序算法流程图

请读者在例 7-3 的程序中替换 xz_sort( )，调用 bubbling_sort( )过程，即可实现完整的冒泡排序。

在冒泡算法中，每趟比较把一个大数放到适当的位置，所以 N 个数要 $N-1$ 趟比较才能完成排序操作。实际上有一些序列在 $N-1$ 趟比较前已完成排序。为了改进算法，可引入交换变量 P，用以记录在本趟比较中有无交换发生，有交换发生则进入下一趟比较，若本趟比较中已无交换发生，则说明数列已全部按序排放，排序结束。改进后的冒泡排序算法如下：

```
Sub bubbling1_sort()                   '改进的冒泡排序算法
    Dim i, t, P As Integer
    P=1                                '交换标志，初始为 1，保证进入循环
    While (P=1)
'上次有交换发生并且没有比较完毕则进入下一趟比较;
```

```
'若上一趟无交换发生，即 P=0，则不再进行下一趟比较
    P=0                                    '每趟比较之初，先假设本趟无交换发生
    For i=1 To N-2
      If a(i)>a(i+1) Then
        t=a(i)
        a(i)=a(i+1)
        a(i+1)=t
        P=1                                '有交换发生时，置标志 P 为 1
      End If
    Next
  End While
End Sub
```

7.3.3 插入排序算法

若数组 A 中 T 个数据已为有序存放，实现存入第 $T+1$ 个数后数组中的数据仍符合原排列次序要求的算法，称为插入算法。仍以从小到大排序为例，插入算法可描述如下：

（1）读入数 X。

（2）若 X 值不是结束标志（因要实现连续插入多个数据并排序成功，所以必须约定一个结束标志，例如当 X 输入为 888888 时，表示输入完毕），且 T 值小于数组下标取值的上界 M，则继续执行步骤(3)，否则转步骤(6)。

（3）将 X 和已有的数逐个进行比较，查找应插入存放数 X 的位置 K。

（4）将位置 K 腾空出来，即把从位置 K 到位置 T 间所存放的数据依次后移一位。

（5）将 X 放到位置 K，记录数组中有效数据个数的计数变量 T 增值 1。

（6）为观察插入运算结果，还需要输出插入 X 后的数组内容。

假定数组 A 和变量 i、M、T 等均已经定义，数组 A 和变量 M、T 已有赋值，插入一个数据 X 的关键程序段如下：

```
...
   X=InputBox("Please Input X:")
   If (X<>888888) And (T<M) Then
   '这里假设 X 取值 888888 为停止插入标志
      For i=T-1 To 0 Step-1
        '从已有数据的尾部开始查找插入位置
        If X<A(i) Then
           A(i+1)=A(i)                     '边查找，边进行数据的移位操作
        Else
           Exit For                        '找到了插入位置，则结束循环
        End If
      Next i
      A(i+1)=X                             '将 X 存入找到的插入位置 i+1 上
      T=T+1                                '数组有效数据个数计数器 T+1
   End If
...
```

在该程序中，由于采用了从已有数据的尾部开始查找插入位置，所以找位置的比较操作 X < A(i) 和空位置的移位操作 A(i+1)=A(i)可以共用一个循环结构，简化了程序书写，提高了程序效

率，但读起来稍难了一点。

上面程序段列举的是向一个已经有序的序列再插入一个数据 X，使整个序列依然保持有序的插入算法。现实生活中还经常用到边输入数据，同时就需要插入排序，例如在运动会上，每一个运动员的成绩一出来就需要知道他目前的排名。这时，可以采用从第一个数据开始，边输入边插入排序，可以先将第一名运动员的成绩当成一个有序序列（只有一个元素，自然有序），从第二名运动员开始循环使用插入排序，直到输入完毕为止。

【例 7-4】输入若干个数据，要求实现边输入边排序（数据输入以 888888 作为结束标志）。

设计程序界面如图 7-10 所示，数据输入用 InputBox( )函数，窗体界面上设置两个 TextBox，一个用来记录输入的数据，另一个用来显示最终排序后的数据。

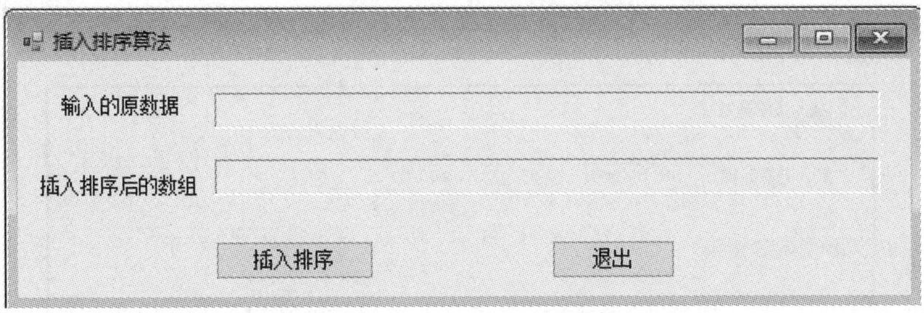

图 7-10　插入排序界面设计

程序运行时，单击"插入排序"按钮（Button1），将循环调用 InputBox( )函数来输入数据，直至输入 888888 为止。用 Do 循环实现边输入边显示在第一个标签框中，同时也进行插入排序操作，全部输入完毕后，将排序后的序列在第二个标签框中输出。"插入排序"事件参考代码如下：

```
Private Sub Button1_Click(ByVal sender As System.Object, _
    ByVal e As System.EventArgs) Handles Button1.Click
Dim a(100), X, i, T, M As Integer
Dim s As String
s=""                         '字符串用以排序后的数据序列输出
T=0                          'T为数组中有效数据个数
M=100                        'M为数组上界，程序中限定有效元素个数 T 不能超过数组上界
X=InputBox("Please Input X:")
'输入第一个元素，以此为原始数组开始插入排序
Do While (X<>888888) And (T<M)
    '用循环实现连续输入，同时插入排序
    T=T+1                    '数组有效数据个数计数器 T 加 1
    For i=T-1 To 0 Step-1
        '从已有数据的尾部开始查找插入位置
        If X<a(i) Then
            a(i+1)=a(i)      '边查找，边进行数据的移位操作
        Else
            Exit For         '找到了插入位置，则结束循环
        End If
    Next i
    Label2.Text=Label2.Text+Str(X)
    a(i+1)=X                 '将 X 存入找到的插入位置 i+1 上
```

```
        X=InputBox("Please Input X:")              '继续输入下一个数据
    Loop
    If T>=M Then
      MsgBox("已达到数组上界！")
    Else
        MsgBox("数据输入完毕，插入排序完成！")
    End If
    For i=0 To T-1
        s=s+Str(a(i))+" "
    Next
    Label4.Text=s
End Sub
```

程序运行结果如图 7-11 所示。

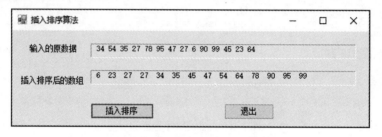

图 7-11　插入排序运行结果

习　　题

1. 简述算法的概念、算法的特性、算法的评估要件。
2. 编写完整程序，实现顺序查找算法。
3. 编写完整程序，实现二分查找算法。
4. 编写完整程序，分别实现选择排序、改进的选择排序算法。
5. 编写完整程序，分别实现冒泡排序、改进的冒泡排序算法。
6. 编写完整程序，实现插入排序算法。

第 8 章 过程与函数

在实际应用中，用户除了需要调用系统提供的内部函数外，当遇到多次使用一段相同的程序代码但又不能简单地用循环结构来解决时，就需要用户自定义过程，供事件过程调用。使用过程的好处是减少重复工作，使得程序简练、可读性强，便于程序调试和维护。

在 VB.NET 中，过程是指可以由其他程序代码显式调用的代码块。过程将复杂的工程分为较小的代码块。过程根据是否具有返回值可以分为：函数过程（Function 过程）、Sub 过程（子过程）。

函数过程相当于用户自定义的函数，通过程序调用才能被执行，并且可以将数据处理的结果返回。

Sub 用来完成一定的操作和功能，无返回值，通过程序调用和事件触发执行。Sub 过程可以细分为：事件过程、自定义 Sub 过程。

事件过程也是 Sub 过程，它是一种特殊的 Sub 过程，它是附加在窗体和控件上的。自定义 Sub 过程是指编程人员自己开发定义的 Sub 过程。

8.1 事 件 过 程

事件过程是一种特殊的 Sub 过程，它是附加在窗体和控件上的。当在对象上发生了某个事件后，应用程序就要处理这个事件，而处理该事件的步骤就是事件过程。它是针对某一对象的过程，并与该对象的一个事件相联系。

例如，在前面章节的学习中，对象的事件有单击（Click）、双击（DblClick）、内容改变（Changed）等。为一个事件所编写的程序代码称为事件过程。当 VB.NET 的某个对象的某个事件发生时，VB.NET 会自动调用相应的事件过程。

事件过程可以附加在窗体或控件上，分别称为窗体事件过程和控件事件过程。

8.1.1 窗体事件过程

其定义的语法格式如下：

```
Private Sub 窗体名_事件名([参数列表])
    [局部变量和常数声明]
    语句块
End Sub
```

其中的窗体事件过程名由窗体名、下画线和事件名组成的，其他与通用过程类似。

例如，当单击窗体的空白位置时，会显示一个消息框，如图 8-1 所示。

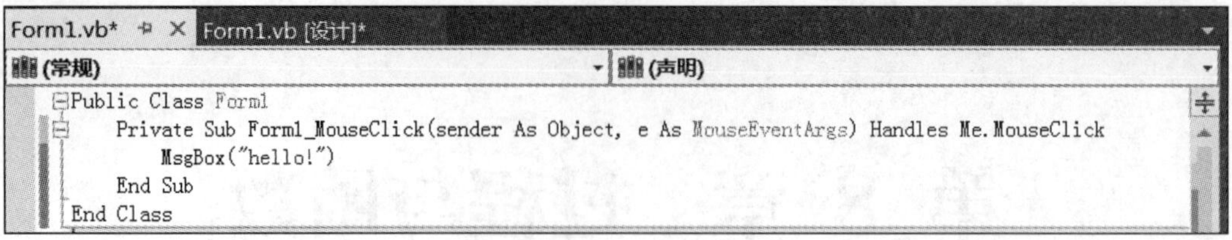

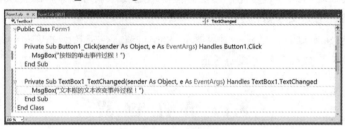

图 8-1　窗体事件示意图

8.1.2　控件事件过程

其定义的语法格式如下：

```
Private Sub 控件名_事件名([参数列表])
    [局部变量和常数声明]
    语句块
End Sub
```

其中的控件事件过程名由控件名、下画线和事件名组成的，其他与通用过程类似。如图 8-2 中的 Button1_Click 过程和 TextBox1_TextChanged 过程。

图 8-2　控件事件过程

8.2　通用过程 Sub

　　事件过程是当某一对象在一个事件发生时，对该事件做出响应的程序段，它是 VB.NET 应用程序的主体。事件可以由用户引发或由系统引发，例如，用户单击窗体上的某个控件时，可引发该控件的一个 Click 事件并调用一个处理该事件的过程。

　　通用过程也称为自定义的 Sub 子过程，它可以完成一项指定的任务，起到共享代码的作用。通用过程不依赖于任何对象，也不是由对象的某个事件激活的，它只能由事件过程或别的过程来调用才能运行。

　　通常在程序设计中，若有几个不同的事件过程要执行一个同样的操作，就可以将这个动作用一个独立的通用过程来实现，并由事件过程来调用它，这样既可避免代码的重复又容易实现对应用程序的维护。主程序对通用过程的调用如图 8-3 所示。其中图中线上（边）的数字顺序表示过程执行的顺序。

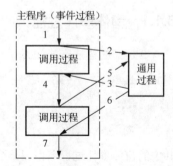

图 8-3　主程序对通用过程的调用

8.2.1　通用过程的定义和建立

1. 定义通用过程

通用过程的结构与事件过程的结构类似。一般格式如下：

```
[Private | Public] Sub <过程名>([参数列表])
    [局部变量或常量等声明]
    语句块
    [Exit Sub]          过程体
    [语句块]
End Sub
```

【例 8-1】编写一个过程，对 Label1 控件沿窗体对角线进行移动，其中通过参数 tag 的值（1 或-1）来决定向右下角还是左上角移动。

程序代码如下：

```
Sub mymove(ByVal tag As Integer)
    Label1.Left=Label1.Left+tag*10
    Label1.Top=Label1.Top+tag*10
End Sub
Private Sub Button1_Click(sender As Object, e As EventArgs) Handles Button1.Click
    Dim k As Integer
    If Rnd()>0.5 Then
        k=1
    Else
        k=-1
    End If
    Call mymove(k)
End Sub
```

程序运行后每次单击命令按钮，通过随机函数获得 k 的值，调用 MyMove 子过程，将实际参数（实参）k 传递给形式参数（形参）tag，决定 Label1 是朝哪个方向移动。

由此可见，子过程名 mymove 没有值，仅进行某些功能的处理。

说明：

（1）通用过程以 Sub 开头，以 End Sub 结束，在 Sub 和 End Sub 之间是描述过程操作的语句块，称为"过程体"。过程体由合法的 VB.NET 语句组成。

（2）以关键字 Private 开头的通用过程是模块级的（私有的）过程，只能被本模块内的事件过程或其他过程调用。以关键字 Public 开头的通用过程是公有的（全局的）过程，在应用程序的任何模块中都可以调用它，默认是 Public。

（3）在过程体内可以含有多个 Exit Sub 语句，程序执行到 Exit Sub 语句时立即退出该过程，返回到主调过程中调用该过程语句的下一条语句。

（4）"过程名"是标识符，应遵从标准变量命名约定，长度一般不过程 255 个字符。

（5）"参数列表"是可选项，列表中的参数称为形式参数（简称形参），它可以是变量名或数组名。当有多个参数时，各参数之间用逗号分隔。VB.NET 的过程可以没有参数，但一对圆括号不能省略。不带参数的过程称为无参过程，带有参数的过程称为有参过程。"参数列表"指明了形参的类型和个数，每个参数的格式为：

```
[ByVal]|[ByRef] |[...] 参数名称[( )][As 数据类型][=默认值]
```

如果参数名称后面加 ( )，就表示该参数是个数组。"数据类型"指的是参数的类型，可以是 Integer、Long、Single、Double、String、Boolean、Date、Object 等，也可以是结构、枚举、类或接口的名称。

参数名称前的 ByVal 是指定变量用"传值"的方式传送，它是 VB.NET 传送变量的默认方式；ByRef 则是指定变量以"传地址"的方式传送。

> **注意**：在同一个模块中不能使用名称相同的过程。除此之外，还要注意过程不能写在事件过程和其他过程之中，这是因为过程是独立的程序单元。

2．建立通用过程

通用过程不属于任何一个事件过程，因此不能放在事件过程中。建立的通用过程要放在其他过程之外，如图 8-4 所示。

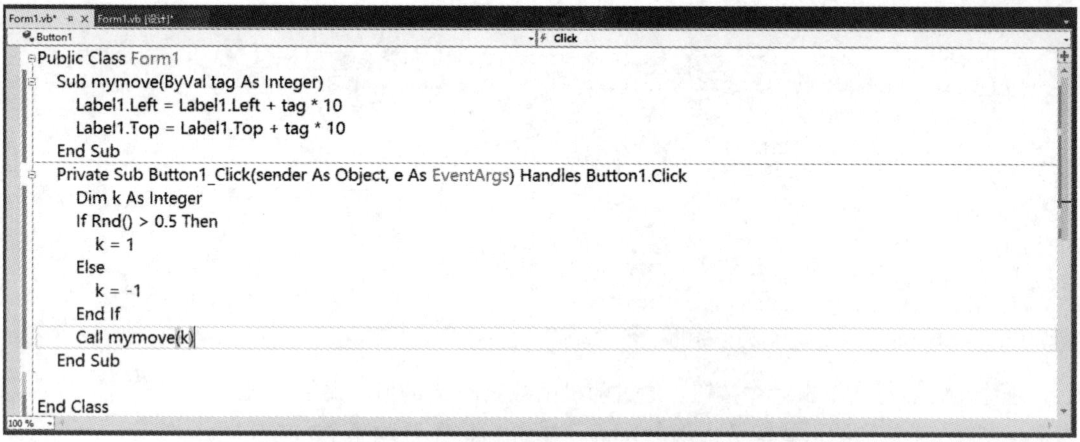

图 8-4　窗体中通用过程的创建位置

8.2.2　调用通用过程

定义了通用过程后，通用过程并没有执行，它只有在被调用后才被执行。在 VB.NET 中调用通用过程通常采用以下两种方式：

1．使用 Call 关键字调用通用过程

格式：

```
Call  过程名[(实际参数)]
```

Call 语句把程序控制流程转移到要调用的通用过程。用 Call 语句调用过程时，如果过程本身没有参数，则"实际参数"和括号可以省略；否则应给出相应的实际参数，并把参数放在括号中。"实际参数"是传送给通用过程形参的变量、常量或表达式，简称实参。例如：

```
Call MyMove (k)
```

2. 直接使用通用过程名调用通用过程

在调用通用过程时，省略关键字 Call。例如：

```
MyMove(k)
```

8.3　函数过程 Function

函数过程与通用过程最根本的不同之处在于：通用过程没有返回值，可以作为独立的语句调用；而函数过程有一个返回值，通常出现在表达式中。在 VB.NET 中，系统包含了许多内部函数过程，如 Sin( )、Sqrt( )、Mid( )等，在编写程序时只需写出函数过程名和相应的参数，就可得到函数值。在应用程序中，用户还可以使用 Function 语句来定义自己的函数过程。

8.3.1　函数过程的定义

函数过程定义的格式如下：

```
[Private|Public] Function 函数名([参数列表])[As 数据类型]
    [语句块]
    [函数名=表达式]|[Return 表达式]
    [Exit Function]
[语句块]
End Function
```

说明：

（1）函数过程以 Function 开头，以 End Function 结束，在 Function 和 End Function 之间是描述过程操作的语句块，称为"过程体"或"函数体"。参数列表、Private、Public、Exit Function 的含义与通用过程中的相同。"As 数据类型"确定了函数返回值的类型（缺省时，默认为 object 类型）。

（2）调用通用过程相当于执行一条语句，通用过程不返回值；而调用函数过程时，可以通过函数过程名返回一个值，因此可以像内部函数一样在表达式中使用。在函数过程体内通过"函数名=表达式"确定函数的返回值；也可以直接使用"Return 表达式"语句返回函数值，表达式的值就是函数过程的返回值。

（3）在函数过程体内，可以通过 Exit Function 语句，提前退出函数过程。

（4）可以使用建立通用过程的方法建立函数过程。

【例 8-2】编写一个计算三角形面积的函数，利用该函数计算多边形的面积，如图 8-5 所示。

分析：要计算多边形面积，可将有 n 条边的多边形分解成 n-2 个三角形，对每个三角形利用海伦公式求出面积，再相加计算总面积。

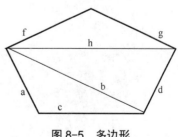

图 8-5　多边形

海伦公式：若三角形三边长度为 x、y、z，则 area=sqrt（L(L-x)(L-y)(L-z)）。

其中 L=(1/2)(x+y+z)

程序代码如下：

```
'定义函数 Area()，x,y,z 为形参，代表三角形的三边长
Function Area(ByVal x As Integer, ByVal y As Integer, ByVal z As Integer) As Double
    Dim l As Integer
    l=(x+y+z)/2
    Area=Math.Sqrt(l(l-x)(l-y)(l-y))
End Function
```

8.3.2　调用函数过程

函数过程的调用比较简单，因此可以像使用 VB.NET 的内部函数一样来调用函数过程。实际上,它与内部函数没有区别，只不过内部函数由语言系统提供，而函数过程由用户自己定义。

前面编写了求三角形面积的函数过程 Area( )，该函数的类型是 double，有 3 个整型参数,可以在下面的事件过程中调用该函数：

```
Private Sub Button1_Click(sender As Object, e As EventArgs) Handles Button1.Click
    Dim a, b, c, d, f, g, h As Integer
    Dim s1, s2, s3 As Double
    a=InputBox("请输入 a:")
    b=InputBox("请输入 b:")
    c=InputBox("请输入 c:")
    d=InputBox("请输入 d:")
    f=InputBox("请输入 f:")
    g=InputBox("请输入 g:")
    h=InputBox("请输入 h:")
    s1=Area(a, b, c)                   '调用函数，利用三角形三边计算三角形面积。
    s2=Area(b, d, h)
    s3=Area(f, h, g)
    MsgBox("多边形面积=" & (s1+s2+s3))
End Sub
```

上述事件过程中的 s1=Area(a,b,c)就是调用 Area( )函数过程的语句。调用时的参数分别为 a、b、c，a、b 和 c 由 InputBox( )函数输入得到。调用后的返回值放入变量 s1。

【例 8-3】编写程序，求 S!=a!+b!+c!,阶乘的计算分别用通用过程和 Function 过程两种方法来实现。

过程分别定义如下：

```
'用通用过程实现求 n!
Sub sum1(ByVal n As Integer, ByRef s As Integer)
    Dim i As Integer
    s=1
    For i=1 To n
        s=s*i
    Next
End Sub
'用 Function 过程实现求 n!
```

```
Function sum2(ByVal n As Integer) As Integer
    Dim i, s As Integer
    s=1
    For i=1 To n
        s=s*i
    Next
    Return s
End Function
Private Sub Button1_Click(sender As Object, e As EventArgs) Handles Button1.Click
    Dim a, b, c As Integer
    Dim s1, s2, s3, f1, f2 As Integer
    a=3
    b=4
    c=5
    sum1(a, s1)                        '调用通用过程 sum1，通过 s1 返回 a！
    sum1(b, s2)                        '调用通用过程 sum1，通过 s2 返回 b！
    sum1(c, s3)                        '调用通用过程 sum1，通过 s3 返回 c！
    f1=s1+s2+s3                        '求 a!+b!+c!
    f2=sum2(a)+sum2(b)+sum2(c)         '调用 Function 过程
    MsgBox("调用通用过程 f1= " & f1 & vbCrLf & "调用 Function 过程 f2=" & f2)
End Sub
```

分析：在解决某一问题时，要确认到底是使用通用过程还是函数过程。此时，只要抓住函数过程和通用过程的区别：（函数过程返回一个值，而通用过程不返回值）即可。

要将定义好的函数过程改为通用过程，只要将函数过程名改为通用过程的 ByRef 传地址形参，再增加一个通用过程名即可；反之要将通用过程改为函数过程，只要将 ByRef 传地址类型的一个形参改为函数过程名，并在函数过程体内对函数过程名赋值即可。

8.4 参 数 传 递

在调用一个过程时，一般主调过程与被调过程之间有数据传递，即将主调过程的实参传递给被调过程的形参，完成"实参"与"形参"的结合，然后执行被调过程体。被调过程执行结束时，形参的值是否返回给实参要取决于参数的传递方式。在 VB.NET 中，参数的传递有两种方式：按值传递和按地址传递。

8.4.1 形参和实参

形参是在 Sub、Function 过程的定义中出现在参数列表中的参数。在过程被调用之前，系统并未给形参分配内存，只是说明形参的类型和在过程中的作用。实参则是在调用 Sub 或 Function 过程时用到的常数、变量、表达式或数组。

形参表和实参表中对应的参数名可以不同，但实参和形参的个数、顺序以及数据类型必须相同，即"形参"与"实参"的结合是按照位置一一对应结合的。例如，定义过程：

```
Sub Mysub (byval t As Integer, byval s As String, byval y As Single)
```

调用过程：

```
Call Mysub(100, "computer", 1.5)
```

（1）第 1 个实参值(100)传递给第一个形参 t。

（2）第 2 个实参值("computer")传递给第二个形参 s。

（3）第 3 个实参值(1.5)传递给第三个形参 y。

8.4.2　传值与传地址

1. 传值

按值传递使用的关键字是 ByVal（可以省略），是指通过传值的方式把实参的值传递给形参。换句话说：传递的只是实际参数的值的一个副本。在被调过程中若形参的值发生了改变，也仅仅改变了形参的临时存储空间中的内容，而不会影响实参本身的值。一旦过程执行结束，返回主调过程时，形参占用的临时存储空间被释放，形参的值也就不存在了。

可见，按值传递参数是一种单向传递，即实参的值能够传给形参，但在被调过程中对形参的改变却无法影响到实参。为了保证数据传输的安全性，在 VB.NET 中默认的传递方式是按值传递。

2. 传地址

按地址传递使用的关键字是 ByRef，又称按引用传递，就是当调用一个过程时，把实参变量的内存地址传递给被调过程对应的形参，即形参与实参使用相同地址的内存单元，如果在被调过程中改变了该形参的值，也就改变了相应实参变量的值。

可见按地址传递是一种双向传递：在调用时，系统把实参的地址传给形参；在被调过程中，对形参值的改变也就是对实参值的改变。

【例 8-4】比较按值传递（ByVal）和按引用传递（ByRef）的区别。

过程分别定义如下：

```
Sub addnum1(ByVal x As Integer)      '声明传值参数通用过程
    x=x+5
End Sub
Sub addnum2(ByRef x As Integer)      '声明传地址参数通用过程
    x=x+5
End Sub
Private Sub Button1_Click(sender As Object, e As EventArgs) Handles Button1.Click
    Dim i As Integer
    i=10
    TextBox1.Text=i                  '输出 i 的值
    addnum1(i)                       '传按值调用过程 addnum1
    TextBox2.Text=i                  '输出 i 的值
    i=10
    addnum2(i)                       '传地址调用过程 addnum2
    TextBox3.Text=i                  '输出 i 的值
End Sub
```

程序运行结果如图 8-6 所示。

图 8-6 例 8-4 程序运行结果

调用过程 addnum1 和 addnum2 参数传递示意图如图 8-7 所示。

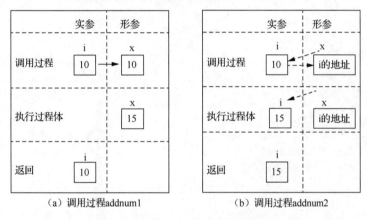

图 8-7 例 8-4 的参数传递示意图

在图 8-7 中，实线箭头表示在调用过程时形参、实参的传递：在图 8-7（a）中把实参 i 的值（10）传递给形参 x 对应的存储单元，在图 8-7（b）中传递的则是实参的地址。虚线箭头表示形参 x 对应的存储空间就是实参 i 的存储空间。

说明：

（1）在图 8-7（a）中可以看到，在调用过程 addnum1 时，把实参 i 的值传递给形参 x，类似于 x=i；在执行过程体 addnum1 时，过程体 addnum1 中对 x 的操作与实参 i 没有关系（从图中可以看到，在执行过程体 addnum1 中，没有变量 i）；在返回（或者是退出）过程 addnum1 时，addnum1 的形参 x 不存在了，所以它的结果（15）也就不存在了。

（2）在图 8-7（b）中可以看到，在调用过程 addnum2 时，把实参 i 的地址传递给形参 x；在执行过程体 addnum2 时，对形参 x 的操作实际上就是对实参 i 的操作（从图中可以看到，通过 x 访问到的是 i 的空间）；在返回（或者是退出）过程 addnum2 时，addnum2 的形参 x 不存在了，但在 addnum2 中对它（即对 i）的操作结果还是存在的。

8.4.3 数组作为函数的参数

【例 8-5】编写一个函数过程，用来求一维数组各元素的平均值，同时把数组中的元素倒序，编写程序验证该函数过程。

程序代码如下：

```
Private a(10) As Single                 '定义模块级实参数组，存放随机产生的数
Private Function Aver(b() As Single) As Single
    Dim i, n As Integer
    Aver=0
    n=UBound(b, 1)                      '获取形参数组的下标上界
    For i=0 To n
        Aver=Aver+b(i)
    Next i
    Aver=Aver/(n+1)
    For i=0 To n\2                      '把数组倒序
        Dim t As Single
        t=b(i)
        b(i)=b(n-i)
        b(n-i)=t
    Next i
End Function
Private Sub Button1_Click(sender As Object, e As EventArgs) Handles Button1.Click
    Dim i As Integer
    Randomize()                         '随机数初始化
    TextBox1.Text=""
    For i=0 To 10                       '用随机函数为实参数组元素赋值
        a(i)=Int(90*Rnd()+10)
        TextBox1.Text=TextBox1.Text & CStr(a(i)) & " "
    Next i
End Sub
Private Sub Button2_Click(sender As Object, e As EventArgs) Handles Button2.Click
    Dim temp As Single
    temp=Aver(a)
    TextBox2.Text=""
    For i=0 To UBound(a, 1)
        TextBox2.Text=TextBox2.Text & Str(a(i)) & " "
    Next i
    TextBox2.Text=TextBox2.Text+"平均值为: " & Str(temp)
End Sub
```

通过上例可以看到：

（1）形参是数组时，只需用数组名和后面的圆括号表示，不需要给出数组的上界，本例为 b( )；若二维以上的数组，每维用逗号分隔。在过程中使用 UBound( )函数确定每维的上界。

（2）在过程调用时，若实参是数组，只需给出数组名即可，后面不需加括号。

（3）当数组作为参数传递时，不管参数前是 ByVal 还是 ByRef，都将以传地址方式传送。因为系统实现时，是将实参数组的起始地址传给过程，使形参数组也具有与实参数组相同的起始地址，因此，形参与实参数组对应元素共享同一个存储单元，当改变了形参数组元素的值时，也就改变了实参数组对应元素的值。

8.4.4 传递方式的选择

对于参数传递的使用方式没有硬性规定，一般进行以下考虑。

（1）若要将被调过程中的结果返回给主调过程，则形参必须是传地址方式。这时实参必须是同类型的变量名（包括简单变量、数组名、结构类型等），不能是常量、表达式。

（2）若不希望被调过程修改实参的值，则选择传值方式，这样可以减少各个过程的关联，增加程序的可靠性并便于调试。因为在被调过程体内对形参的改变不会影响实参。

（3）如果形参是数组，则是地址传递。形参的改变都会修改实参。

（4）用 Function 过程可以通过过程名或 Return 语句返回值，但只能返回一个值；Sub 过程不能通过过程名返回值，但可以通过参数返回 1 个或多个值，这时被调过程的相应参数要用传地址方式。

8.5　变量的作用域

VB.NET 应用程序中进行数据处理离不开变量，变量可以在过程体中定义，也可以在窗体及标准模块的过程之外定义，在不同地方定义的变量能够被使用的程序段是不同的，能够使用某变量的程序段称为该变量的作用域。

根据变量作用域的不同可以把变量分为语句块级变量、局部变量、模块级变量和全局变量 4 类。

1. 语句块级变量

语句块是一个程序段，它通常指的是一个控制结构，例如 For…Next、If…End lf、Do…Loop、While…End While 等。在一个语句块中声明的变量称为语句块级变量，这类变量只能在所声明的语句块中使用，离开了本语句块将不能再使用。语句块级变量通常用 Dim 定义，例如：

```
Dim k As Integer=10              '模块级变量
Private Sub Button1_Click(sender As Object, e As EventArgs)_
Handles Button1.Click
    Dim a As Integer=100         '过程级变量
    If a>=10 Then
        Dim b As Integer    '语句块级变量
        b=a+k
        MsgBox(b)
    End If
    MsgBox(b)         '此句出错---显示b未声明
End Sub
```

2. 过程级变量（局部变量）

过程级变量是在过程（事件过程或通用过程）内声明的变量，也称局部变量，其作用域仅为定义它的过程，离开该过程，该变量将不能被使用。

局部变量可以用 Dim 或 Static 语句声明。用 Dim 定义的局部变量，每调用一次将重新初始化；而用 Static 定义的局部变量则称为静态变量，静态变量一旦定义就将在程序的整个运行期间占用固定的存储空间。如果在某个过程中定义了一个静态变量，则该过程被调用退出后，由于静态变量的存储空间没有释放（也就是说，数据没有丢失），下一次再调用该过程时，静态变量将保持上一次过程退出时的值，而不是初值。

【例 8-6】比较用 Dim 和 Static 所定义局部变量的不同。

程序代码如下：

```
Private Sub sta1(ByVal i As Integer)
    Static x As Integer=100           '定义静态变量
    Dim y As Integer=100
    Static str1 As String
    x=x+50                            'Static定义变量的值加50
    y=y+50                            'Dim定义变量的值加50
    str1=str1+"第" & i & "次调用后" & "x=" & x & "  y=" & y & vbCrLf
    Label1.Text=str1
End Sub
Private Sub Button1_Click(sender As Object, e As EventArgs) Handles Button1.Click
    Dim i As Integer
    For i=1 To 3                      '调用3次Sta1通用过程
        Call sta1(i)
    Next i
End Sub
```

程序的设计界面和运行结果分别如图 8-8、图 8-9 所示。

3. 模块级变量

在 Visual Basic.NET 中，窗体类（Form）、类（Class）、标准模块（Module）都称为模块。有时将窗体称为窗体模块，类称为类模块，Module 称为标准模块。模块级变量是指在模块内、任何过程外用 Private 或 Dim 定义的变量。其作用域是定义该变量的模块，在模块内的所有过程都可以引用它们，但其他模块不能访问这些变量。

如果在同一个窗体内的不同过程中想使用同一个变量，就可以在窗体层定义该变量。

图 8-8　程序设计界面

图 8-9　例 8-6 程序运行结果

4. 全局变量

全局变量是在窗体模块、标准模块和类的所有过程外用关键字 Public 或 Shared 定义的变量，其作用域为整个程序。全局变量定义后，本模块中的过程和同一项目中的所有模块中的过程均可以使用该变量。由于全局变量具有被同一项目中的所有模块中的所有过程共同使用的特点，所以可以使用全局变量在多模块、多过程之间进行数据传递。

全局变量所占用的内存空间在整个程序执行期间不会被释放，其内容（值）也不会重新初始化和消失。

8.6　递 归 过 程

简单地说，递归就是一个过程自己调用自己的现象。递归调用中，一个过程执行的某一步要用到它自身的上一步（或上几步）的结果。

VB.NET 的过程具有递归调用功能。递归调用在完成阶乘运算、级数运算、幂指数运算等方面特别有效。递归分为两种类型：一种是直接递归，即在过程中直接调用过程本身；另一种是间接递归，即间接地调用过程本身，例如第一过程调用第二个过程，第二个过程又调用第一个过程。VB.NET 支持上述两种类型的递归。

为理解递归的含义，下面通过一个例子说明 VB.NET 的递归操作。

【例 8-7】编写程序，计算 $n!$。

根据数学知识，负数的阶乘没有定义，0 的阶乘为 1，正数 n 的阶乘为：

$$N \times (n-1) \times (n-2) \times \ldots \times 2 \times 1$$

可以用下式表示：

$$n! = \begin{cases} 1 & ,n=1 \\ n(n-1)! & ,n>1 \end{cases}$$

利用此式，求 n 的阶乘可以转换为求 n $(n-1)!$，在 VB.NET 中，这种运算可以用递归过程实现。

程序代码如下：

```
Function Fac(ByVal N As Integer) As Double
    If N=1 Then
        Fac=1
    Else
        Fac=N*Fac(N-1)
    End If
End Function
Private Sub Button1_Click(sender As Object, e As EventArgs) Handles Button1.Click
    Dim num As Integer, r As Double
    num=InputBox("Enter a number from 1 to 20 ")
    r=Fac(num)
    MsgBox(Str(num) & "!=" & r)
End Sub
```

上述程序把输入限制在 1～20 范围内。因为如果输入值过大时，计算结果将产生溢出错误。

当输入的 num>0 时，把实参 num 的值传给被调过程 Fac 的形参 N，在执行 Fac 的过程中，通过语句 Fac = N * Fac(N - 1)，把实参 N-1 的值再传给被调过程 Fac 的形参 N，……这种操作一直持续到 N=1 时为止。例如，当 N=4 时，求 Fac(4) 的值变为求 4*Fac(3)；求 Fac(3) 变为求 3*Fac(2)；求 Fac(2) 变为求 2*Fac(1)；当 N=1 时，递归调用停止，进行回归操作，其执行结果为 4*3*2*1，程序运行结果为 24。计算过程如图 8-10 所示。

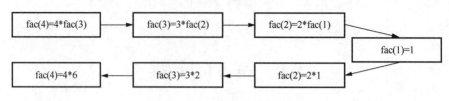

图 8-10 fac(4)的计算过程

从图 8-10 可以看出，递归调用过程可以分为"递推"和"回归"两个阶段，要经过许多步才能求出最后的值，所以，必须能找到实现"递推"和"回归"的递归计算公式，即递归链条；同时，递归过程不能无限制地进行下去，必须有一个结束递归过程的条件，即递归的基例。

递归链条：Fac = N * Fac(N - 1)。

递归基例：Fac = 1。

从程序设计的角度说，凡是能够给出递归计算公式和递归结束条件的，均可以用递归来实现，在递归过程中一般可用双向选择语句来实现：

```
If 递归结束条件 Then
    函数名=递归基例（终止值）| Retun(递归终止值)
Else
    函数名=递归链条| Retun（递归计算链条）
    End If
```

8.7 过程应用举例

【例 8-8】二分法猜数。由读者想好一个介于[1，10000]的整数 x，计算机猜一个数 y，用户根据 x 和 y 的关系做出提示：x>y、x=y 和 x<y。经过若干次猜数，计算机能猜到用户已想好的数。程序并显示猜数的次数。

思路如下：假定区间的下限是 low，上限是 high，则计算机每次猜的数是 low 和 high 的中间值，即 mid=(low+high)\2，也就是上面所说的 y。

若 mid>x，则说明 x 在前半部，应把 high 置为 mid-1 继续猜中间值，即 high=mid-1。

若 mid<x，则说明 x 在后半部，应把 low 置为 mid+1 继续猜中间值，即 low=为 mid+1。

若 mid=x，则成功。

程序代码如下：

```
Dim low=1, high=10000, cs=0, mid        '定义全局变量。
    Private Sub Button1_Click(sender As Object, e As EventArgs) Handles Button1.Click
        '让计算机猜数
        mid=(low+high)\2
        TextBox1.Text=mid
        RadioButton1.Checked=False
        RadioButton2.Checked=False
```

```
        RadioButton3.Checked=False
    End Sub
Private Sub RadioButton1_Click(sender As Object, e As EventArgs) Handles
    RadioButton1.Click
    '猜的数小了
    low=mid+1
    cs=cs+1
 End Sub
Private Sub RadioButton2_Click(sender As Object, e As EventArgs) Handles
    RadioButton2.Click
    '猜的数大了
    high=mid-1
    cs=cs+1
 End Sub
Private Sub RadioButton3_Click(sender As Object, e As EventArgs) Handles
    RadioButton3.Click
    '猜中了
    Label4.Text="你想的数是:"+Str(mid)+"。"+vbCrLf+"共猜了:"+Str(cs)+"次。"
End Sub
```

程序运行结果如图 8-11 所示。

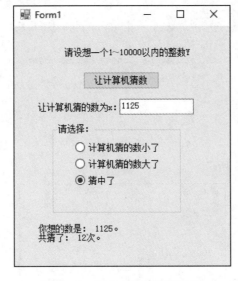

图 8-11 例 8-8 程序运行结果

说明：采用此方法计算机猜数的次数最多是 $\log_2^n+1$（其中的 n 表示区间中整数的个数）次，请读者分析原因。

【例 8-9】编写一个函数过程，用来实现将八进制数转换为等值的十进制数。

此题是利用把输入的一个八进制数当成一个数字字符串，然后按位权展开即可得到该数的十进制数值。程序界面如图 8-12 所示。

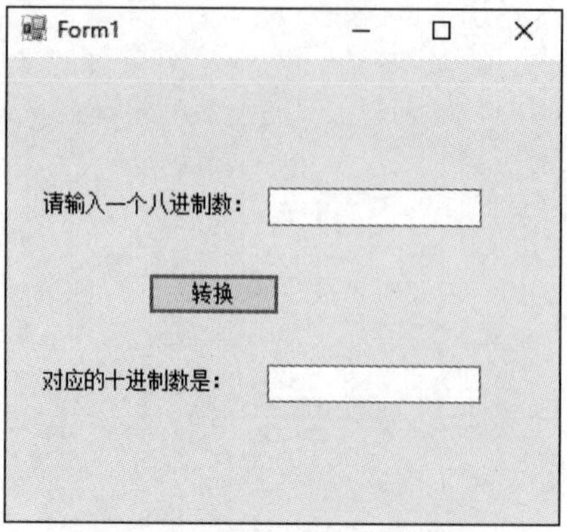

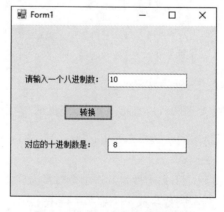

图 8-12　例 8-9 程序运行界面

程序代码如下：

```
Function readoctal(ByVal x As String) As Single
    Dim n, i, t, s As Integer
    s=0
    n=Len(x)                           '返回八进制数的长度
    For i=1 To n
        t=Val(Mid(x, i, 1))*8^(n-i)    '将八进制各位乘以位权
        s=s+t
    Next
    readoctal=s                        '返回计算结果
 End Function
 Private Sub Button1_Click(sender As Object, e As EventArgs) Handles Button1.Click
    Dim a As String, d As Single
    a=textbox1.text
    d=readoctal(a)
    TextBox2.Text=Str(d)
End Sub
```

程序运行结果如图 8-13 所示。

图 8-13　例 8-9 程序运行结果

【例 8-10】编写程序，计算 100 以内的所有孪生质数。质数是指除了 1 和该数本身，不能被

任何整数整除的数。(孪生质数是指两个质数的差值为 2，例如：3 和 5、5 和 7、11 和 13 就是 3 对孪生质数)

此题是先编写一个函数判断一个数 Num 是否为质数，然后在 Button1_Click 事件中调用该函数来判断相邻的两个奇数是否为质数。

程序代码如下：

```
Private Function Prime(ByVal Num As Integer) As Boolean
    Dim i As Integer
    For i=2 To Num-1
        If Num Mod i=0 Then Exit For
    Next i
    If i=Num Then
        Return True
    Else
        Return False
    End If
End Function
Private Sub Button1_Click(sender As Object, e As EventArgs) Handles Button1.Click
    Dim n As Integer=1                         '记录第几对孪生质数
    Dim i As Integer
    Label1.Text=""
    For i=3 To 97 Step 2
        If Prime(i) And Prime(i+2) Then        '调用过程判断 i 和 i+2 是否同时为质数
            Label1.Text=Label1.Text+"第"+CStr(n)+"对孪生质数是: " _
            +CStr(i)+","+CStr(i+2)+vbCrLf
            n=n+1
        End If
    Next i
    Label1.Text=Label1.Text+vbCrLf+"100 以内的孪生质数对数为" & Str(n)+"个。"
End Sub
```

程序运行结果如图 8-14 所示。

图 8-14 例 8-10 运行结果示意图

【例 8-11】编写程序，实现英语单词或短语的加密、解密操作。

程序设计界面如图 8-15 所示。

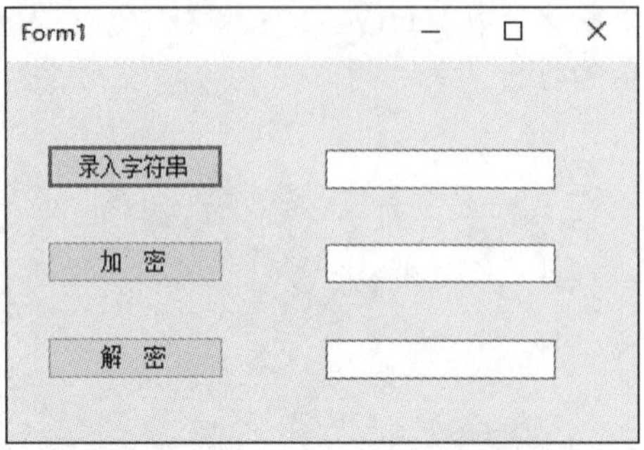

图 8-15　例 8-11 设计界面

加密、解密的基本原理是把英语单词或短语每个字符的 ASCII 码加上一个值（例如 1、2 等），使其变为另外一个字符。例如"Happy"，每个字符的 ASCII 码加上 2，变为"Jcrr{"，从而对原来的单词或短语"加密"。为了对加密后的单词或短语解密，应对加密后的单词或短语中各字符的 ASCII 码减去所加的值。例如，把"Jcrr{"每个字符的 ASCII 码减 2，即可恢复为原来的" Happy "。

根据以上分析，编写 2 个通用过程，分别执行加密、解密操作。

```vb
'声明模块级(窗体)变量
Dim str1 As String                  '原字符串
Dim str2 As String                  '加密后字符串
Dim str3 As String                  '解密后字符串
Function jiami(ByVal x As String) As String
    '加密操作函数过程
    Dim i, n As Integer
    Dim s1 As String, s2 As String, s3 As String   '声明过程级变量
    n=Len(x)
    s3=""
    For i=1 To n
        s1=Mid(x, i, 1)
        s2=Chr(Asc(s1)+2)
        s3=s3 & s2
    Next
    jiami=s3
End Function
Function jiemi(ByVal x As String) As String
    '解密操作函数过程
    Dim i, n As Integer
    Dim s1 As String, s2 As String, s3 As String   '声明过程级变量
    n=Len(x)
    s3=""
    For i=1 To n
        s1=Mid(x, i, 1)
        s2=Chr(Asc(s1)-2)
        s3=s3 & s2
    Next
```

```
        jiemi=s3
End Function
Private Sub Button1_Click(sender As Object, e As EventArgs) Handles Button1.Click
    '录入单词或短语的事件
    str1=TextBox1.Text
End Sub
Private Sub Button2_Click(sender As Object, e As EventArgs) Handles Button2.Click
    '加密事件过程
    str2=jiami(str1)                '调用加密函数过程
    TextBox2.Text=str2
End Sub
Private Sub Button3_Click(sender As Object, e As EventArgs) Handles Button3.Click
    '解密事件过程
    str3=jiemi(str2)                '调用解密函数过程
    TextBox3.Text=str3
End Sub
```

程序运行结果如图 8-16 所示。

图 8-16　例 8-11 程序运行结果

习　　题

一、选择题

1. 对于 VB.NET 语言的过程，下列叙述中正确的是（　　　）。

　　A. 过程的定义不能嵌套，但过程调用可以嵌套

　　B. 过程的定义可以嵌套，但过程调用不能嵌套

　　C. 过程的定义和调用都不能嵌套

　　D. 过程的定义和调用都可以嵌套

2. 有过程定义如下：

　　　　Private Sub fun(ByVal x As Integer,ByVal y As Integer,ByVal z As Integer)

则下列调用语句不正确的是（　　　）。

　　A. Call Fun(a,b,c)　　　　　　　　B. Call Fun(3,4,c)

　　C. Fun a,,5　　　　　　　　　　　　D. Fun(a,b,c)

3. 在过程中定义的变量，如果希望在离开该过程后，还能保存过程中局部变量的值就应该使用（   ）关键字在过程中定义局部变量。

    A. Dim   B. Private   C. Public   D. Static

4. 在过程内定义的变量（不在语句块中）为（   ）。

    A. 全局变量   B. 模块级变量   C. 局部变量   D. 静态变量

5. 下面语句合法的是（   ）。

    A. Function f1%(ByVal n%)   B. Function f1(n As Integer)%

    C. Sub s1(ByVal n%(10))   D. Sub S1%(n As Interger)

6. 设有如下说明：

```
Public Sub F1(ByRef n%)
    ...
    n=3 * n+4
    ...
End Sub
Private Sub Button1_Click (…) Handles Button1.Click
    Dim n%, m%
    n=3
    m=4
    ...
    '调用 F1 过程
    ...
End Sub
```

则在 Button1_Click 事件中有效的调用语句是（   ）。

    A. F1(n＋m)   B. F1(m)   C. F1(5)   D. F1(m,n)

7. 下面子过程语句说明最合理的是（   ）。

    A. Sub f1(ByVal n%( ))   B. Sub f1(ByRef n%) As Integer

    C. Function f1% (ByRef f1%)   D. Function f1(ByVal n%)

8. 要想从子过程调用后返回两个结果，下面子过程语句说明合法的是（   ）。

    A. Sub f2(ByVal n%, ByVal m%)   B. Sub f1(ByRef n%, ByVal m%)

    C. Sub f1(ByRef n%, ByRef m%)   D. Sub f1(ByVal n%, ByRef m%)

9. 在过程中定义的变量，若希望在离开该过程后还能保存过程中的局部变量的值，则应使用（   ）关键字在过程中定义过程级变量。

    A. Dim   B. Private   C. Public   D. Static

10. 下面过程运行后显示的结果是（   ）。

```
Sub F1(ByRef n As Integer, ByVal m As Integer)
    n=n Mod 10
    m=m\10
End Sub
Private Sub Button1_Click(…) Handles Button1_Click
    Dim x，y As Integer,
    x=12: y=34
    Call F1(x, y)
```

```
    MsgBox(x & " " & y)
End Sub
```

   A. 2, 34   B. 12, 34   C. 2 ,3   D. 12, 3

11. 如下程序，运行的结果是 (   )。

```
Private Sub Button1_Click(…) Handles Button1.Click
    MsgBox(p1(3.0,7))
End Sub
Function p1 (ByVal x As Single, ByVal n As Integer) As Double
    If n=0 Then
       p1=1
    Else
       If Mod 2=1 Then
         p1=x*p1(x, n\2)
       Else
         p1=p1(x, n\2)\x
       End If
    End If
End Function
```

   A. 18   B. 7   C. 14   D. 27

12. 如下程序，运行的结果是 (   )。

```
Dim a, b, c As Double
Sub p1(ByRef x As Integer, ByRef y As Integer)
    Dim c As Integer
    x=2*x
    y=y+2
    c=x+y
End Sub
Sub p2(ByRef x As Integer ByVal y As Integer)
    Dim c As Integer
    x=2*x
    y=y+2
    c=x+y
End Sub
Private Sub Button1_Click(…) Handles Button1.Click
    a=2: b=4: c=6
    Call p1=(a, b)
    MsgBox ("a=" & a &"b=" & b &"c="& c)
    Call p2(a, b)
    MsgBox ("a=" & a &"b=" & b &"c="& c)
End Sub
```

   A. a=2 b=4 c=6   B. a=4 b=6 c=10
       a=4 b=6 c=10   a=8 b=8 c=16
   C. a=4 b=6 c=6   D. a=4 b=6 c=14
       a=8 b=6 c=6   a=8 b=8 c=6

13. 如下程序，运行后各变量的值依次为（　　　　）。

```
Sub Proc (ByRef a As Integer)
Dim i As Integer
Do
    a(i)=a(i)+a(i+1)
    i=i+1
    Loop While i<2
End Sub
Private Sub Button1_Click(…) Handles Button1.Click
    Dim m%, i%, x%(10)
    For i=0 To 4
        x(i)=i+1
    Next i
    For i=1 To 2
        Call Proc(x)
    Next i
    For i=0 To 4
        MsgBox(x(i))
    Next i
    End Sub
```

A. 3 4 7 5 6   B. 3 5 7 4 5

C. 2 3 4 4 5   D. 4 5 6 7 8

二、填空题

1. 通用过程（子过程）与函数过程的最根本区别在于_____。

2. 在模块的所有过程之前定义了一个变量 a,在某过程 Func1 中又定义了一个变量 a，在 Func1 中给 a 赋值，实际上是给_____变量赋值。

3. 如下程序，运行显示的值是_____，函数过程的功能是_____。

```
Public Function f(ByVal n%, ByVal r%)
    If n<>0 Then
        f=f(n\r, r)
        MsgBox(n Mod r)
    End If
End Function
Private Sub Button1_Click(…) Handles Button1.Click
    MsgBoxf(f(100,8))
End Sub
```

4. 如下程序，运行显示的值是_____，函数过程的功能是_____。

```
Public Function f(ByVal m%, ByVal n%)
    Do While m<>n
        If m>n Then
            m=m-n
        Else
            n=n-m
        End If
    Loop
```

```
    f=m
End Function
Sub Button1_Click(…) Handles Button1_Click
    MsgBox(f(24,18))
End Sub
```

5. 两个质数的差为 2，称此对质数为质数对，下列程序是找出 100 以内的质数对，并成对显示结果。其中，函数 IsP( )判断参数 m 是否为质数。

```
Function IsP (ByVal m) As Boolean
    Dim i%
    _____
    For i=2 To Int(Math.Sqrt(m))
        If_____Then IsP=False
    Next i
End Function
Private Sub Button1_Click(…) Handles Button1.Click
    Dim i%, p1, pa As Boolean
    p1=IsP(3)
    For i=5 To 100 Step 2
        p2=IsP(i)
        If _____Then Label1.Text &=i-2 & " "& i
        p1 _____
    Next i
End Sub
```

6. 子过程 MoveStr( )是把字符数组移动 m 个位置。当 Tag 为 True，左移，则前 m 个字符移到字符数组尾，例如，abcdefghij 左移 3 个位置后，结果为 defghijabc；当 Tag 为 False，右移，则后 m 个字符移到字符数组前，如 abcdefghij 右移 3 个位置后，结果为 hijabcdefg。

子过程如下：

```
Public Sub MoveStr(ByRef a$(),ByVal m%, ByVal Tag As Boolean)
    Dim i%, j%, t$
    If _____ Then
        For i=1 To m
            _____
            For j=0 To _____
                a(j)=a(j+1)
            Next j
            _____
        Next i
    Else
        For i=1 To m
            _____
            For j=UBound(A) _____
            a(j)=a(j-1)
            Next j
            _____
        Next i
    End If
End Sub
```

7. 子过程 CountN 用来统计字符串中各数字字符（"0"~"9"）出现的个数；主调程序实现在 TextBox1 文本框输入的文本，每次单击"统计"按钮，调用该子过程，在 Label1 框中显示结果，运行界面如图 8-17 所示。

图 8-17　填空第 7 题运行结果

```
Private Sub Button1_Click(…) Handles Button1.Click
Dim n(9) As Integer ,i%
Call CountN(n,TextBox1.Text)
Label1.Text= ""
For i=0 To 9
    If n(i) Then
        Label1.Text &= "数字" & i & "出现了" & Str(n(i)) & "次" & vbCrLf
    End If
Next i
End Sub
Sub CountN(_____)
    Dim c As Char, i%, m%, j%
    For i=0 To 9
        num(i)=0
        Next i
    m=Len(s)
    For i=1 To m
        c=_____
        If c>= "0" And c<="9" Then
            j=Val(c)
            Num(j)=_____
        End If
    Next i
End Sub
```

8. 子过程 f(n,m,t) 对一个 4 位数的整数 n 进行判断：已知该整数 n,逆向排列获得另一个 4 位数 m，m 是它自身的倍数（2 倍以上），则 t 为 True 表示满足上述条件。主调程序调用该函数，显示 1000~9999 中所有满足该条件的数，结果如图 8-18 所示。

提示：根据一个数 n，逐一分离得到它的反序数 m，然后判断 m 是否为 n 的倍数。

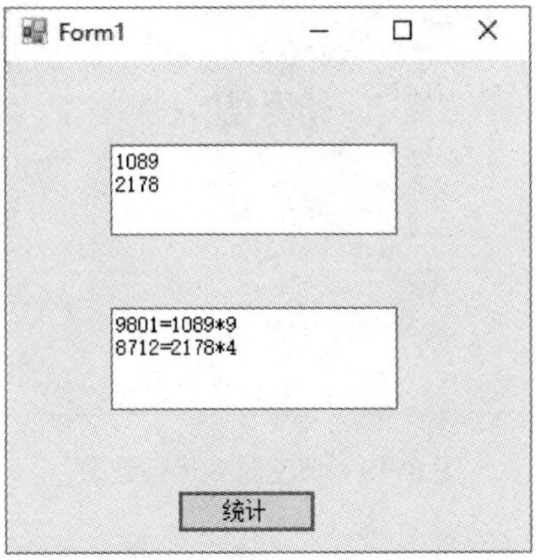

图 8-18 填空第 8 题运行结果

```
Sub f(ByVal n%, ByRef m%, ByRef  t  As Boolean)
    Dim i%
    t=False
    m=0
    i=n
    Do While i>0
        m= _____                    '求的 n 的逆序列
        i= _____
    Loop
    If m Mod n=0 And m\n>1 Then           '是否是倍数
        t=_____
    End If
End Sub
Private Sub Button1_Clink(…)  Handles Button1.Click
    Dim t As Boolean, i%, k%
    TextBox1.Text=""
    TextBox2.Text=""
    For i=1000 To 9999
      Call f( _____ )
      If t Then
        TextBox1.Text &=i& vbCrLf
        TextBox2. Text &=k & "="& i & "*"& k\i & vbCrLf
      End If
    Next
End Sub
```

9. 下列程序中的子过程 Mysplit（s,sAarry( )，n）用于实现函数 Split( )的功能（字符分离到数组），即将数字字符串 s 按分隔符 "，" 分离到 sArray 数组中，分离的个数为 n,主调程序将文本框输入的数字字符串进行分离，结果在 TextBox2 控件显示，如图 8-19 所示。

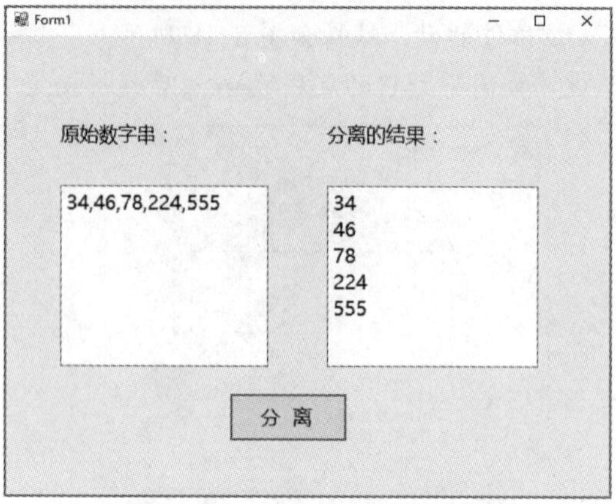

图 8-19 填空题 9 运行结果

```
Sub MySplit(ByVal str1 As String, ByRef sn() As Integer, ByRef n As Integer)
    Dim i%,j%,ch$
    i=0
    j=InStr(str1,",")
    Do While j>0
        sn(i)=Val_____
        str1=Mid(str1,j+1)
        i=i+1
        j=_____
    Loop
    sn(i)=Val(str1)
    n=_____
End Sub
Private Sub Button1_Clink(…)  Handles Button1.Click
    Dim str1 As String ,num(100) As Integer,n%,i%
    Str1=TextBox1.Text
    Call MySplit(Str1,num,n)
    TextBox2.Text= ""
    For i=0 To n
        TextBox2.Text &=num(i) & vbCrLf
    Next
End Sub
```

10. 以下过程将一个有序数组中重复出现的数进行删除，删得只剩一个。主调程序运行后结果如图 8-20 所示。解题思想是从数组最右边往左边两两比较，若相同，右边的数依次往左移，数组上界元素减 1，实现删除。

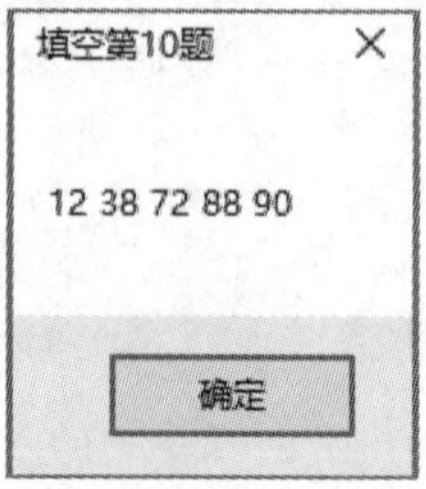

图 8-20 填空第 10 题运行结果

```
Sub p(_____)
    Dim m%,k%
    n=UBound(a)
    m=n
    Do While(_____)    '从右往左比较，压缩
        If a(m)=a(m-1) Then
            For k=_____
                a(k-1)=a(k)
```

```
            Next k
            n=_____
        End If
        m=_____
    Loop
    ReDim Preserve a(n)
End Sub
Sub Button1_Clink(…)  Handles Button1.Click
    Dim b() As Integer={12,38,38,72,72,88,88,90},i%, n%
    Label1.Text= ""
    Dim s as String
    Call p(b, n)
    For i=0 To n
        s &=b(i) & " "
    Next i
    Msgbox(s)
End Sub
```

三、编程题

1. 编写求 $\sum\limits_{i=1}^{n} i$ 的函数过程，调用此函数求以下表达式的值。

$$y=\frac{(1+2+3)+(1+2+3+4)+(1+2+3+4+5)}{(1+2+3+4+5+6)+(1+2+3+4+5+6+7)}$$

2. 编写程序，求当 X 分别为 1、3、5、7、9 时 Y_i 的值($Y_i = X + 3X^3 + 5X^5 + \dots + 11X^{11}$)，然后求出此 5 个数的平均值 S ($S=(Y_1+Y_2+Y_3+Y_4+Y_5)/5$)。

3. 设 $y=2x^2-x$，编写程序，计算当 $x=0.0$, 0.1, 0.2, 0.3, …, 0.9, 1.0 时的相应 y 值，只要求输出这 11 个 y 值的最大值与最小值。

4. 编写函数过程，求任意一个正整数各位数字之和。

5. 编写一个求 3 个数的最大值 Max 的过程。然后使用这个过程分别求 3 个数、5 个数和 7 个数中的最大值。

6. 编写函数过程，用下面公式计算 π 的近似值：

$$\frac{\pi}{4}=1-\frac{1}{3}+-\frac{1}{7}+\dots(-1)^{n-1}\frac{1}{2n-1}$$

然后在事件过程中调用该函数过程，并输出当 $n=100$、500、1000、5000 时 π 的近似值。

7. 分别编写通用过程和函数过程计算下列级数的和。

级数为： $1+x+\dfrac{x^2}{2!}+\dfrac{x^3}{3!}+\dfrac{x^4}{4!}+\dots=\sum\limits_{n=0}^{\infty}\dfrac{x^n}{n!}$ 　　精度为 $\left|\dfrac{x^n}{n!}\right|<10^{-5}$

说明：0!=1。

8. 有一个数列，其前三项分别为 1、2、3，从第四项开始，每项均为其相邻的前三项之和的 1/2，编写函数过程或通用过程，求该数列前 n 项的平均值。要求调用该过程，计算并输出 n=30 时前 n 项的平均值。

9. 斐波那契（Fibonacci）数列：该数列的第 1 项是 1，第 2 项是 1，以后各项都是前两项的和。试用递归算法和非递归算法各编写一个程序，求数列前 30 项中偶数项的平方根之和。

第 9 章 文　件

文件是程序设计中一个重要的概念。它是指存储在外部介质上的数据的集合，例如用 Word 或 Excel 编辑制作的一个文档或表格就是一个文件，把它存放到磁盘上就是一个磁盘文件，输出到打印机上就是一个打印机文件。通常情况下，计算机处理的大量数据都以文件的形式存放在外部介质（如磁盘）上，操作系统也是以文件为单位对数据进行管理的。如果想访问存放在外部介质上的数据，必须先按文件名找到所指定的文件，然后再从该文件中读取数据。要向外部介质存储数据也必须先建立一个文件（以文件名标识），才能向它输出数据。

VB.NET 具有非常强的文件处理能力，它除了提供传统的文件访问方式外，还增加了一个新功能——System.IO 对象模型。System.IO 对象模型提供了一个基于对象的工具来处理文件和文件夹，它包含的选项比操作文件、文件夹以及系统对象所需要的还要多。System.IO 对象模型所能实现的主要功能如下：

（1）使应用程序能够创建、改变、移动、重命名和删除文件及文件夹。

（2）设置并检索文件及文件夹的各种属性。检测是否存在指定的文件或文件夹，如果文件或文件夹存在，能指出该文件或文件夹在哪里，能使程序开发者获取关于文件或文件夹的信息，诸如名称、创建日期或最近修改日期等。

（3）读、写并添加字符串、二进制文件以及文本文件。

（4）读、写并添加网络流。

（5）观察文件系统的修改。

（6）在结构化存储器中读、写并添加数据和文件。

这些功能都通过 System.IO 对象模型中有效的抽象类来实现。

鉴于本书的读者对象，本章将主要介绍 VB.NET 中使用传统文件访问方式对于文件的操作。关于使用 System.IO 对象模型的方法，可参阅其他文献。

9.1　文件结构和文件分类

9.1.1　文件结构

为了有效地存取数据，数据必须以某种特定的方式存放，这种特定的方式称为文件结构。VB.NET 的数据文件由记录组成，记录由字段组成，字段由字符组成。

1. 字符

字符（Character）是构成文件的最基本元素，可以是数字、字母、特殊符号或单一字节。这里所说的"字符"一般为西文字符，一个西文字符用一个字节存放。如果为汉字字符，包括汉字和"全角"字符，通常用两个字节存放。一般把用一个字节存放的西文字符称为"半角"字符，把汉字和用两个字节存放的字符称为"全角"字符。

> **注意：** VB.NET 支持双字节字符，当计算字符串长度时，一个西文字符和一个汉字都作为一个字符计数，但它们所占的内存空间不同。例如，字符串"VB 程序设计"的长度为 6，所占的字节数为 10。

2．字段

字段（Field）也称域，由若干个字符组成，用来表示一项数据。

例如，姓名"李明"是一个字段，由 2 个汉字组成；学号 200201001 也是一个字段，它由 9 个字符组成。

3．记录

记录（Record）由一组相互关联的字段组成，是计算机处理数据的基本单位。

例如，在成绩单中，每一个同学的学号、姓名及各科成绩构成一条记录，表 9-1 所示为李明同学的成绩信息，它是成绩单文件中的一条记录。

表 9-1 记录

学号	姓名	高数	英语	物理	计算机	哲学	体育
200201001	李明	92	78	81	90	85	80

4．文件

文件（File）是记录的集合。例如，在成绩单文件中，有 200 个同学的成绩信息，每个同学的成绩信息是一条记录，200 个记录构成一个文件。

9.1.2 文件分类

根据不同的标准，文件可分为不同的类型。

1．根据数据性质，可分为程序文件和数据文件

（1）程序文件（Program File）：这种文件存放的是计算机可以执行的程序，包括源文件和可执行文件。

（2）数据文件（Data File）：数据文件用来存放普通的数据。例如，学生考试成绩、商品库存、职工工资等，它可以是供程序处理的输入数据，也可以是程序处理后的输出数据。

2．根据数据的存取方式和结构，可分为顺序文件和随机文件

（1）顺序文件（Sequential File）：顺序文件的结构比较简单，文件中的记录一条接一条地存放。顺序访问模式是专门用来处理文本文件的。文本文件中的每一行字符串就是一条记录，每一条记录可长可短，并且记录与记录之间是以"换行"字符为分隔符号。在这种文件中，要查找某个数据时，只能从文件头开始，一条记录一条记录地顺序读取，直至找到要查找的记录为止。

顺序文件的组织比较简单，只要把数据记录一个接一个地写到文件中即可。但其维护困难，为了修改文件中的某个记录，必须把整个文件读入内存，从第一条记录开始逐条读出记录，直到要修改的位置，修改后再重新写入磁盘。

顺序文件的主要优点是占用空间少，主要缺点是不能灵活地存取和增减数据，因而适用于有一定规律且不经常修改的数据。

（2）随机存取文件（Random Access File）：又称直接存取文件，简称随机文件或直接文件。随机文件中，每个记录的长度是固定的，记录中每个字段的长度也是固定的。此外，随机文件的每个记录都有一个记录号。在写入数据时，只要指定记录号，就可以把数据直接存入指定位置。而在读取数据时，只要给出记录号，就能直接读取该记录。在随机文件中，可以同时进行读、写操作，因而能快速直接地查找和修改每个记录。

随机文件的优点是数据的存取较为灵活、速度快、更新容易、操作方便，不足之处在于占用空间较大，数据组织较复杂。

3. 根据数据的编码方式，可以分为 ASCII 文件和二进制文件

（1）ASCII 文件：又称文本文件，它以 ASCII 方式保存文件。这种文件可以用字处理软件（例如记事本或写字板程序）建立和修改（必须按纯文本文件保存）。

（2）二进制文件（Binary File）：二进制文件是最原始的文件类型，它直接以二进制码保存文件，没有什么格式。二进制文件的存取是以字节数来定位数据，允许程序按所需的任何方式组织和访问数据，也允许对文件中各字节数据进行存取访问和改变。二进制文件不能用普通的字处理软件编辑，占用空间较小。

下面将介绍 VB.NET 所提供的按数据的存取方式和结构进行文件访问的模式：顺序文件和随机文件访问模式。

9.2　顺序文件操作方法

顺序文件访问模式的规则最简单，读出时从第一条记录"顺序"读到最后一条记录，写入时也一样，不可以在数据间随意跳转（例如读完第一条后直接读第三条）。

将数据写入顺序文件，通常有 3 个步骤：打开、写入和关闭。从顺序文件读数据到内存具有相似的步骤：打开、读出和关闭，只是打开文件函数 FileOpen( )中模式不同。

9.2.1　打开文件

在对文件进行操作之前，必须先打开文件，同时通知操作系统对文件是读操作还是写操作。打开文件函数 FileOpen( )的格式如下：

```
FileOpen(文件号，文件说明，OpenMode.模式[，OpenAccess.存取方式，OPenShare.共享方式，记录长度])
```

（1）文件号：文件号是一个整数。当打开一个文件并为它指定一个文件号后，该文件号就代表该文件，在其他输入、输出语句或函数中，均通过该文件号表示该文件，直到文件被关闭后，此文件号才可以再被其他文件使用。

（2）文件说明：对于磁盘文件来说，文件说明就是文件所在位置的说明，一般用"盘符+路径+文件名"来描述。

（3）打开模式，有以下 3 种形式：

① Output：打开一个文件，将从第一条记录开始对该文件进行写操作。

② Input：打开一个文件，将从第一条记录开始对该文件进行读操作。

③ Append：打开一个文件，将从该文件末尾开始追加记录。

（4）存取方式。在多用户或多进程环境中使用，用来限制其他用户或其他进程在打开文件时执行的操作。有以下 4 种形式（默认值为 Shared）：

① Shared：任何计算机上的任何进程都可以对该文件进行读、写操作。

② LockRead：不允许其他进程读该文件。

③ LockWrite：不允许其他进程写该文件。

④ LockReadWrite：不允许其他进程读、写该文件。

下面是打开文件的例子：

```
FileOpen(1, "d:\vb\test\score.dat", OpenMode.Output)
```

在指定的路径 d:\vb\test\下，建立（或建立并打开）一个新的数据文件 score.dat 作为 1 号文件，下面可以使用写语句从该文件的第一条记录开始写数据。如果 d:\vb\test\下文件 score.dat 不存在，系统则在 d:\vb\test\下创建并打开该文件；如果该文件已经存在，则打开该文件并把原来的数据清空；任何计算机上的任何进程都可以读取或写入该文件。

```
FileOpen(3, "d:\vb\test\score.dat" , OpenMode.Append, OpenShare.LockRead)
```

在指定的路径下，打开已存在的数据文件作为 3 号文件，将新写入的记录追加到原文件的后面，原来的数据记录依然存在；如果给定的文件名不存在，则建立一个新文件；其他进程无法读取该文件。

```
FileOpen(2, "score.dat" , OpenMode.Input, OpenShare.LockRead)
```

在当前盘的当前文件夹（默认路径）下，打开已存在的文件 score.dat 作为 2 号文件，以便从文件中读出记录；其他进程无法读取该文件。

> **注意**：执行此语句前，一定要确保文件存在，否则运行时将出错，提示找不到该文件。

在复杂的应用程序设计中，打开文件较多时，可以利用 FreeFile( )函数获得下一个可利用的文件号。特别是当在通用过程中使用文件时，用这个函数可以避免使用其他 Sub 或 Function 过程中正使用的文件号。利用该函数，可以把未使用的文件号赋给一个变量，用此变量作为文件号，不必知道具体的文件号是多少。

【例 9-1】使用 FreeFile( )函数。

程序代码如下：

```
Private Sub Button1_Click(sender As Object, e As EventArgs) Handles Button1.Click
    Dim filename As String
    Dim filenum As Integer
    filename=InputBox$("请输入要打开的文件名: ")
    filenum=FreeFile()
    FileOpen(filenum, filename, OpenMode.Output)
    MsgBox(filename+" opened as file #"+Str(filenum))
```

```
    FileClose(filenum)
End Sub
```

该过程把要打开的文件名赋给变量 Filename（从键盘输入），利用 FreeFile( )函数获得一个可以使用的文件号，并把该文件号赋给变量 Filenum，它们都出现在 FileOpen( )函数中。运行时，若在输入对话框中输入 test1.dat，单击"确定"按钮，程序将输出：

```
test1.dat opened as file #1
```

（5）记录长度：是一个小于或等于 32 767 B 的数字。打开顺序文件时，在把记录写入磁盘或从磁盘读出记录之前，用"记录长度"指定要装入缓冲区的字符数，即确定缓冲区的大小。缓冲区越大，占用内存空间越多，文件的输入、输出操作越快。反之，缓冲区越小，剩余的内存空间越大，文件的输入、输出操作越慢。

9.2.2　关闭文件

当结束各种读、写操作以后，必须将文件关闭，否则会造成数据丢失等现象。因为实际上写操作都是将数据送到内存缓冲区，关闭文件时才将缓冲区中的数据全部写入磁盘文件。关闭文件所用的是 FileClose( )函数，其格式如下：

```
FileClose( [文件号][,文件号]…)
```

例如，FileClose(1, 2, 3) 命令是关闭 1 号、2 号、3 号文件。
说明：
（1）FileClose( )函数用来关闭文件，它是在打开文件完成读、写之后必须进行的操作。关闭数据文件具有两方面的作用：第一，把文件缓冲区中的所有数据写到文件中；第二，释放与该文件相联系的文件号，以供其他 FileOpen( )函数使用。
（2）FileClose( )函数中的"文件号"是可选的。若指定了文件号，则把指定的文件关闭；如果未指定文件号，则把所有打开的文件全部关闭。
（3）除用 FileClose( )函数关闭文件外，系统也会在程序结束时关闭所有打开的文件。

9.2.3　写操作

将数据写入磁盘文件使用的函数有 Print( )、PrintLine( )、Write( )或 WriteLine( )。这 4 个函数的格式相同，其格式如下：

```
Print (文件号, [表达式表])
PrintLine (文件号, [表达式表])
Write (文件号, [表达式表])
WriteLine (文件号, [表达式表])
```

文件号是在 FileOpen( )函数中所用的文件号，表达式表是要写入文件中的零个或多个用逗号分隔的表达式。其中可以包含 SPC(n)函数，用于在输出中插入空格字符，其中 n 是要插入的空格字符数；也可以包含 TAB(n)函数，用于将插入点定位在某一绝对列号上，其中 n 是列号，使用不带参数的 TAB( )将插入点定位在下一打印区的起始位置。
关于这 4 个函数的区别，可以通过下面的两个例子说明。

【例 9-2】利用 Print( )和 PrintLine( )函数写数据文件。

程序代码如下：

```
Private Sub Button1_Click(sender As Object, e As EventArgs) Handles Button1.Click
    FileOpen(1, "d:\file1.txt", OpenMode.Output)        '打开文件以供写操作
    PrintLine(1, "12345678901234567890123456789012345678") '输出列号位置
    PrintLine(1, "Zone 1", TAB(), "Zone 2", TAB(), "Zone 3") '显示 3 个输出区的位置
    PrintLine(1, "a", "b", "c")                         '输出 3 个字符串
    PrintLine(1, "Hello", " ", "World")                 '输出 3 字符串，其中第 2 个是空格串
    PrintLine(1, "aaaaaaaaaaaaaaaaa", "b")              '输出 2 字符串
    PrintLine(1, 1, -2, 3.5)                            '输出 3 个整数
    Print(1, "This is a test.")                         '输出字符串
    PrintLine(1)                                        '换行
    PrintLine(1, SPC(5), "5 leading spaces ")           '行首空 5 个空格
    PrintLine(1, TAB(10), "Hello")                      '在第 10 列写字符串
    Dim aBool As Boolean                                '定义 Boolean 型数据
    aBool=False
    PrintLine(1, aBool, "is a Boolean value")
    FileClose(1)                                        '关闭文件
End Sub
```

程序段运行后，用记事本程序打开所生成的文件 file1.txt 的内容，如图 9-1 所示。

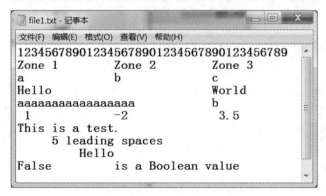

图 9-1　Print 与 PrintLine 写文件

说明：在输出文件中，数据是按照输出区的位置输出的。在此，每个输出区占 14 列，一个数据占一个输出区，左对齐，例如第 3 行和第 4 行。若一个数据太长，可占用一个以上的输出区，如第 5 行。正数在输出时前面加前导空格，如第 6 行。

【例 9-3】利用 Write( )和 WriteLine( )函数写数据文件（把例 9-2 中的 Print( )和 PrintLine( )分别换成 Write( )和 WriteLine( )）。

```
Private Sub Button1_Click(sender As Object, e As EventArgs) Handles Button1.Click
    FileOpen(1, "d:\file2.txt", OpenMode.Output)
    PrintLine(1, "12345678901234567890123456789012345678")
    WriteLine(1, "Zone 1", TAB(), "Zone 2", TAB(), "Zone 3")
    WriteLine(1, "a", "b", "c")
    WriteLine(1, "Hello", " ", "World")
    WriteLine(1, "aaaaaaaaaaaaaaaaa", "b")
```

```
    WriteLine(1, 1, -2, 3.5)
    Write(1, "This is a test.")
    WriteLine(1)
    WriteLine(1, SPC(5), "5 leading spaces ")
    WriteLine(1, TAB(10), "Hello")
    Dim aBool As Boolean
    aBool=False
    WriteLine(1, aBool, "is a Boolean value")
    FileClose(1)
End Sub
```

程序运行后，用记事本程序打开所生成的文件 file2.txt 的内容，如图 9-2 所示

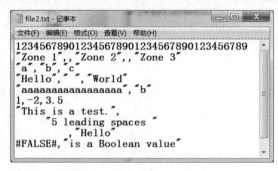

图 9-2　Write 与 WriteLine 写文件

从上面的两个例子中不难看出这 4 个函数的区别与联系：

（1）Print( )和 Write( )不换行；而 PrintLine( )和 WriteLine( )换行。

（2）对于 PrintLine( )和 WriteLine( )，如果省略输出项，则换行（把光标移到下一行的行首）；对于 Print( )和 Write( )，则没有输出。

（3）当将字符串写入文件时，Write( )函数自动在字符串两边加上引号，并在两输出项之间插入逗号；当写入数值时，也没有前导空格。Print( )函数中每个输出项将以制表符边界为准对齐，且不加入任何标点符号。

（4）对于 Boolean 数据，Print( )函数写入 True 和 False，Write( )函数写入#TRUE#和#FALSE#。

9.2.4　读操作

读顺序文件的操作常用以下 3 个函数：

1. Input( )函数

格式：

```
Input（文件号，变量）
```

使用该函数从文件中读出一个数据，并将读出的数据赋给指定的变量。为了能够用 Input( )函数将文件中的数据正确地读出，在数据写入文件时最好用 Write( )函数，而不是 Print( )函数，因为 Write( )函数可以确保将各个数据项正确分开。

2. LineInput( )函数

格式：

```
LineInput(文件号，字符串变量)
```

使用该函数可以从文件中读出一行数据，并将读出的数据赋给指定的字符串变量。读出的数据不包括回车换行符。

3．InputString( )函数

格式：

```
InputString(文件号, n)
```

该函数返回从指定文件中读出的 n 个字符的字符串。也就是说，它可以从数据文件读取指定数目的字符。与 Input( )函数不同，InputString( )函数返回它读取的所有字符，包括逗号、回车符、换行符、引号和前导空格等。

【例 9-4】用顺序访问模式创建一个学生数据文件（stulist.dat）（该文件位于 e 盘的根目录下），并在窗体上输出其内容。

在窗体上创建两个按钮：Button1，输入学生信息并写入文件；Button2，读出文件内容并输出到窗体中。在代码设计器中添加程序代码如下：

```
Private Sub Button1_Click(sender As Object, e As EventArgs) Handles Button1.Click
    Dim stname, num, addr As String
    Dim age, n, i As Integer
    FileOpen(1, "e:\stulist.dat", OpenMode.Output)
    n=InputBox("请输入人数:")
    For i=1 To n
        stname=InputBox("请输入第"+Str(i)+"个人的姓名: ")
        num=InputBox("请输入第"+Str(i)+"个人的学号: ")
        age=InputBox("请输入第"+Str(i)+"个人的年龄: ")
        addr=InputBox("请输入第"+Str(i)+"个人的籍贯: ")
        WriteLine(1, stname, num, age, addr)
    Next i
    FileClose(1)
End Sub
Private Sub Button2_Click(sender As Object, e As EventArgs) Handles Button2.Click
    Dim student As String
    Dim n, i As Int16
    FileOpen(1, "e:\stulist.dat", OpenMode.Input)
    Debug.WriteLine("")
    Debug.WriteLine(" 姓名    学号  年龄  籍贯")
    While Not EOF(1)
        student=LineInput(1)
        Debug.WriteLine(student)
    End While
    Debug.WriteLine("")
    FileClose(1)
End Sub
```

上例中的 EOF( )函数是测试文件是否到达结尾，其返回值为 True 或 False。使用 Debug 类的输出方法是将调试信息输出到输出窗口中显示。图 9-3 所示为运行时单击 Button 1 按钮输入 3 个同学的信息，再单击 Button2 按钮后在调试阶段的输出结果。

姓名	学号	年龄	籍贯
"廉莲",	"2019001",	21,	"山东济南"
"马啸",	"2019002",	23,	"江苏南京"
"任刚强",	"2019003",	22,	"浙江绍兴"

图 9-3　例 9-4 程序运行输出示例

【例 9-5】编写程序，在文件中查找指定的字符串。

为了在文件中查找指定的字符串，先输入要查找的字符串 q，接着打开文件，用 Input（文件号，x）逐个读出文件中的字段到字符串变量 x，再用 InStr（母字符串，子字符串）函数来查找 q 是否包含于 x，函数返回值是子字符串在母字符串中出现的首字符位置，若子字符串不包含于母字符串中，则返回值为 0。

程序代码如下（设要查找的文件为 d:\input.txt，且文件中已事先用字处理软件输入若干字符串）：

```
Private Sub Button1_Click(sender As Object, e As EventArgs) Handles Button1.Click
    Dim q, x As String
    Dim y As Integer
    q=InputBox("请输入要查找的字符串:")
    FileOpen(1, "d:\input.txt", OpenMode.Input)
    y=0
    While Not EOF(1) And y=0
        Input(1, x)
        y=InStr(x, q)
    End While
    If y<>0 Then
        MsgBox("找到" & q)
    Else
        MsgBox("未找到" & q)
    End If
    FileClose(1)
End Sub
```

9.2.5 几个重要的文件函数

1. Loc( )函数
格式：

```
Loc(文件号)
```

Loc( )函数返回由"文件号"指定的文件的当前读、写位置。

对于顺序文件，Loc( )函数返回的是从该文件被打开以来读或写的记录个数；对于随机文件，Loc( )函数返回读或写的最后一个记录的记录号，即当前读、写位置的上一个记录；对于二进制文件，Loc( )函数返回读或写的最后一个字节的位置。

2. LOF( )函数
格式：

```
LOF(文件号)
```

LOF( )函数返回文件的大小（以字节为单位）。

3. EOF( )函数
格式：

```
EOF(文件号)
```

EOF( )函数用来测试文件的当前读、写位置是否在文件的结尾，若在文件的结尾，返回 True，否则，返回 False。

利用 EOF( )函数，可以避免在读文件时出现"超出文件尾"的错误。因此，它是一个很有用的函数。

EOF( )函数常用在循环中测试是否已到文件尾，一般结构如下：

```
While Not EOF(1)
    '文件读、写语句
End While
```

【**例 9-6**】从顺序文件中依次读出 4 个字符，并输出。

程序代码如下：

```
Private Sub Button1_Click(sender As Object, e As EventArgs) Handles Button1.Click
    Dim FourChar As String
    FileOpen(1, "e:\file3.txt", OpenMode.Input)
    While Not EOF(1)
        FourChar=(InputString(1, 4))
        Debug.WriteLine(FouroChar)
    End While
    FileClose(1)
End Sub
```

假设文件 e:\file3.txt 中已有数据（见图 9-4），则执行本程序段后，程序输出结果如图 9-5 所示。

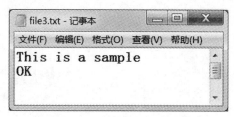

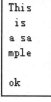

图 9-4 例 9-6 的数据文件   图 9-5 例 9-6 的输出结果

【**例 9-7**】已知数据文件 ch1.dat 的每个记录是一个由字母组成的字符串，如："absolute"。在此文件中查找从第 150 个记录到第 250 个记录间的最大的字符串，并向文件 t2.dat 输出查找结果和该字符串中的字符个数 n。

```
Private Sub Button1_Click(sender As Object, e As EventArgs) Handles Button1.Click
    Dim str1, str2 As String
    Dim i, n As Integer
    str1=" "
    i=0
    FileOpen(1, "d:\ch1.dat", OpenMode.Input)
    While Not EOF(1)
        Input(1, str2)
        i=i+1
        If (i>=150) And (i<=250) Then
            If str1<str2 Then
```

```
            str1=str2
        End If
    End If
End While
n=Len(str1)
FileClose(1)
Debug.WriteLine("最大的字符串: "+str1+"  其字符串个数:  "+Str(n))
FileOpen(2, "d:\t2.dat", OpenMode.Output)
WriteLine(2, str1, n)
FileClose(2)
End Sub
```

9.3 顺序文件操作举例

【例9-8】在文本文件 testf1.txt 中，从第一个数开始，每 4 个数为一组，第一个数为商场代号，其余 3 个数代表三类商品的营业额（万元）。编写程序，计算并向文件 t3.dat 输出所有商场第一类商品的总营业额 sum 和平均营业额 aver。

分析：在本程序中，读出数据时，应以每读出 4 个数据为一组，取出其中的第二个数据（即第一类商品的营业额）来计算平均值。

程序代码如下：

```
Private Sub Button1_Click(sender As Object, e As EventArgs) Handles Button1.Click
    Dim b, c, d, sum, aver As Single
    Dim a, n As Integer
    n=0 : sum=0
    FileOpen(1, "D:\testf1.txt", OpenMode.Input)     '打开源数据文件
    FileOpen(2, "D:\t3.dat", OpenMode.Output)        '打开目标数据文件
    '用到 EOF()函数，当文件没达到结尾时，每次读出四个数据，循环执行
    While Not EOF(1)
        Input(1, a)                  '读出商场代号，赋予变量 a
        Input(1, b)                  '读出第一类商品营业额，赋予变量 b
        Input(1, c)                  '读出第二类商品营业额，赋予变量 c
        Input(1, d)                  '读出第三类商品营业额，赋予变量 d
        sum=sum+b                    '第一类商品营业额累加求和
        n=n+1                        '用于计数商场个数
    End While
    aver=sum/n                       '求出第一类商品平均营业额
    MsgBox("总营业额为: "+Str(sum)+Chr(10)+"平均营业额为: "+Str(aver))
    Write(2, sum, aver)              '写数据到 2 号文件
    FileClose(1, 2)                  '关闭 1，2 号文件
End Sub
```

【例9-9】已知在正文文件 ch1.dat 中，每个记录的数据是有一个由字母组成的字符个数不多于 40 个的字符串，如"absolute"。统计在该文件中只有 10 个字符的字符串的个数 n1 和字符串的最后一个字符是 f 的字符串的个数 n2，并将统计结果存入文本文件 t4.dat 中。

本例中要用到以下两个字符串操作函数：

（1）Len( )函数。

格式：

```
Len（字符串）
```

返回一个整型数值，是该字符串的长度。

（2）Mid( )函数。

格式：

```
Mid（字符串，m，n）
```

返回该字符串中从第 m 个字符位置开始的 n 个字符的字符串。

程序代码如下：

```
Private Sub Button1_Click(sender As Object, e As EventArgs) Handles Button1.Click
    Dim str1, str2 As String
    Dim n1, n2, i As Integer
    n1=0
    n2=0
    FileOpen(1, " D:\ch1.dat", OpenMode.Input)
    While Not EOF(1)                      '当文件没达到结尾时，重复以下操作
        Input(1, str1)                    '读出一个数据赋予字符型变量 str1
        i=Len(str1)                '求出 str1 的长度
        '若 str1 不是空串时，再进行是否满足题意的判断，否则回到循环开始
        If (i<>0) Then
            If (i=10) Then
                n1=n1+1
            End If
            str2=Mid$(str1, i, 1)    '求出最后一个字符
            If (str2="f") Then
                n2=n2+1
            End If
        End If
    End While
    FileClose(1)
    MsgBox("在该文件中只有 4 个字符的字符串的个数 n1="+Str(n1))
    MsgBox("字符串的最后一个字符是 f 的字符串的个数 n2="+Str(n2))
    FileOpen(2, " D:\t4.dat", OpenMode.Output)
    WriteLine(2, n1)
    WriteLine(2, n2)
    FileClose(2)
End Sub
```

【例 9-10】已知在数据文件 t1.txt 中，每个记录（即每行）只有一个实数，试把该文件中从第 100 个数开始（包括第 100 个数）的 225 个数顺序按行读入到一个 15×15 的二维数组中，计算并向文件 t5.dat 中输出数组中上三角形元素值〔含主对角线元素值〕之和 s 与该数组每列和数中的最大值 mx。

分析：根据顺序文件的特点，要读出第 100 个数，必须先读出前 99 个数。因此，程序中先使用一个 For 循环执行 99 次读数据操作，尽管读出的数据没有参与任何运算，但这是要读出第 100 个数必不可少的前提。

程序代码如下：

```
Dim a(14, 14), s_col(14) As Double
Dim i, j, n As Integer
Dim s, mx, t As Double
Dim str1 As String
n=0
FileOpen(1, "D:\t1.txt", OpenMode.Input)
For i=1 To 99
    Input(1, t)
Next
For i=0 To 14
    For j=0 To 14
        Input(1, a(i, j))
    Next j
Next i
FileClose(1)
s=0
For i=0 To 14
    For j=0 To 14
        If (i<=j) Then
            s=s+a(i, j)
        End If
    Next
Next
MsgBox("数组中上三角形元素值〔含主对角线元素值〕之和 S="+Str(s))
str1=""
For i=0 To 14
    s_col(i)=0
    For j=0 To 14
        s_col(i)=s_col(i)+a(j, i)
    Next
    str1=str1+CStr(s_col(i))+Chr(13)+Chr(10)
Next
mx=s_col(0)
For i=0 To 14
    If (mx<s_col(i)) Then
        mx=s_col(i)
    End If
Next
MsgBox("每列和的值分别是: "+vbCrLf+str1+vbCrLf+"最大值 MX="+Str(mx))
FileOpen(2, "D: \t5.dat", OpenMode.Output)
WriteLine(2, s)
WriteLine(2, mx)
FileClose(2)
```

本例中使用 For 循环读数据是建立在数据文件不会到达文件结尾的基础上，即事先知道文件中的数据量大于要读出的数据量，否则要使用 While 循环和 Eof( )函数来保证读操作不会超出文件结尾。

【例 9-11】编写程序，从数据文件 data1.dat 中读出数据，对数据进行排序，然后写入另一个数据文件 data2.dat。

为了显示运行情况，设计窗体界面如图 9-6 所示。窗体上设计 3 个按钮控件：Botton1、Botton2 和 Botton3，其 Text 属性分别为"读文件"、"排序"和"写文件"，添加 2 个文本框控件：TextBox1 和 TextBox2，其 Multiline 属性均设置为 True，即多行显示输出文本。

数据文件 data1.dat 假设已用记事本输入完毕，且内容如图 9-7 所示，其中第一个数据表示数据个数，后面是要处理的数据。

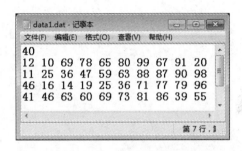

图 9-6 例 9-11 的窗体设计　　　　　图 9-7 例 9-11 的数据源文件

有关排序算法，在前面章节中已学过多种，本例采用冒泡排序算法。由于要对读入的多个数据进行排序，所以定义一个全局整型可变数组 arr_data( )，用于读入数据，并进行排序，并且定义一个整型变量 n ，用以存储要处理的数据个数。这两个变量应该在窗体模块中定义。

程序代码如下：

```
Dim arr_data() As Integer          '在窗体模块中定义可变数组
Dim n As Integer
Private Sub Button1_Click(sender As Object, e As EventArgs) Handles Button1.Click
    Dim i As Integer
    Dim str1 As String
    str1=""
    FileOpen(1, "d:\file\data1.dat", OpenMode.Input)
    Input(1, n)                    '读出第一个数据，即数据个数，赋给窗体级变量 n
    ReDim arr_data(n-1)            '重定义可变数组上限为 n-1
    For i=0 To n-1                 '逐个读出数据到数组元素中
        Input(1, arr_data(i))
        str1=str1+Str(arr_data(i))+" "
        If (i+1) Mod 10=0 Then str1=str1+Chr(13)+Chr(10)
        '将数组元素连接为 10 个一行的字符串
    Next
    TextBox1.Text=str1             '将原始数据在 TextBox1 中输出
    FileClose(1)
End Sub
Private Sub Button2_Click(sender As Object, e As EventArgs) Handles Button2.Click
    Dim i, j, temp, p As Integer
    Dim str2 As String
    str2=""
    p=1                            '冒泡排序
```

```
    While p=1
        p=0
        For i=0 To n-2
            If arr_data(i)>arr_data(i+1) Then
                temp=arr_data(i)
                arr_data(i)=arr_data(i+1)
                arr_data(i+1)=temp
                p=1
            End If
        Next
    End While
    For i=0 To n-1
        str2=str2+Str(arr_data(i))+" "
        If (i+1) Mod 10=0 Then str2=str2+Chr(13)+Chr(10)
    Next
    TextBox2.Text=str2                    '将排序后数据在 TextBox2 中输出
End Sub
Private Sub Button3_Click(sender As Object, e As EventArgs) Handles Button3.Click
    Dim i As Integer
    FileOpen(2, "d:\file\data2.dat", OpenMode.Output)
    For i=0 To n-1                        '将排序后数据逐个写入 2 号文件
        If (i+1) Mod 5>0 Then             '每行 5 个数据
            Write(2, arr_data(i))
        Else
            WriteLine(2, arr_data(i))
        End If
    Next
    FileClose(2)
    MsgBox("排序后的数据已以每行 5 列的形式写入 data2.dat 文件！")
End Sub
```

程序运行后，窗体上的输出结果如图 9-8 所示。

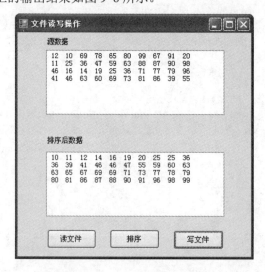

图 9-8　例 9-12 的窗体输出

单击"写文件"按钮后，弹出如图 9-9 所示提示框。所写入的数据在 data2.dat 文件中以每行 5 列的形式存储，如图 9-10 所示。

图 9-9　例 9-2 提示消息

图 9-10　例 9-11 的输出文件

习　　题

1. System.IO 模型有哪几方面的应用？

2. 按照访问模式，可以把文件分为哪几类？各有什么特点？

3. 写顺序文件的 4 个函数 Print( )、PrintLine( )、Write( )和 WriteLine( )分别有什么区别和联系？

4. 读顺序文件的 3 个函数 Input( )、LineInput( )和 InputString( )有什么不同？

5. 已知在顺序数据文件 da1.dat 中，每个记录有两项数据组成：第一项为一个整数表示学生的学号，第二项为一个实数表示学生的成绩，试计算并向文件 t2.dat 输出全部学生的平均成绩 V 与 90 分以上（含 90 分）的学生人数 N。

提示：数据文件 da1.dat 要自己事先创建。

6. 已知在顺序数据文件 da1.dat 中，每个记录有两项数据组成：第一项为一个整数表示学生的学号，第二项为一个实数表示学生的成绩，编程将该文件中 50 个学生的学号与成绩分别赋给整型数组 num 和实型数组 grade，计算并输出第 11～20 名学生的平均成绩。

7. 计算 90°～180°之间每间隔 5°（含边界）的正弦值，并将它们写到文件 sinout.txt 中；然后从该文件中读出这些数据显示在屏幕上。（提示：弧度=度数×π/180）

8. data.dat 中存储了 10 个整型数据，将这 10 个整型数据中的能够被 2 和 3 整除的数据输出到 result.dat 中。

提示：数据文件 data.dat 要自己事先创建。

9. data01.dat 存放的是一系列整型数据，求 data01.dat 中的最大 10 个数的和的立方根（先求 3 个数的和再求立方根），求得的结果显示在屏幕上，并且将最大的 10 个数与所求得的结果输出到 result.dat 中。

提示：数据文件 data01.dat 要事先创建。

10. 设计一个演讲比赛记分系统，要求：

（1）使用结构记录选手的相关信息。

（2）使用结构数组。

（3）对选手的成绩进行排序并输出结果。

（4）利用文件记录初赛结果，在复赛时将其从文件中读入程序，累加到复赛成绩中。

（5）将比赛最终结果写入文件中。

提 高 部 分

第⑩章　Windows 高级界面设计

　　界面是人机交互的重要环节，是应用程序的重要组成部分。编写应用程序就是首先设计一个美观、简单、易用的界面，然后编写各控件的事件过程。

　　前几章介绍了常用的控件，如 Label、TextBox、Button 等，还介绍了 InputBox( )函数和 MsgBox( )函数，用所述的控件可以设计一些简单的应用程序界面。但在有些情况下，这样的控件可能无法满足实际需要，如在窗体上设计菜单栏、状态栏和比较复杂的对话框等。此外，单一的窗体往往不能满足较复杂应用程序的需要，需要使用多重窗体来实现。利用文档界面，在一个包容式窗体中可以包含多个窗体，极大地丰富了应用程序的界面，本章主要讨论 Windows 高级界面设计。

10.1　界面设计的原则

　　VB.NET 的出现，更加简化了 Windows 程序界面的设计工作，只需要极少量的代码，就能实现标准 Windows 应用程序的界面。但是，如果不了解 Windows 程序界面设计的原则，或者不熟悉 VB.NET 下界面编程的技巧，就难以设计和实现既符合一般标准又具有特色的界面。界面设计具有一般性的原则：

　　1. 界面简明

　　一个很容易操作的界面，可以吸引用户，而且在没有帮助的情况下，用户可以快速掌握应用程序的功能，也达到了方便用户的目的。

　　2. 界面一致性

　　界面要具有一致性，一致的外观可以在应用软件中创造一种和谐的氛围，看上去非常协调。例如，窗体图标的一致性、控件样式选择的一致性、色彩搭配的一致性，以及程序中不同窗口样式的一致性，在菜单和联机帮助中必须使用相同的术语；对话框必须具有相同的风格等。

　　3. 合理使用颜色、图标

　　在界面设计上使用颜色可以美化界面，增强视觉感染力，但是在选择颜色时应尽量采用一些柔和的、中性保守的颜色，避免强烈的色彩给用户产生视觉压力。

　　图标也可以曾强应用程序的视觉效果，形象地表达程序的功能。在使用图标时，应该参考其他应用程序的使用习惯，避免使用上的混乱。另外，在界面设计中，应尽量使用简单的 16 色深度的图像，以提高应用程序的兼容性。

4．快捷键

常用操作的使用频度大，为了减少操作的繁复，通常设有快捷建。例如，为文件的常用操作（如打开、存盘、另存等）设置快捷键。使常用操作具有捷径，不仅可会提高用户的工作效率，还可使界面在功能实现上简洁、高效。

5．提供反馈

对操作人员的重要操作不仅要有信息反馈，还应该提供简单的错误提示信息。系统要有错误处理的功能，在出现错误时，系统应该能检测出错误，并且提供简单和容易理解的错误处理功能。错误出现后系统的状态不发生变化，或者系统要提供错误恢复的指导。

10.2 "菜单和工具栏"控件组设计

大多数应用程序界面都提供了菜单栏、工具栏和状态栏。这些工具使得界面简洁大方，使用方便，而且提供相应的应用程序信息。在图 10-1 中可以看到，该应用程序共有 13 个菜单。以"格式"菜单为例，菜单中包含菜单项、分隔线、快捷键和级联菜单。在菜单栏下方既是由一组图标组成的工具栏；在最下方的一行是状态栏，提供了一些文档的信息。

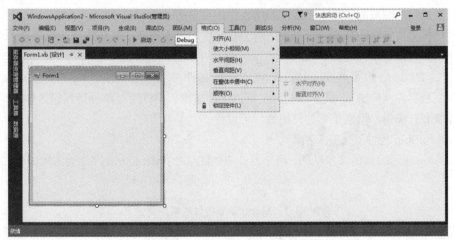

图 10-1　VB.NET 2013 菜单栏

在 VB.NET 2013 工具箱中，将该类控件作为一组列出，这组控件主要包括指针、ContextMenuStrip、MenuStrip、StatusStrip、ToolStrip 和 ToolStripContainer 六个控件，如图 10-2 所示。

10.2.1　菜单栏设计

菜单有两个基本作用：一是提供人机对话的界面，以便让用户选择应用程序的各种功能；二是管理应用程序，控制各种功能模块的运行。菜单设计的优良，可以使界面简洁美观，使用户使用方便，并且可避免由于误操作带来的严重后果。

图 10-2　菜单和工具栏控件组

菜单栏的设计原则：

（1）要选用广而浅的菜单树，而不是窄而深的菜单树。

（2）根据菜单选项的含义进行分组，并且按一定的规则排序。菜单选项的标题要力求简短、含义明确，并且最好以关键词开始。

在 VB.NET 2013 中菜单控件主要有 MenuStrip 控件和 ContextMenuStrip 控件。MenuStrip 控件支持多文档界面（MDI）、菜单合并、工具提示和溢出。可以通过添加访问键、快捷键、选中标记、图像和分隔条，增强菜单的可用性和可读性。

1. MenuStrip 控件

MenuStrip 表示窗体的菜单结构，用来设计下拉式菜单。MenuStrip 控件的常用属性如表 10-1 所示。

表 10-1　MenuStrip 控件的常用属性

属　　性	作　　用
Name	标识属性，指示代码中用来引用该控件的名称
Enabled	指示是否启用该控件，默认属性为 True
Items	在 ToolStrip 上的项的集合。该属性是一个集合编辑器，可通过其添加菜单项 MenuItem

（1）设计菜单项 MenuItem

新建一个项目，在窗体上添加一个 MenuStrip 控件，如图 10-3 所示。MenuStrip 控件不会在窗体上显示，而是显示在窗体设计区域下面的一个独立面板上。在窗体上显示的是可视化菜单设计器。菜单设计器是窗体菜单栏上带阴影的长条形区域。在该区域上有文字"请在此处键入"，将鼠标移至该处，单击出现的下拉按钮，出现如图 10-4 所示的添加选项。

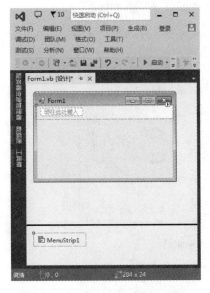

图 10-3　添加 MenuStrip 控件

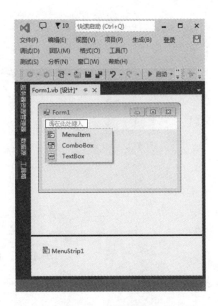

图 10-4　添加选项

在图 10-4 所示的添加选项中，可以在菜单中添加菜单项 MenuItem，组合框 ComboBox 和文本框 TextBox，默认选项为 MenuStrip。还可以通过右击，弹出如图 10-5 所示的快捷菜单，选择"插入"命令，可以插入 MenuItem、ComboBox 和 TextBox 三种控件。

单击"请在此处键入"即可添加菜单项（MenuItem），如图 10-6 所示。

以上是在可视化编辑器中设置菜单项（MenuItem），还可以通过 MenuStrip 控件的 Items 属性来添加菜单项（MenuItem）。打开 Items 属性的集合编辑器，如图 10-7 所示。

在 VB.NET 2013 中，允许在菜单项中添加子菜单，最多可达 5 级，每个菜单项都可以响应用户的处理。

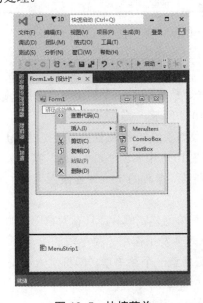

图 10-5　快捷菜单

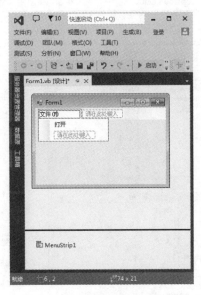

图 10-6　添加菜单项

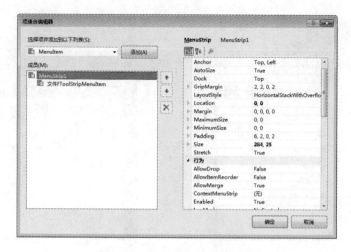

图 10-7　Items 项集合编辑器

（2）MenuItem 的主要属，如表 10-2 所示。

表 10-2　MenuItem 的主要属性

属　　性	作　　用
Name	标识属性，指示代码中用来引用该控件的名称
Text	显示的文本
Checked	指示控件是否处于选中状态
Enabled	指示是否启用该控件，默认属性为 True
ShortcutKeys	与菜单项关联的快捷键
ShowShortcutKeys	指示是否在该项上显示关联的快捷键
Image	在菜单项上显示图像
DropDownItems	用于添加该菜单项（MenuItem）的子菜单（ToolStripItem）

图 10-8　ShortCutKeys 属性设置

（3）给 MenuItem 添加快捷键（ShortCutKeys）：

方法一：利用 ShortCutKeys 属性。

选中需要添加快捷键的某个菜单项，然后在属性栏中选择 ShortCutKeys 属性，在打开的对话框中选择"修饰符"和"键"，如图 10-8 所示。

方法二：在菜单项的 Text 属性中对快捷键加上"&"符号。如果要使图 10-6 中所示"文件（F）"菜单关联快捷键（Alt+F），则将该菜单项的 Text 属性改为"文件（&F）"即可。

（4）事件：菜单创建完成后，只有为它们添加了事件过程，菜单命令才会发生作用。菜单项的唯一事件就是 Click 事件，双击任意一个菜单项，即可进入该菜单项的 Click 事件的编写过程中。

2. ContextMenuStrip 控件

ContextMenuStrip 控件用来设计右键弹出的快捷菜单。

一个窗体只有一个 MenuStrip 控件，但可以有多个 ContextMenuStrip 控件。

ContextMenuStrip 控件的属性、方法和事件过程的设置与 MenuStrip 控件的完全相同，这里不做重复介绍。

> **注意**：若要使程序运行后在某一控件上右击能够弹出快捷菜单，需要将这一控件的 ContextMenuStrip 属性设置为需要关联的 ContextMenuStrip 控件。

【例 10-1】记事本——菜单设计。

（1）新建一个项目，在窗体上添加一个 MenuStrip 控件，添加菜单项如图 10-9 和图 10-10 所示。

图 10-9　"文件"菜单

图 10-10　"编辑"菜单

（2）在窗体上添加一个 RichTextBox 控件，调整其大小以适应窗体的大小。

（3）对各个菜单项的属性进行设置。如表 10-3 所示。

表 10-3　菜单项属性设置

菜 单 项	属　　性	属 性 值	菜 单 项	属　　性	属 性 值
文件	Name	FileMenu	编辑	Name	EditMenu
	Text	文件（&F）		Text	编辑（&E）
新建	Name	FileNew	字体	Name	EditFont
	ShortcutKeys	Ctrl+N		ShortcutKeys	Ctrl+F
打开	Name	FileOpen	撤销	Name	Editz
	ShortcutKeys	Ctrl+N		ShortcutKeys	Ctrl+Z
保存	Name	FileSave	剪切	Name	Editcut
	ShortcutKeys	Ctrl+S		ShortcutKeys	Ctrl+X
颜色	Name	FileColor	复制	Name	Editcopy
	ShortcutKeys	Ctrl+P		ShortcutKeys	Ctrl+C
退出	Name	Filequit	粘贴	Name	Editpaste
	Text	退出（&Q）		ShortcutKeys	Ctrl+V

续表

菜 单 项	属 性	属 性 值	菜 单 项	属 性	属 性 值
			删除	Name	Editdel
				ShortcutKeys	Ctrl+D
			全选	Name	Editall
				ShortcutKeys	Ctrl+A

更改 Name 属性较为烦琐，但是为了后续代码编写简便，这里做了以上更改。属性值设置完成后，界面如图 10-11 和图 10-12 所示。

图 10-11　修改后的"文件"菜单

图 10-12　修改后的"编辑"菜单

（4）在窗体上添加一个 ContextMenuStrip 控件，设置如图 10-13 所示的右键弹出菜单。

图 10-13　设置右键弹出菜单

（5）编写部分菜单项的程序代码。代码如下：

```
Private Sub filequit_Click(…) Handles filequit.Click
    Me.Close()                          '"退出"菜单项功能: 结束程序运行
End Sub
Private Sub editZ_Click(…) Handles editZ.Click
    RichTextBox1.Undo()                 '"撤销"菜单项功能: 撤销上一步操作
End Sub
Private Sub editcut_Click(…) Handles editcut.Click
```

```
        RichTextBox1.Cut()              '剪切"菜单项功能: 剪切选中的文本
    End Sub
    Private Sub editcopy_Click(…) Handles editcopy.Click
        RichTextBox1.Copy()             '复制"菜单项功能: 复制选中的文本
    End Sub
    Private Sub editpaste_Click(…) Handles editpaste.Click
        RichTextBox1.Paste()            '粘贴"菜单项功能: 粘贴选中的文本
    End Sub
    Private Sub editdel_Click(…) Handles editdel.Click
        RichTextBox1.SelectedText=""     '"删除"菜单项功能: 清除选中文本
    End Sub
    Private Sub editall_Click(…) Handles editall.Click
        RichTextBox1.SelectAll()        '"全选"菜单项功能: 选中所有文本
End Sub
```

（6）编写 ContextMenuStrip1 各个菜单项 Click 事件的代码，这里不再叙述。

（7）将 RichTextBox1 的 ContextMenuStrip 属性设为 ContextMenuStrip1。

10.2.2　工具栏设计

在应用程序中，通常会将常用的选项以图标的形式放在工具栏里，省去在多级菜单中查找命令的烦琐，方便用户操作程序。图 10-14 所示为 VB.NET 2013 工具栏。

图 10-14　VB.NET 2013 工具栏

在 VB.NET 2013 中工具栏控件既是 ToolStrip 控件。ToolStrip 控件功能强大、使用方便。ToolStrip 控件是一个控件容器，它包含了 ToolStripButton 按钮控件、ToolStripLabel 标签控件、TolStripButton 下拉按钮控件、ToolStripComboBox 组合框控件、ToolStripProgress 进度条控件、ToolStripTextBox 文本框控件和 ToolStripSplit 分隔线控件等。这些子控件都是 ToolStrip 控件的 Items 属性中的成员。

1. ToolStrip 控件常用属性

ToolStrip 控件的常用属性如表 10-4 所示。

表 10-4　ToolStrip 控件的常用属性

属　　性	作　　用
Name	指示代码中引用该控件的名称
Items	设置工具栏上子控件的集合
ContextMenuStrip	设置工具栏所关联的右键弹出菜单
TextDirection	设置文本的显示方向

2. 添加子控件

在窗体上添加一个 ToolStrip 控件，单击其右侧的下拉按钮，就可以选择要在工具栏上添加的子控件，如图 10-15 所示。

图 10-15 工具栏控件菜单

也可以利用 ToolStrip 控件的 Items 属性添加子控件，如图 10-16 所示。

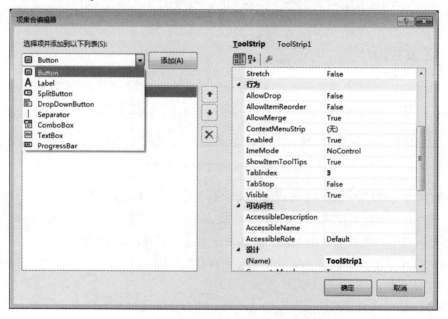

图 10-16 ToolStrip 控件 Items 项集合编辑器

3．事件

ToolStrip 控件的常用事件是 ItemClick 事件。单击 ToolStrip 控件时，触发 ToolStrip 的 ItemClick 事件。如果单击 ToolStrip 中的子控件，则会触发子控件的相应事件。例如，单击 ToolStrip 上的按钮时，将触发按钮的 Click 事件。

10.2.3 状态栏设计

状态栏控件（StatusStrip），用于显示应用程序的信息和状态，一般位于窗体的底部。
Word 状态栏如图 10-17 所示。

页面: 9/28 ｜ 字数: 1/11,054 ｜ ✍ ｜ 英语(美国) ｜ 插入　　　　　　　　　　100% ⊖ ⚪ ⊕

图 10-17　Word 状态栏

StatusStrip 控件和 ToolStrip 控件一样，也是由一些子控件组成的容器。在窗体上添加了 StatusStrip 控件后，单击其下拉按钮，可以选择子控件，如图 10-18 所示。也可以通过 Items 属性的项集合编辑器添加。

状态栏的主要作用是显示信息，所以一般不对其事件过程进行代码编写。通常是在其他控件的事件过程中改变 StatusStrip 控件的 Text 属性。

图 10-18　StatusStrip 控件子控件

【例 10-2】记事本——工具栏设计。

（1）在例 10-1 的基础上添加一个 ToolStrip 控件。在其上添加 7 个 ToolStripButton 子控件。分别对应 "打开"、"保存"、"复制"、"粘贴"、"剪切"、"撤销" 和 "删除" 7 个菜单项。为这 7 个 ToolStripButton 子控件的 Image 属性添加图像，如图 10-19 所示。也可以给相应的菜单项添加图标。

图 10-19　工具栏图标

（2）编写 ToolStripButton 的 click 事件代码。

以工具栏上的 "复制" 按钮为例，"复制" 按钮是 ToolStripButton3，对应的是菜单中的 "复制" 功能。所以，其 Click 事件代码如下：

```
Private Sub ToolStripButton3_Click (…) Handles ToolStripButton3.Click
    editcopy_Click(sender,e)              '调用了 editcopy_Click 事件过程
End Sub
```

调用事件过程使得减少了代码编写量，而且程序容易被理解，其他事件代码省略。

（3）在窗体上添加状态栏 StatusStrip。添加两个 StatusLabel 子控件，StatusLabel Text 属性改为 "就绪"。StatusLabel2 的 Text 属性改为日期。

（4）编写 Form1_Load 事件过程。在 Form1 的 Load 事件中将 StatusLabel2 的 Text 属性值更改为当前日期和时间，如图 10-20 所示。代码如下：

```
Private Sub Form1_Load(…) Handles MyBase.Load
    ToolStripStatusLabel2.Text=Now
End Sub
```

图 10-20　状态栏信息

通过例 10-1 和例 10-2 已将记事本的功能完成了一部分。在菜单项中，"打开"、"保存"、"字体" 和 "颜色" 的功能还未实现，要实现上述 4 种功能，需要借助于对话框控件，将在 6.6 节进行介绍。

10.3　MDI 窗 体

MDI（Multiple Document Interface）即多文档界面，目前大多数应用程序都采用了 MDI 界面。例如，Microsoft Office 中的 Excel、Adobe Photoshop 等都采用了 MDI 界面。它由一个 "父窗体" 和多个 "子窗体" 组成。

10.3.1　MDI 的相关概念

多文档界面允许用户在单个容器中产生多个文档，这个容器即是父窗体。父窗体一般用于做应用程序的主窗口，为所有的子窗体提供操作空间。子窗体被限制在父窗体区域内，父窗体有标题栏和工具栏。

10.3.2　MDI 的属性、方法和事件

1. 属性

（1）IsMdiContainer 属性：设置本窗体是否为 MDI 窗体。属性值为 Boolean 类型，默认值为 False。

（2）MdiParent 属性：指定本窗体的父窗体。此属性不能在属性窗口中设置，只能在程序中动态设置。格式为：窗体名称.MdiParent=父窗体名称。例如，在一个项目中有两个窗体，Form1 和 Form2。要将 Form1 指定为 Form2 的父窗体，语句如下：

```
Dim F2 as New Form2()
F2.MdiParent=Me
```

（3）IsMdiChild 属性：用于判断一个窗体是否为 MDI 子窗体。在程序运行过程中可以读取该属性的属性值，但属性值不能被改变，是一个只读属性。

（4）ActiveMdiChild 属性：用于获取当前的活动 MDI 子窗体，可以用它确定应用程序中是否有打开的 MDI 子窗体。如果当前没有活动的子窗体，则返回空引用（Nothing）。

2．方法

窗体的方法 LayoutMdi 可以用来在 MDI 窗体中，按照不同的方式排列其中的 MDI 子窗体或图标。其枚举值如表 10-5 所示。

表 10-5　MdiLayout 枚举值

枚 举 值	说 明
ArrangIcons	当 Mdi 子窗体被最小化为图标后，会使图标在父窗体底部重新排列。
Cascade	子窗体排列方式为"层叠"
TileHorizontal	子窗体排列方式为"水平平铺"
TileVertical	子窗体排列方式为"垂直平铺"

3．事件

MDI 窗体的事件是 MdiChildActivate 事件，当激活或关闭一个 MDI 子窗体时将发生该事件。

【例 10-3】图片浏览器应用。

图片浏览器的功能是可以打开 JPG、GIF、BMP 三种格式的图片，当打开多个图片时，可以按照 3 种方式浏览所有的图片："层叠"、"水平平铺"和"垂直平铺"。

VB.NET 中新建一个 Windows 应用程序。

（1）将窗体 Form1 的 Text 属性值改为"图片浏览器"，将 IsMdiContainer 属性值改为 True。此时 Form1 就被设置为了父窗体。

（2）在窗体上添加一个 MenuStrip 控件，制作如图 10-21 所示菜单。菜单的制作过程可参考例 10-1，这里不再重复。

（3）添加子窗体。在 VB.NET 中选择"项目"菜单，选择"添加 Windows 窗体"命令。打开如图 10-22 所示对话框。在对话框中，"类别"选择 Windows Forms，"模板"选择"Windows 窗体"，然后单击"添加"按钮。Form2 的功能是用来显示图片。

（a）菜单一

（b）菜单二

（c）菜单三

图 10-21　图片浏览器菜单

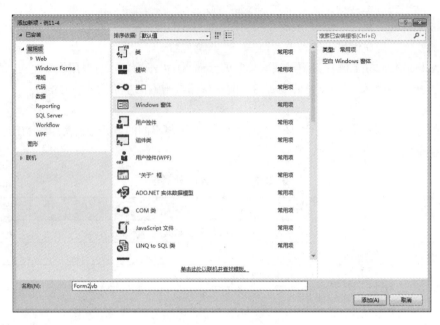

图 10-22　添加窗体

（4）在 Form2 上添加一个 PictureBox 控件。将 PictureBox 控件的 Dock 属性设置为 Fill，使 PictureBox 填满整个 Form2；Modifiers 属性值设为 Public，使得 Form2 可以被主窗体访问到；SizeMode 属性设置为 StretchImage。

（5）定义两个全局变量

```
Dim Filter  As Integer        'Filter 为 OpenFileDialog 筛选器计数
Dim count As Integer          'count 是打开图片数量
```

（6）编写 Form1_load 事件。

在 Form1_load 事件中给两个全局变量赋初值。代码如下：

```
Private Sub Form1_Load(…) Handles MyBase.Load
    Filter=-1
    count=0
End Sub
```

（7）为"打开"菜单项的 Click 事件编写代码,要求实现打开多个图片。代码如下：

```
Private Sub 打开 OToolStripMenuItem_Click(…) Handles 打开 OToolStripMenuItem.Click
    OpenFileDialog1.Filter="Image Files(jpeg,GIf,Bmp)|*.jpg;*.gif;*.bmp|All
        files(*.*)|*.*"
     '设置 OpenFileDialog 对话框打开文件类型
    If Filter <> -1 Then
        OpenFileDialog1.FilterIndex=Filter
    End If
    If OpenFileDialog1.ShowDialog=DialogResult.OK Then
        Dim filename As String              '定义一个变量用于记录文件名
        filename=OpenFileDialog1.FileName   '获取文件名
        If filename.Length<>0 Then
            Filter=OpenFileDialog1.FilterIndex
            Try
```

```
                        Dim img As New Bitmap(filename)   '定义了一个 Bitmap 成员
                        Dim Ftemp As New Form2            '定义了一个 Form2 成员
                        Ftemp.MdiParent=Me                '定义该窗体的父窗体
                        Ftemp.WindowState=FormWindowState.Maximized
                        '初始化窗体尺寸
                        Ftemp.PictureBox1.Image=img
                        '获取图片
                        Ftemp.AutoScroll=True
                        Ftemp.Text=filename
                        count=count+1
                        Ftemp.Show()
                        '显示子窗体
                    Catch
                    MessageBox.Show(String.Format("{0}is not a valid image file", filename),
                        "error", MessageBoxButtons.OK, MessageBoxIcon.Exclamation)
                        '利用 MessageBox 弹出一些提示信息
                    End Try
                End If
            End If
End Sub
```

（8）为"退出"菜单项的 Click 事件编写代码。代码如下：

```
Private Sub 退出ToolStripMenuItem_Click(…) Handles 退出ToolStripMenuItem.Click
    Me.Close()
End Sub
```

（9）为"层叠"菜单项的 Click 事件编写代码。代码如下：

```
Private Sub 层叠ToolStripMenuItem_Click(…) Handles 层叠ToolStripMenuItem.Click
    Me.LayoutMdi(MdiLayout.Cascade)
End Sub
```

（10）为"水平平铺"菜单项的 Click 事件编写代码。代码如下：

```
Private Sub 水平平铺ToolStripMenuItem_Click(…)
    Handles 水平平铺ToolStripMenuItem.Click
    Me.LayoutMdi(MdiLayout.TileHorizontal)
End Sub
```

（11）为"垂直平铺"菜单项的 Click 事件编写代码。代码如下：

```
Private Sub 垂直平铺ToolStripMenuItem_Click(…)
    Handles 垂直平铺ToolStripMenuItem.Click
    Me.LayoutMdi(MdiLayout.TileVertical)
End Sub
```

（12）为"关于"菜单项的 Click 事件编写代码。"关于"的功能是显示一些版本信息等。代码如下：

```
Private Sub 关于ToolStripMenuItem_Click(…) Handles 关于ToolStripMenuItem.Click
    MsgBox("图片浏览器 1.0 版")
End Sub
```

（13）运行效果。打开三幅图片。层叠窗口如图 10-23 所示。水平平铺效果如图 10-24 所示，垂直平铺效果如图 10-25 所示。

如果打开四幅图片，水平平铺窗口如图 10-26 所示。

图 10-23　层叠窗口　　　　　　　　　　图 10-24　水平平铺窗口

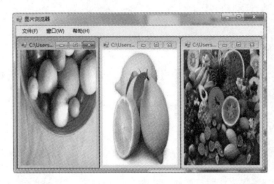 

图 10-25　垂直平铺窗口　　　　　　　　图 10-26　四幅图片水平平铺窗口

关于窗口如图 10-27 所示。

图 10-27　关于窗口

10.4　容器类控件

容器类控件相当于一个容器，可以容纳其他控件，同时自身也是控件。窗体本身就是控件的容器，此外像分组控件 GroupBox、Panel、TabControl 都是容器类控件。单选按钮一定要放在分组控件里，才能保证几个单选按钮成为一组，而单选按钮只有成为一组，才能保证其中只有一个可以被选中。几个复选框、一组有关系的按钮，通常也放在一个分组控件中。

　　只要把某控件拖动到分组控件中，这个控件就属于该分组控件；把某控件挪动到分组控件以外，该控件就不属于该分组控件。

10.4.1　分组框控件 GroupBox

　　GroupBox 控件也是一个分组（容器）控件，用于将屏幕上的对象分组。它可以把不同的对象放在一个分组框中，并提供标题栏，造成视觉上的区分。

　　分组框的属性包括 Enabled、Font、Height、Left、Top、Visible、Width。此外，Name 属性用于在程序代码中标识一个分组框，而 Text 属性定义了分组框的可见文字部分。

　　对于分组框来说，通常把 Enabled 属性设为 True，这样才能保证分组框内的对象是"活动"的。如果把分组框的 Enabled 属性设为 False，则其标题会变灰，分组框中的所有对象均被屏蔽。

　　使用分组框时，既可以先画出分组框，然后在分组框内画出需要成为一组的控件，也可以先画一组控件，后画分组框，再把这组控件逐个移到分组框中而成为一组。这样就使分组框内的控件与分组框成为一个整体，可以和分组框一起移动。

　　移动分组框控件时，必须先把它激活，然后把鼠标光标移到边框上，使光标变为十字箭头，此时即可按住鼠标左键将其拖动。

　　分组框常用的事件是 Click 和 DblClick，它不接受用户输入，不能显示文本和图形，也不能与图形相连。

　　当窗体上有多个单选按钮时，如果选择其中的一个，其他单选按钮自动关闭。当需要在同一个窗体上建立几组相互独立的单选按钮时，必须通过分组框将单选按钮分组，使得在一个分组框内的单选按钮为一组，每个分组框内的单选按钮的操作不影响其他组的单选按钮。

　　【例 10-4】编写一个"选举投票"程序。参加选举的人对候选人投票，程序统计每个候选人的票数，并输出投票结果。

　　在窗体上画 3 个分组框，在第一个分组框内加入 3 个单选按钮，在第二个分组框内加入 3 个命令按钮，在第三个分组框内加入一个文本框，并把该文本框的 MultiLine 属性设为 True，界面如图 10-28 所示。

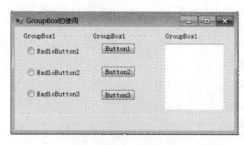

图 10-28　窗体设计

程序代码如下：

```
Dim num_z, num_l, num_w As Integer    '窗体层变量，分别表示 3 个人的票数
Private Sub Form1_Load(sender As Object, e As EventArgs) Handles MyBase.Load
    Me.Text="选举投票"              '初始化各控件的 Text 属性，Me 代表窗体本身
    GroupBox1.Text="候选人"
    GroupBox2.Text="操作"
```

```
        GroupBox3.Text="显示结果"
        RadioButton1.Text="王小英"
        RadioButton2.Text="张媛媛"
        RadioButton3.Text="张扬伊明"
        Button1.Text="投票"
        Button2.Text="显示结果"
        Button3.Text="退出"
        TextBox1.Text=""
        num_z=0                          '变量初始化
        num_l=0
        num_w=0
End Sub
Private Sub Button1_Click(sender As Object, e As EventArgs) Handles Button1.Click
        If RadioButton1.Checked Then
            num_z=num_z+1
        End If
        If RadioButton2.Checked Then
            num_l=num_l+1
        End If
        If RadioButton3.Checked Then
            num_w=num_w+1
        End If
End Sub
Private Sub Button2_Click(sender As Object, e As EventArgs) Handles Button.Click
        Dim cl As String=Chr(13) & Chr(10)
        Dim S As String="选择结果: " & cl
        S=S & cl & RadioButton1.Text & Str(num_z) & "票"
        S=S & cl & RadioButton2.Text & Str(num_l) & "票"
        S=S & cl & RadioButton3.Text & Str(num_w) & "票"
        TextBox1.Text=S
End Sub
Private Sub Button3_Click(sender As Object, e As EventArgs) Handles Button3.Click
        Close()
End Sub
```

Button1_Click 事件对每个候选人分别计票，Button2_Click 事件根据计票的情况在文本框中显示选举结果。程序运行后，在"候选人"框中选择要投票的候选人，然后单击"操作"框中的"投票"按钮，即可为该候选人计票。投票结束后，单击"显示结果"按钮，即可在文本框中显示选举结果。程序运行结果如图 10-29 所示。

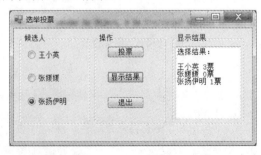

图 10-29　投票选举程序的运行结果

10.4.2　分组面板控件 Panel

面板控件 Panel 是最简单的分组控件，没有标题，边框（BorderStyle）有 3 种样式，如图 10-30 所示，从左到右分别是无边框（None）、简单边框（FixedSingle）和立体边框（Fixed3D）。为了与边框样式配合，Panel 控件中按钮的 FlatStyle 属性也分别使用了 Standard、Flat、Popup 三种属性值。

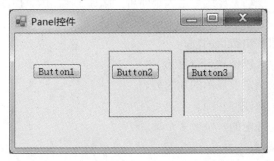

图 10-30　Panel 控件 BorderStyle 的三种样式

10.4.3　选项卡控件 TabControl

选项卡控件 TabControl 用来把控件分在几个带标签的选项卡中，可以通过单击标签在不同的选项卡之间切换。

在窗体中加入 TabControl 控件后，可以设置 TabControl 控件的 Dock 属性为 Fill（中间对齐），这样 TabControl 控件可以填满整个窗口。

TabControl 控件一个很重要的属性是 TabPages，属性值是一个集合，包含了 TabControl 控件中的每个选项卡。可以单击 TabPages 属性右边的"…"按钮，在打开的窗口中单击"添加"或者"移除"按钮来增删选项卡。也可以在选中 TabControl 控件以后，单击右上方的黑色三角"▶"，在打开的窗口中有两个链接："添加选项卡"和"移除选项卡"，直接单击也可以增删选项卡。使用选项卡的 Text 属性设置选项卡的标签名。

图 10-31 所示为一个使用 TabControl 控件的窗口。因为要使用单选按钮，所以在每一个选项卡的内部使用了一个 GroupBox 控件。

图 10-31　使用 TabControl 控件的窗口

10.5　列表类控件

在 VB.NET 中提供了一类列表控件，可以为用户提供若干个选项供用户选择或进行其他操作。以下主要介绍列表类控件 ListBox、CheckedListBox 以及 ComboBox 的常用属性和使用方法。

10.5.1　ListBox 控件

ListBox 控件也称列表框控件，用于显示一个选项列表，用户可以从中选择一项或者多项。

如果选项总数超出可以显示的项数，则自动向 ListBox 控件添加滚动条。当 MultiColumn 属性设置为 True 时，列表框以多列形式显示选项，并且会出现一个水平滚动条。当 ScrollAlwaysVisible 设置为 True 时，无论项数多少都将显示滚动条。

要在窗体上创建一个列表框，可以单击工具箱中的 ListBox 图标，将鼠标指针移到窗体的适当位置，按住鼠标左键，拖动鼠标到合适大小即可。添加了 ListBox 控件后，可以对其执行下列操作：

（1）设置控件以显示特定数目的项。

（2）设置控件的大小（以像素为单位）。

（3）使用数据绑定来指定要显示的项的列表。

（4）确定选定了哪个项或哪些项。

（5）以编程方式指定选定的一个或多个项。

1．ListBox 控件的属性

（1）Items 属性：Items 是一个集合属性，用来设置列表框中显示的内容。既可以在设计时通过"属性"窗口中的 Items 属性进行 Listbox 选项的添加，也可以在程序中用语句进行选项的添加。当然也可以从中删除项或清除集合等。

单击 Items 属性项右侧带有 3 个小黑点的按钮，将会打开一个字符串集合编辑器，将相应的选项内容输入到字符串集合编辑器中，每输入一个选项按一下【Enter】键换行，如图 10-32 所示。

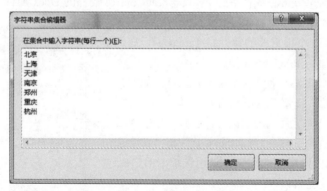

图 10-32　字符串集合编辑器

全部选项输入完毕后，单击"确定"按钮关闭。如果项目总数超出可以显示的项数，则自动向 Listbox 控件添加滚动条。添加过选项之后的 Listbox 控件如图 10-33 所示。

图 10-33　添加选项后的 ListBox 控件

（2）SelectionMode 属性：该属性设置在列表框中选择项目的方式，有 4 个可选值：One、None、MultiSimple、MultiExtended。含义如下：

① One：一次只能选择一项，不接受多项选择。此时如果再选择了第二项，则第一项的选定自动取消。

② None：用户不能在列表中选择任何一项。

③ MultiSimple：单击或按空格键将选择或撤销选择列表中的某项。使用这个模式，在单击列表框中的一项时，该项就会被选中，即使单击另一项，该项也仍保持选中状态，除非再次单击它。

④ MultiExtended：按【Shift】键的同时单击或者同时按住【Shift】键和箭头键（上、下、左、右）之一，会将选定内容从前一选定项扩展到当前项。按【Ctrl】键的同时单击将选择或撤销选择列表中的某项。

（3）SelectedIndex 属性：用来设置或者返回当前在列表框中选定项目的索引号，索引号是从 0 开始的。该属性只能在程序中设置或引用，通过在代码中更改 SelectedIndex 的值将以编程方式来更改选定项，列表中的相应项将在窗体上突出显示。如果未选定任何项，则 SelectedIndex 值为 "-1"；如果选定了列表中的第一项，则 SelectedIndex 值为 0；若选择了图 10-33 所示 Listbox 控件的第 5 项 "郑州"，则 SelectedIndex 的值为 4（第一项为 0，依此类推）。如果 ListBox 控件的 SelectionMode 属性设置为 MultiSimple 或 MultiExtended，并在该列表中选定多个项，则此属性返回列表中最先出现的选定项的索引。若要获取包含多重选择 ListBox 中所有选定项的索引的集合，需要使用 SelectedIndices 属性。

（4）SelectedItem 属性：用来获取或设置列表框中的当前选定项。SelectedItem 属性类似于 SelectedIndex，SelectedIndex 返回当前选定项的索引，而 SelectedItem 返回项本身，即选定项中的实际内容，通常是字符串值。例如，当图 10-33 所示的 Listbox 控件的 SelectedIndex 的值为 3 时，SelectedItem 的值为 "南京"。同样，若要获取包含多重选择 ListBox 中所有选定项的集合，需要使用 SelectedItems 属性。

（5）SelectedIndices 属性：该属性用于获取一个集合，集合包含 ListBox 中所有当前选定项的从 0 开始的索引。

（6）SelectedItems 属性：对于多重选择 ListBox，此属性返回一个集合，集合包含 ListBox 中选定的所有项。

（7）Sorted 属性：该属性决定列表框中的项目是否按字母顺序排列显示。当 Sorted 值为 True 时，项目按字母顺序排列显示；为 False 时，项目按加入的先后顺序排列显示。

（8）Text 属性：该属性的值是被选中的列表项的文本内容，类似于 SelectedItem。该属性只能在程序中设置或引用，当此属性的值设置为字符串值时，ListBox 在 ListBox 内搜索与指定文本匹配的项并选择该项。如果 ListBox 的 SelectionMode 属性未设置为 SelectionMode.None，则此属性返回第一个选定项的文本。

2．Items 属性的常用方法和属性

ListBox 控件的 Items 属性本身是一个集合对象，对它的管理可以使用几个常用的方法和属性，如表 10-6 所示。

表 10-6　Items 属性的常用方法和属性

名　　称	类　　别	说　　明
Add	方法	在列表框中添加新项目
Insert	方法	在列表框的指定位置插入新项目
Remove	方法	删除列表框中指定的列表项

续表

名　称	类　别	说　明
Clear	方法	清除列表框中的所有项
Count	属性	统计列表框的总项数

　　Count 属性反映列表框的总项数，由于 SelectedIndex 是从 0 开始的，所以 Count 属性的值比 SelectedIndex 的最大可能值大 1。Items 属性常用方法的具体使用如下所示：

```
ListBoxName.Items.Add("新的列表项")                    '在列表框中添加一项
ListBoxName.Items.Insert(n, "新的列表项")
                    '将某一项插入到列表框的指定位置，n 表示插入位置的索引号
ListBoxName.Items.Remove("要删除的项")                '删除列表框中的指定项
ListBoxName.Items.Clear                               '删除列表框中的所有项
```

　　【例 10-5】设计如图 10-34 所示用户界面，程序启动运行后，如果在项目内容和项目位置文本框中均输入内容，单击"添加"按钮可以把新项添加到指定位置，如果没有输入位置号，则将新项添加到文本框尾部；在列表框中选中一项，单击"删除"按钮可以将其删除；单击"清空"按钮，清除列表框中的所有项，编程实现上述功能。

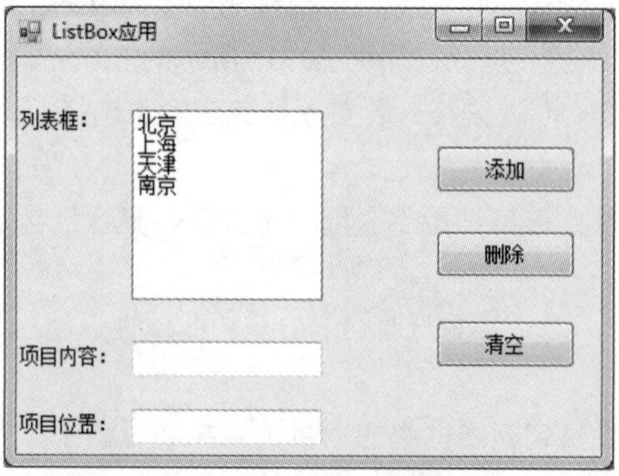

图 10-34　用户界面

```
Private Sub Button1_Click(sender As Object, e As EventArgs) Handles Button1.Click
    '添加
    If TextBox1.Text <> "" Then
    '项目内容文本框中有项目时才可以执行添加操作
        If TextBox2.Text <> "" Then
            '项目位置文本框中有值时使用 Insert 方法，插入位置的索引号是位置号-1
            ListBox1.Items.Insert(TextBox2.Text-1, TextBox1.Text)
        Else
            '项目位置文本框中无值时使用 Add 方法
            ListBox1.Items.Add(TextBox1.Text)
        End If
    Else
        MsgBox("请先输入项目内容")
    End If
End Sub
Private Sub Button2_Click(sender As Object, e As EventArgs) Handles Button2.Click
```

```
    '删除
    If ListBox1.SelectedIndex>=0 Then
'在列表框中选择项目后才可以执行删除操作
        ListBox1.Items.Remove(ListBox1.SelectedItem)
    Else
        MsgBox("请先选择要删除的项目")
    End If
End Sub
Private Sub Button3_Click(sender As Object, e As EventArgs) Handles Button3.Click
    '清空
    ListBox1.Items.Clear()
End Sub
```

注意：

（1）当用户在列表框中一项也没选定时执行删除操作或者项目内容文本框中没有输入内容时执行添加操作，单击按钮不会完成相应的添加项、删除项功能，会弹出消息框对用户进行提示。

（2）在列表框中，只有要删除的项被选中，即列表框的 SelectedIntex 属性不为-1 时，才能删除项目。

3．ListBox 控件的常用事件

ListBox 控件的常用事件是 SelectedIndexChanged 事件和 TextChanged 事件。SelectedIndexChanged 事件在列表框控件的 SelectedIndex 属性值变化时触发，而 TextChanged 事件在列表框的 Text 属性值变化时触发。

10.5.2　CheckedListBox 控件

CheckedListBox 控件也称复选列表框，它扩展了 ListBox 控件，几乎可以完成 ListBox 控件可以完成的所有功能，并且可以在列表框中项目内容旁边显示复选标记。CheckedListBox 控件的使用本质上与 ListBox 控件是一样的，只是选项在列表中显示的样式稍有不同。图 10-35 所示就是一个 CheckedListBox 控件的示例。

图 10-35　CheckedListBox 控件示例

可以看到，在每一项的前面都有一个方框。方框里面有"√"的项表示被选中，带蓝色条的表示是目前突出显示的项。CheckedListBox 控件的大部分属性以及添加项、删除项等方法与 ListBox 是一样的，它所特有的属性和方法如表 10-7 所示。

表 10-7　CheckedListBox 控件特有的属性和方法

名　　称	类　别	说　　明
CheckOnClick	属性	设置当第一次选取列表项时是否马上选中。当属性值为 True 时表示单击马上选中，当属性值为 False 时则必须双击才能选中

名　　称	类　别	说　　明
SetItemChecked	方法	设置指定索引处的列表项是否被选中
GetItemChecked	方法	返回指示指定索引处的列表项是否被选中的值

> **注意**：属性 SelectedItems 和 SelectedIndices 并不确定哪些项被选中，它们只确定哪些项为突出显示的项。如果要确定哪些项被选中，则需要对每一项分别调用 GetItemChecked 方法，若调用结果为 True，表示被选中；反之，则未被选中。调用时，采用索引号指定某一项。

对于图 10-35 所示的 CheckedListBox 而言，若有

```
CheckedListBoxName.GetItemChecked(1)
CheckedListBoxName.GetItemChecked(2)
```

则由于第二项未被选中，所以第一个式子的结果为 False；而第三项被选中，因此第二个式子的结果为 True。

对于 SetItemChecked 方法，在使用时需要两个参数，一个表示要设置项的索引号，另一个表示要设置项是否被选中的值，即 True 或 False，具体使用如下：

```
CheckedListBoxName.SetItemChecked(n, True)      '选中索引号为 n 的列表项
CheckedListBoxName.SetItemChecked(n, False)     '不选中索引号为 n 的列表项
```

10.5.3　ComboBox 控件

ComboBox 控件也称组合框，结合了文本框和列表框两者的特点。列表框存在的问题是，它受限于列表框中列出的列表项，不能对列表框中的数据进行编辑，也不能选择列表框中不存在的项目。而组合框可以允许用户从列表框中选定预定义的项目，也可通过在组合框中输入文本来输入不在列表项中的项目。

ComboBox 控件用于在下拉组合框中显示数据。默认情况下，ComboBox 控件分两部分：第一部分是顶部显示的一个允许输入列表项的文本框；第二部分是列表框，列表框中列出所有可供选择的项。若选中列表框中的某项，该项内容会自动装入组合框顶部的文本框中。

ComboBox 控件的属性大部分与 ListBox 控件的属性相似，具体如下：

（1）Items 属性：与列表框控件一样用来编辑列表框中的列表项。可以通过该属性向 ComboBox 中输入选项。程序运行后可以单击 ComboBox 控件的下拉按钮查看可供选择的列表项。

（2）DropDownStyle 属性：用于设置组合框的样式，即下拉式（DropDown）、简单式（Simple）和下拉列表式（DropDownList）3 种样式。3 种样式的组合框的区别是：下拉式组合框允许用户直接输入文本，也可以单击右侧的下拉按钮或使用【Alt+↓】快捷键打开选项列表从中选择；简单式组合框的选项列表直接显示在窗体上，用户可以从中选择，也可以直接输入文本；下拉列表式组合框与下拉式组合框类似，不同点是下拉列表式组合框不允许用户直接输入文本，仅能在选项列表中选择。

（3）MaxLength 属性：设置用户在组合框中可输入的最多字符数。

（4）Text 属性：设置或返回在组合框顶部的文本框中显示的内容。仅当 DropDownStyle 属性

为 Simple 或 DropDown 时有效。

图 10-36 所示为 ComboBox 控件的示例，是 Microsoft Word 2010 中的"字体"对话框。左边的"中文字体"和"西文字体"组合框样式是 DropDown，通过单击下拉按钮可以展开列表做出选择。"字形"和"字号"组合框样式是 Simple，没有了下拉按钮，直接将选项显示出来。很明显，这种样式比较占空间。

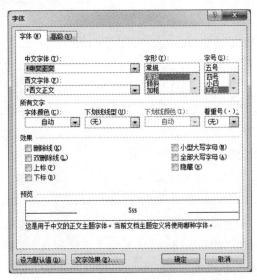

图 10-36　ComboBox 控件示例

组合框控件的使用和列表框控件的用法基本相同。组合框控件有一个特有的方法：SelectAll( )方法。SelectAll( )方法是一个无参数方法，执行该方法将选中组合框控件可编辑部分的所有文本。

10.5.4　分组控件示例

【例 10-6】设计图 10-37 所示用户界面，实现查看各高校不同专业的相关信息。

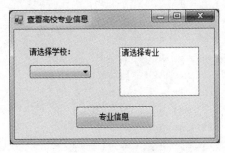

图 10-37　用户界面

分析：界面上有一个 ComboBox 控件用来选择高校，一个 ListBox 控件用来选择专业，一个 Button 按钮用来显示所选专业的具体信息，还有一个 Label 控件用来显示提示信息。为了简单，仅在 ComboBox 控件中显示 4 个高校名称，并且将每个高校的专业数也定为 4 个，所显示的信息为该专业的平均分和最高分。程序启动运行后，在 ComboBox 控件中选择高校后，该高校的专业名称将自动显示在 ListBox 控件中，要实现这一功能，可以利用 ComboBox 的 SelectedIndexChanged

事件，该事件在每次用户改变 ComboBox 中的选定项时被触发。表 10-8 所示为用户界面上各控件的属性设置。

表 10-8　各控件的属性设置

对　　象	属　　性	值
ComboBox	Name	ComboBoxSchool
	DropDownStyle	DropDownList
	Items	北京大学 清华大学 南京大学 武汉大学
ListBox	Name	LstboxMajor
	Items	请选择专业
Button	Name	BtnInfo
	Text	专业信息
	Enabled	False
Label	Text	请选择学校:

要为 ComboBox 控件添加 SelectedIndexChanged 事件的处理程序，可以直接双击界面上的 ComboBox 控件，也可以先在"代码"窗口上方左侧的下拉列表中选择 ComboBoxSchool 控件，然后在右边的下拉列表中选择 SelectedIndexChanged 事件。此时，系统自动生成该事件的处理程序框架。具体代码如下：

```
Private Sub ComboBoxSchool_SelectedIndexChanged(sender As Object, e As
    EventArgs) Handles ComboBoxSchool.SelectedIndexChanged
    '当选中组合框中某一高校时，在右边的列表框中显示该高校的招生专业
    LstboxMajor.Items.Clear()
    BtnInfo.Enabled=True
    Select Case ComboBoxSchool.SelectedIndex
        Case 0                  'SelectedIndex 为 0 的列表项是北京大学
            LstboxMajor.Items.Add("新闻传播学")
            LstboxMajor.Items.Add("考古学")
            LstboxMajor.Items.Add("数学")
            LstboxMajor.Items.Add("国际政治")
        Case 1                  'SelectedIndex 为 1 的列表项是清华大学
            LstboxMajor.Items.Add("新闻学")
            LstboxMajor.Items.Add("化学")
            LstboxMajor.Items.Add("生物科学")
            LstboxMajor.Items.Add("车辆工程")
        Case 2                  'SelectedIndex 为 2 的列表项是南京大学
            LstboxMajor.Items.Add("数学")
            LstboxMajor.Items.Add("国际金融")
            LstboxMajor.Items.Add("会计")
            LstboxMajor.Items.Add("生命科学")
        Case 3                  'SelectedIndex 为 3 的列表项是武汉大学
            LstboxMajor.Items.Add("法学")
```

```vb
            LstboxMajor.Items.Add("经济与管理")
            LstboxMajor.Items.Add("国际经济与贸易")
            LstboxMajor.Items.Add("临床医学")
    End Select
End Sub
Private Sub BtnDetail_Click(sender As Object, e As EventArgs) Handles BtnInfo.Click
    '在列表框中选择了专业后，单击"专业信息"按钮显示该专业的信息
    If LstboxMajor.SelectedIndex>=0 Then
        Select Case ComboBoxSchool.SelectedIndex
            Case 0      '"北京大学"被选中
                If LstboxMajor.SelectedIndex=0 Then
                    MsgBox("平均分：650，最高分：659")
                ElseIf LstboxMajor.SelectedIndex=1 Then
                    MsgBox("平均分：632，最高分：638")
                ElseIf LstboxMajor.SelectedIndex=2 Then
                    MsgBox("平均分：665，最高分：684")
                Else
                    MsgBox("平均分：668，最高分：673")
                End If
            Case 1      '"清华大学"被选中
                If LstboxMajor.SelectedIndex=0 Then
                    MsgBox("平均分：646，最高分：654")
                ElseIf LstboxMajor.SelectedIndex=1 Then
                    MsgBox("平均分：647，最高分：655")
                ElseIf LstboxMajor.SelectedIndex=2 Then
                    MsgBox("平均分：652，最高分：662")
                Else
                    MsgBox("平均分：669，最高分：678")
                End If
            Case 2      '"南京大学"被选中
                If LstboxMajor.SelectedIndex=0 Then
                    MsgBox("平均分：659，最高分：666")
                ElseIf LstboxMajor.SelectedIndex=1 Then
                    MsgBox("平均分：657，最高分：667")
                ElseIf LstboxMajor.SelectedIndex=2 Then
                    MsgBox("平均分：662，最高分：675")
                Else
                    MsgBox("平均分：669，最高分：678")
                End If
            Case 3      '"武汉大学"被选中
                If LstboxMajor.SelectedIndex=0 Then
                    MsgBox("平均分：639，最高分：666")
                ElseIf LstboxMajor.SelectedIndex=1 Then
                    MsgBox("平均分：627，最高分：647")
                ElseIf LstboxMajor.SelectedIndex=2 Then
                    MsgBox("平均分：632，最高分：655")
```

```
        Else
            MsgBox("平均分: 659, 最高分: 678")
        End If
    End Select
Else
    MsgBox("请选择专业")
End If
End Sub
```

程序一开始运行时，ListBox 控件中显示的是该控件 Items 属性的初始值"请选择专业"。一旦用户在 ComboBox 中做出了选择，ComboBox 控件的 SelectedIndexChanged 事件被触发，该事件的处理程序将被运行。该程序的第一条语句是 LstboxMajor.Items.Clear( )，会将 ListBox 中的选择项全部删除。随后通过一个 Select Case 语句来判断用户选择了哪个高校，并用 ListBox 控件 Items 属性的 Add( )方法在其中加入相应的专业选项。

在"专业信息"按钮的单击事件处理函数中，首先通过条件语句来判断用户是否已选择了专业，如下所示：

```
If LstboxMajor.SelectedIndex>=0 Then
…
End If
```

若已经选择了专业，则使用 Select Case 语句和多分支的 If 语句来判断选择的是哪个学校的哪个专业，并根据选择显示相关信息，如图 10-38 所示。

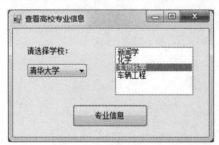 

图 10-38　选择 "清华大学"的"生物科学"专业的运行结果

选择了学校未选择专业就单击"专业信息"按钮，运行情况如图 10-39 所示。

图 10-39　选择了学校而未选择专业的运行结果

最后，为了防止用户在一开始就单击"专业信息"按钮，可以在设计时将 Button 按钮的 Enabled 属性设为 False。此时，程序启动后按钮是灰色的，处于不可用状态。在选择完学校后再通过 ComboBox 控件的 SelectedIndexChanged 事件处理程序中的代码 BtnInfo.Enabled = True 将该属性设为 True，这样用户就可以单击按钮来查看所选学校所选专业的信息。

10.6　常用对话框设计

对话框是 Windows 应用程序中常见的一种要素，应用程序可以通过对话框向用户提供信息或接收用户输入的信息。在 VB.NET 工具箱中，对话框自成一组，如图 10-40 所示。其中包括颜色对话框（ColorDialog）、文件夹浏览对话框（FolderBrowserDialog）、字体对话框（FontDialog）、打开文件对话框（OpenFileDialog）和保存文件对话框（SaveFileDialog）。

图 10-40　工具箱中的对话框控件

10.6.1　打开文件对话框（OpenFileDialog）控件

OpenFileDialog 控件主要用来弹出 Windows 标准的"打开"对话框，如图 10-41 所示。

1．OpenFileDialog 控件的常用属性

（1）FileName：该属性的功能是在对话框中选定或输入包括完整路径在内的文件名。当用户在对话框中选定文件后，该属性就立即得到路径和文件名。该属性的值是字符串类型。

（2）Title：该属性用来获取或设置对话框标题。

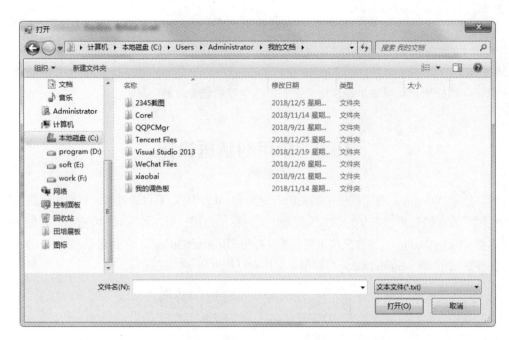

图 10-41   "打开"对话框

（3）Filter：该属性用来获取或设置当前对话框中的文件筛选器。决定"文件类型"中出现的选择内容。该属性的值是字符串类型，对于每个筛选选项，筛选器字符串都包含筛选器说明、分隔符（|）和筛选器模式。例如：

"文本文件（*.txt）|*.txt|所有文件（*.*）"

"图像文件（*.BMP；*.gif；*.Jpg）|*.BMP；*.gif；*.Jpg|所有文件（*.*）|*.*"

（4）InitialDirectory：该属性用来设置文件对话框显示的初始目录，默认为空字符串。

（5）MultiSelect：该属性用来设置是否可以在对话框中选中多个文件，默认值为 False。

（6）FilterIndex：该属性为对话框中文件筛选器的索引，第一项的索引为 1。

2．OpenFileDialog 控件的方法

OpenFileDialog 控件的常用方法为 ShowDialog( ) 方法。调用该方法后，将打开 OpenFileDialog 对话框。如果用户在进行完对话框设置后单击"确定"按钮，则返回值为 DialogResult.OK；否则返回值为 DialogResult.Cancel。

其他对话框也都具有 ShowDialog( ) 方法，以后不再重复介绍。

10.6.2   保存文件对话框（SaveFileDialogue）控件

SaveFileDialog 控件主要用来打开 Windows 标准的保存文件对话框，如图 10-42 所示。该对话框的属性和方法与 OpenFileDialog 基本一致，不再重复介绍。

注意：OpenFileDialog 和 SaveFileDialog 只返回要打开的文件名，并没有真正提供打开或保存文件的功能。这些功能的实现需要编写程序代码。

图 10-42　保存文件对话框

10.6.3　颜色对话框（ColorDialogue）控件

ColorDialogue 控件主要用来打开 Windows 标准的"颜色"对话框，如图 10-43 所示。颜色对话框不仅提供了 48 种基本颜色，而且还允许用户自定义颜色。

ColorDialog 控件的主要属性：

（1）Color 属性：用于记录用户选择的颜色。

（2）FullOpen 属性：用于控制弹出颜色对话框时是否显示自定义颜色部分，默认值为 False。

（3）AllowsFullOpen 属性：用于设置是否启用自定义颜色按钮，默认值为 True。单击"规定自定义颜色"按钮后颜色对话框完全展开，如图 10-44 所示。

（4）AnyColor 属性：指示对话框是否显示基本颜色集中所有可能的颜色，默认值为 False。

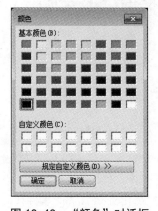　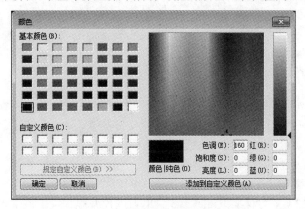

图 10-43　"颜色"对话框　　　　　图 10-44　"颜色"对话框完全展开

10.6.4　字体对话框（FontDialogue）控件

FontDialogue 控件主要用来打开 Windows 标准的"字体"对话框，如图 10-45 所示。

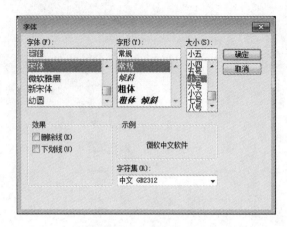

图 10-45　"字体"对话框

FontDialog 控件的主要属性：

（1）Font 属性：用于记录用户选择的字体信息。

（2）ShowColor 属性：用于控制是否在"字体"对话框中显示"颜色"选项，默认值为 False。

（3）ShowEffects 属性：用于控制用于控制是否在"字体"对话框中显示"效果"选项，默认值为 True。

【例 10-7】记事本——对话框设计。

（1）在例 10-2 的基础上，在窗体上添加 1 个 OpenFileDialog 控件、1 个 SaveFileDialog 控件、1 个 Color 控件和 1 个 Font 控件。

（2）对"打开" FileOpen 菜单项进行编程。双击该菜单项，进入 fileopen_Click 事件代码编写中。

程序代码如下：

```vbnet
Dim Fname as String                    '定义一个全局变量，存放文件名
Private Sub fileopen_Click(…) Handles fileopen.Click
    OpenFileDialog1.Filter="文本文件(*.txt)|*.txt|RTF 文件(*.rtf)|*.rtf"
                                       '设置筛选器，允许打.txt 和.rtf 两种文件
    OpenFileDialog1.FilterIndex=1      '设置当前筛选器
    OpenFileDialog1.ShowDialog()       '弹出对话框
    Fname=OpenFileDialog1.FileName     '获取文件名
    If Fname<>"" Then                  '如果文件名不为空，则进行打开文件操作
        If (OpenFileDialog1.FilterIndex=1) Then    '判断打开文件的类型
            RichTextBox1.LoadFile(Fname, RichTextBoxStreamType.PlainText)
        Else
            RichTextBox1.LoadFile(Fname, RichTextBoxStreamType.RichText)
        End If
    End If
End Sub
```

（3）对"保存" FileSave 菜单项进行编程。双击该菜单项，进入 filesave_Click 事件代码编写中。

程序代码如下：

```vbnet
Private Sub fileSave_Click(…) Handles fileopen.Click
    SaveFileDialog1.Filter="文本文件(*.txt)|*.txt|RTF 文件(*.rtf)|*.rtf"
```

```
                                              '设置筛选器，允许打.txt 和.rtf 两种文件
    SaveFileDialog1.FilterIndex=1             '设置当前筛选器
    SaveFileDialog1.ShowDialog()              '弹出对话框
    Fname=SaveFileDialog1.FileName     '获取文件名
    If Fname<>"" Then                         '如果文件名不为空，则进行保存文件操作
        If (SaveFileDialog1.FilterIndex=1) Then            '判断保存文件的类型
            RichTextBox1. SaveFile(Fname, RichTextBoxStreamType.PlainText)
        Else
            RichTextBox1. SaveFile(Fname, RichTextBoxStreamType.RichText)
        End If
    End If
End Sub
```

（4）对"颜色"FileColor 菜单项进行编程。双击该菜单项，进入 FileColor_Click 事件代码编写中。

程序代码如下：

```
Private Sub filecolor_Click(…) Handles filecolor.Click
    ColorDialog1.ShowDialog()                        '打开颜色对话框
    RichTextBox1.SelectionColor=ColorDialog1.Color   '选中文字颜色为颜色对
                                                     '话框中设置的颜色
End Sub
```

（5）对"字体"EditFont 菜单项进行编程。双击该菜单项，进入 Editfont_Click 事件代码编写中。

程序代码如下：

```
Private Sub editfort_Click(…) Handles editfort.Click
    FontDialog1.ShowDialog()                       '打开字体对话框
    RichTextBox1.SelectionFont=FontDialog1.Font    '选中文字字体为字体对
                                                   '话框中设置
End Sub
```

（6）对工具栏中的按钮和快捷菜单中的菜单补充代码，完成关联操作。（参照例 10-2 中第二步操作）

习　题

1. 如何为菜单项添加快捷键？
2. 状态栏中能否显示图标？
3. 制作完成 QQ 聊天窗口，无须编写程序。综合使用按钮、标签、文本框、分组框、分组面板等控件。提示：可以使用窗体的 Icon 属性来设置窗体的图标，设置文本框的 ReadOnly 属性为 True，文本框就变成灰色的只读样式。
4. 编写程序，实现两个列表框中内容的转移。即单击任何一个列表框中的选项可以将其转移到第二个列表框中，在第一个列表框中不再显示该选项。
5. OpenFileDialog 控件和 SaveFileDialog 控件能否自己打开并读、写文件的内容？

第①①章　ADO.NET 数据库编程

应用程序存储数据时，主要采用两种方法：一种是使用文件存储，一种是通过数据库存储。其中数据库存储除了具有数据存储的功能，重要的是还具有数据管理的功能。所以，利用数据库存储数据是目前大多数机构采用的方法。这就需要开发的应用程序具有对数据库的访问能力。

从 Visual Basic 3.0 开始就已经内置了从关系型数据库中读取数据的功能，并且在以后的版本中不断地提高数据访问技术。在最新的 Visual Basic 开发环境中，对数据库的访问方式包括有 6 种：ODBC（Open Database Connectivity，开放数据库互连）技术、DAO（Data Access Objects，数据访问对象）技术、RDO（Remote Data Object，远程数据对象）技术、OLE DB（Object Linking and Embedding Database，对象连接嵌入数据库）技术、ADO（ActiveX Data Objects，活动组件数据对象）技术、ADO.NET。本章主要介绍 ADO.NET。

11.1　数据库基础

11.1.1　关系数据库概述

数据库是存储于文件中的有组织的信息集合。目前各种数据资源，如账目收支、职员信息、产销记录等都要依赖于数据库的创建及维护，所以数据库是有机地组织、存储、管理、操作数据的技术。

数据库有层次型、网状型和关系型等类型。从 20 世纪 70 年代开始，关系型数据库的理论研究和软件系统的研制有了巨大的发展，目前几乎所有数据库系统全都是建立在关系模型之上的。

关系数据库是以关系模型为基础的数据库，是根据表、记录、字段之间的关系进行组织和访问数据的一种数据库，它通过若干个表来存取数据，并通过关系将这些表联系在一起。

关系数据库一般分为两类：一类是桌面数据库，主要用于小型的、单机的数据库应用程序，实现比较方便，如 Access、FoxPro、DBase 等；另一类是客户/服务器数据库，主要适用于大型的数据库管理系统，例如 SQL Sever、Oracle、Sybase 等。

1. 关系数据库术语

（1）表：数据库包含一个或多个二维表，表是真正存放数据的地方，由行和列组成，如图 11-1 所示。

（2）记录：也就是在数据表中的行，它是关于一个特定人员或单位的所有信息。

（3）字段。也称属性，数据表中的每一列称作一个字段。表是由其包含的各个字段定义的，每个字段描述了它所含有的数据。创建一个表时，为每个字段分配数据类型、最大长度和其他属性。字段可以包含各种字符、数字或图形。表 11-1 中共有 5 个字段：学号、姓名、性别、院系、成绩。其中，学号的数据类型是数字型、院系的数据类型是字符型。

表 11-1 学生成绩表

学 号	姓 名	性 别	院 系	成 绩
20140101001	刘红梅	女	计算机学院	85
20140501003	张建	男	化工学院	80
20140601002	宋楠	男	软件学院	78
20140702016	黄玲玲	女	机电学院	75
20140702018	李亚敏	女	机电学院	70

（4）关键字：是表中为快速检索所使用的字段，可以是唯一的，也可以有多个，每张表应至少有一个主关键字。主关键字用来唯一标识记录的属性，也称主键或主码，不允许重复。只有把表中的一个字段定义为主关键字后，才可以在数据库中建立这个表和其他表的关系。在表 11-1 中，学号可以作为主关键字，因为它可以唯一标识每个学生的信息。

（5）域：字段的取值范围，如性别的域是（男，女）。

（6）关系：定义了两个表如何相互联系的方式。数据库可以由多个表组成，各个表之间可以用不同的方式相互关联。定义一个关系时，必须说明相互联系的两个表中哪两个字段相互连接。一个关系中相互连接的两个字段分别是主关键字和外部关键字。其中，外部关键字是指与主表中主关键字相连接的表中的那个关键字。

2．建立数据库

在 VB.NET 中使用数据库，可以用多种方法来创建，例如使用 Access 应用程序、SQL 语言或 DAO 数据访问对象都可以创建数据库。首先介绍使用 Access 建立数据库。

Access 是 Office 办公套装软件之一，只要在计算机中典型安装了 Office 软件，就可以使用。

在使用 Access 建立数据库时，要先对用户应用程序的要求进行分析，设计确定需要建立数据库的数量、每个数据库中表的数量、每个表中包含的字段等，然后就可以打开 Access 应用程序，建立数据库。

（1）启动 Access（本书以 Office 2010 为例），打开 Microsoft Access 应用程序窗口，如图 11-1 所示。

图 11-1 Microsoft Access 应用程序窗口

（2）建立数据库：在应用程序窗口中，选择中间窗格的"空数据库"选项。在右侧的"文件名"文本框中输入创建数据库文件的名称，单击"创建"按钮。

创建的数据库文件被默认保存在"我的文档"文件夹中，也可以选择保存在其他位置。

空白数据库如图 11-2 所示。

图 11-2　空白数据库

（3）创建数据库表：

创建表有直接创建新表、创建基于模板的表、利用表设计器 3 种方法，这里选择利用表设计器创建表。

单击操作界面中的"创建"选项卡，在"表"一栏中选择"表设计器"，进入表设计视图后，输入表的结构，如图 11-3 所示。

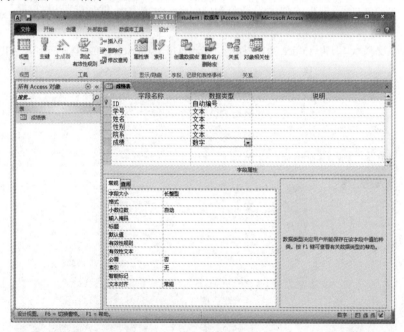

图 11-3　输入表的结构

创建结构之后的表如图 11-4 所示。

图 11-4　创建结构之后的表

（4）为表编辑数据：下面就可以在数据表视图中输入数据并对数据进行编辑操作。

① 输入记录：打开创建好的表，单击字段名下方需要输入数据的单元格，就可以输入数据。输入完毕后单击"保存"按钮保存。

② 添加记录：只需在表的最后一个记录下面输入新的数据或在"开始"选项卡的记录栏中单击"新建"按钮。

③ 删除记录：选择要删除的记录，按【Delete】键，或在"开始"选项卡中单击记录命令组中的"删除"按钮。

添加完记录的数据表如图 11-5 所示。

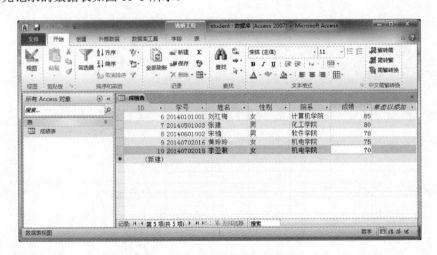

图 11-5　添加完记录的数据表

关于 Access 的操作，可参考相关资料，本章中就不详细介绍。

11.1.2 SQL 基本语句

SQL（Structured Query Language，结构化查询语言）是关系型数据库的标准语言，由命令、子句、运算符和函数组成，可以对数据库进行创建、更新和操纵。其中最常用的是查询语句，即用 SELECT 语句实现查询；其次为数据定义语句，即使用 DDL 语言定义新的数据库、字段、索引。

1. 基本的 SQL 语句

（1）创建 CREAT 语句。

格式：

```
CREATE TABLE <表名>
```

功能：创建一个新的数据库表

例如：

```
CREATE TABLE 成绩表( 学号，院系，姓名，性别，成绩)
```

说明：创建一个名为"成绩表"的数据库表，表中有"学号"等字段。

（2）最简单的 SELECT 语句。

格式：

```
SELECT 字段名列表 FROM <数据表>
```

功能：将数据表中的指定字段取出来。

例如：

```
SELECT 专业，姓名 FROM 成绩表
```

说明：将成绩表中的专业和姓名两列取出来。

例如：

```
SELECT  *  FROM 成绩表
```

说明：将成绩表中所有字段取出来。

（3）条件查询语句。

格式：

```
SELECT 字段名列表 FROM <数据表> WHERE 筛选条件
```

功能：将数据表中附和筛选条件的字段取出来。

例如：

```
SELECT * FROM 成绩表 WHERE 性别="女"
```

说明：将成绩表中"性别"是"女"的所有人筛选出来。

例如：

```
SELECT * FROM 成绩表 WHERE 成绩>90 and 成绩<95
```

说明：将成绩表中所有成绩大于 90 且小于 95 的人筛选出来。

（4）排序语句。

格式：

SELECT 字段名列表 FROM <数据表> ORDER BY 字段名 2

功能：将数据表中指定的字段取出来，并按字段名 2 进行排序。

例如：

SELECT * FROM 成绩表 ORDER BY 成绩

说明：将成绩表中所有列取出来，并按成绩进行升序排序。

例如：

SELECT TOP 2 * FROM 成绩表 ORDER BY 成绩 DESC

说明：把成绩表按成绩降序排列，取排序在前两条的记录。

（5）删除 DELETE 语句。

格式：

DELETE FROM <数据表> WHERE 条件

功能：删除附和条件的记录。

例如：

DELETE FROM 成绩表 WHERE 成绩<95

说明：删除成绩表中所有"成绩"低于 95 的记录。

例如：

DELETE FROM 表 WHERE 姓名 LIKE"李%"

说明：删除成绩表中所有姓李的记录。

（6）更新 UPDATE 语句。

格式：

UPDATE 数据表 SET 字段名 1=新值，字段名 2=新值...WHERE 条件

功能：将附和条件的记录的某些字段更新

例如：

UPDATE 成绩表 SET 成绩=成绩+2 WHERE 院系 like "%计算机"

说明：将成绩表中"院系"列中含"计算机"的人的成绩都增加 2 分。

（7）插入 INSERT INTO 语句

格式：

INSET INTO 数据表（字段一、字段二...）VALUES（字段新值）

功能：添加数据记录。

例如：

INSET INTO 成绩表（学号，姓名，性别，院系，成绩）VALUES（"20140502107"，"张涛"，"男"，"化工学院"，92）

说明：将成绩表中添加一条记录。

其他的 SQL 语句，这里就不加以介绍了，请参看相关资料。

2．在数据库环境中进行 SQL 语句的操作

（1）打开已经建立的 Access 数据库文件 student，在"创建"选项卡"查询"命令组中单击"查询设计"按钮，打开"显示表"对话框，添加 student 数据表，如图 11-6 所示。

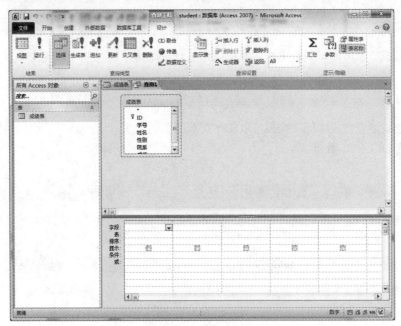

图 11-6　创建查询

（2）在"设计"选项卡的"结果"命令组中，单击"视图"按钮，在下拉菜单中选择"SQL 视图"，结果如图 11-7 所示。

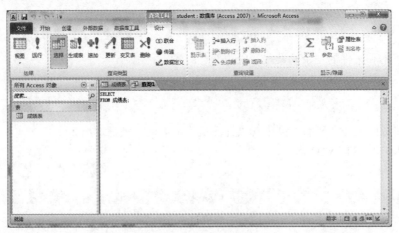

图 11-7　创建 SQL 视图

（3）在显示的输入窗口中，输入编写的查询语句，然后单击"运行"按钮，如图 11-8 所示。

图 11-8　输入 SQL 语句

（4）程序运行结果如图 11-9 所示。

图 11-9　执行 SQL 语句的结果

其他形式的 SQL 语句也可通过这样的流程测试。

11.2　ADO.NET 核心对象

ADO.NET 是 .NET 中新出现的数据访问技术，是 ADO 的最高版本。ADO.NET 提供对诸如 SQL Server 和 XML 等数据源以及通过 OLE DB 和 ODBC 公开的数据源的访问。共享数据的用户 可以应用程序利用 ADO.NET 连接到数据源，并可以查询、处理和更新其中包含的数据。ADO.NET 通过数据处理将数据访问分解为多个可以单独使用或前后使用的不连续组件。ADO.NET 包含用 于连接到数据库、执行命令和检索结果的 .NET Framework 数据提供程序。

ADO.NET 也是 .NET Framework 中用于访问数据源的类库名，包括在 System.Data 命名空间 及其嵌套的子命名空间和 System.Xml 命名空间中，并与 System.Xml.dll 中的 XML 类集成。由于 ADO.NET 集成到.NET Framework 中，所以对于任何.NET 语言，其使用方法都大致相同。

11.2.1 ADO.NET 的结构

ADO.NET 的结构主要是由 ADO.NET 组件和.NET Framework 数据提供程序组成，如图 11-10 所示。

.NET Framework 数据提供程序是专门为数据操作以及快速、只进、只读访问数据而设计的组件。Connection 对象提供到数据源的连接。Command 对象可以访问用于返回数据、修改数据、运行存储过程以及发送或查询参数信息的数据库命令。DataReader 可从数据源提供高性能的数据流。DataAdapter 在 DataSet 对象和数据源之间起到桥梁作用，它使用 Command 对象在数据源中执行 SQL 命令来向 DataSet 中加载数据，并将对 DataSet 中数据的更改协调回数据源。

由 ADO.NET 的结构可以看到，.NET Framework 数据提供程序和数据库相连接，DataSet 负责和 XML 相连接。ADO.NET 利用 XML 的功能来提供对数据的断开连接的访问。

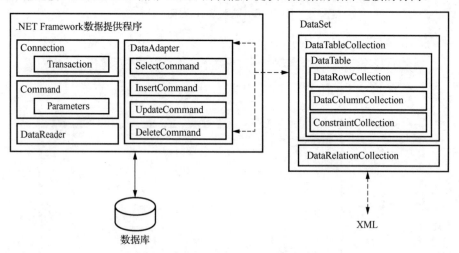

图 11-10 ADO.NET 的结构

.NET Framework 数据提供程序把数据提取出来并放在 DataSet 对象中后，就不再需要继续连接数据库。数据可以用各种方式进行操作，最常见的一个操作是指定 DataSet 对象中的关系，合理地处理数据。代码和绑定控件可以修改 DataSet 对象中的数据、添加新行、修改或删除新行等，完成这些修改后，数据支持程序对其进行解析，程序遍历该 DataSet 对象，查找修改或新添的数据，并把它们放在源数据库中。如果出现一致性问题，或其他像数据库脱机等问题，.NET Framework 数据提供程序可以更正这些错误。

DataSet 是专门为独立于任何数据源的数据访问而设计的，DataSet 是指内存中的数据库数据的副本。一个 DataSet 组成了数据库数据的一个"断开的"视图。也就是说，它可以在没有包含对应表或视图的数据库活动连接的情况下存在于内存中。在运行时，控件可以交换 DataSet。DataSet 可以用于多种不同的数据源，可以用于 XML 数据，也可以用于管理应用程序本地的数据。DataSet 包含一个或多个 DataTable 对象的集合，这些对象由行和列以及有关 DataTable 对象中数据的主键、外键、约束和关系信息组成。

11.2.2　ADO.NET 的特点

1．简单地访问数据

ADO.NET 提供对关系数据的简单访问功能。使用易于使用的类来表示关系数据库中的表、列和行。还引入了 DataSet 类代表来自封装在一个单元的关联表中的一组数据，并保持它们之间完整的关系。

2．可扩展性

ADO.NET 支持几种内置的.NET 数据提供程序。几乎所有的数据库和数据文件格式都有可用的 ODBC 或 OLE DB 提供者。所以，ADO.NET 几乎可用于所有的数据或数据格式。

3．支持多层应用程序

当今商业和电子商务应用程序大多采用多层体系结构，最常见的是三层模型：数据层、业务层、显示层。ADO.NET 支持这种多层的应用程序。

4．集成 XML 支持

ADO.NET 可以沟通行、列和 XML 文档中的关系数据，其中 XML 文档具有分层的数据结构。

11.2.3　ADO.NET 核心组件

ADO.NET 包括两个核心组件：DataSet 和数据提供程序。

1．DataSet

ADO.NET 有两种工作方式：连接模式和非连接模式。连接模式是开发人员首先创建对数据库的连接，然后通过连接将命令发送到数据源。非连接模式是开发人员从数据源中检索出数据，然后断开连接进行离线处理，最后创建新连接将修改的数据返回到数据源。DataSet 类就工作于非连接模式。

DataSet 是 ADO 的核心组件，DataSet 中常用的对象是 DataTable 和 DataRow 等。通过 DataAdapter 对象从数据源得到数据，从数据库完成数据读取后，DataSet 把各种数据源中的数据在计算机内存中映射成缓存。

2．数据提供程序

.NET 数据提供程序主要用于进行数据库连接、执行命令和获取结果。这些结果将直接处理、放置在 DataSet 中以便根据需要向用户公开、与多个源中的数据组合，或在层之间进行远程处理。.NET 数据提供程序是轻量的，它在数据源和代码之间创建最小的分层，并在不降低功能的情况下提高性能。.NET 中包含的数据提供程序有 4 种：

（1）SQL Server.NET 数据提供程序：用来访问 SQLSever 2000 以上各版本，使用其自己的协议与 SQL Server 进行通信，可直接访问 SQL Server，而无须添加 OLE DB 或开放式数据库连接（ODBC）层，它使用 Systerm.Data.SqlClient 命名空间。

（2）OleDb.NET 数据提供程序：用于 OLE DB 的.NET 数据提供程序通过 COM 互操作，使用本机 OLE DB 来启用数据访问；用于 OLE DB 的.NET 数据提供程序支持本地事务和分布式事务。对于分布式事务，默认情况下，用于 OLEDB 的.NET Framework 数据提供程序会自动登记在事务中，并自动从 Windows 组件服务获取事务详细信息，例如，用来访问 Access、FoxPro 等数据源。它使用 Systerm.Data. OleDb 命名空间。

（3）OracleDb.NET 数据提供程序：用来访问 Oracle 8.1.7 以上各版本，使用 Systerm.Data. OracleClient 命名空间。

（4）ODBC.NET 数据提供程序：使用本机 ODBC 驱动程序管理器（DM）来启用数据访问。ODBC 数据提供程序支持本地事务和分布式事务两者。对于分布式事务，默认情况下，ODBC 数据提供程序会自动登记在事务中，并自动从 Windows 组件服务获取事务详细信息。它使用 Systerm.Data.Odbc 命名空间。

以上每种数据提供程序都包括 4 个核心对象 Connection、Command、DataReader 和 DataAdapter。

11.3　ADO.NET 核心对象

ADO.NET 对象模型中包括数据提供程序中的 4 个核心对象和 DataSet 对象共 5 个数据库访问和操作对象：Connection 对象用来连接数据库；Command 对象用来生成并执行 SQL 语句；DataReader 对象用来读取数据库中的数据；DataAdapter 对象用来在 Command 对象执行完 SQL 语句后生成并填充 DataSet 和 DataTable。DataSet 对象用来存取及更新数据。

11.3.1　数据连接对象 Connection

利用 ADO.NET 从数据库中检索数据和发送数据库操作命令前，首先要创建数据库的连接，Connection 对象就可以建立应用程序与数据源的连接。使用 Connection 对象需要提供连接字符串，包括服务器、数据库的名称，以及用户和密码等信息。

ADO.NET 提供了 4 种数据提供程序，因此对应有 4 种 Connection 对象：SqlConnection、OleDb Connection、OracleDb Connection、ODBC Connection。

要连接 OLE DB 数据源或使用 OLE DB 支持程序的 Microsoft SQL Server 7.0 以前版本，需要使用 OLE DB.NET 数据提供程序的 OleDbConnection 对象，需要 Provider 关键字。要连接 Microsoft SQL Server 7.0 或以后版本，需要使用 SQL Server.NET 数据提供程序中的 SqlConnection 对象，SQL Server.NET 管理支持程序支持类似于 OLE DB（ADO）连接字符串格式的连接字符，但是不再需要 Provider 名字。

（1）Connection 对象的属性如表 11-2 所示。

表 11-2　Connection 对象的属性

属　　性	说　　明
ConnectionString	创建 Open( )方法连接数据库的字符串
ConnectionTimeout	建立连接时所等待的时间，值为 0 时连接会无限等待，默认值为 15 s。超过时间则会产生异常
Database	当前数据库或将要打开的数据库的名称
DataSource	获取数据库的位置和文件名
Provider	获取在连接字符串的 Provider=子句中所指定的提供程序的名称
State	显示当前 Connection 对象的状态，确定连接是打开还是关闭

（2）Connection 对象常用的方法如表 11-3 所示。

表 11-3　Connection 对象常用的方法

方　　法	说　　明
Open( )	使用指定的 ConnectionString 属性值打开到一个数据库的连接
Close( )	关闭打开的数据库连接
Dispose( )	调用 Close( )方法
CreateCommand( )	创建并返回一个与该连接并联的 Command 对象
ChangeDatabase( )	改变当前连接的数据库
BeginTransaction( )	开始一个数据库事务，允许指定事务的名称和隔离级
State( )	显示 Connection 对象的当前状态

（3）以连接 SQL Sever 数据库为例，使用 Connection 对 Connection 对象连接数据源的方法如下：

① 声明 SqlConnection 对象变量 Consql：

```
Imports System.Data.SqlClient
Dim Consql As SqlConnection.SqlConnection=New Sqlclient.SqlConnection ()
```

② 将数据源字符串赋值给 Consql 对象的 ConnectionString 属性，确定数据源所在 SQL Sever 网络地址或主机名、SQL Sever 数据库文件。

```
Consql.ConnectionString="Integrated Security=false;       _
DataSource=(Local) " & "Initial Catalog=student;Integrated    _
Security=false;User ID=sa ; Password=sa0000"
```

其中，SQL Sever 登录账户和密码是用户安装时设置的。

③ 打开数据连接：

```
Consql.Open()
```

下面举例说明 Connection 对象的使用方法。

【例 11-1】连接一个名为 student1 的 Access 数据库。

程序代码如下：

```
Imports System.Data.OleDb
Public Class Form1
    Dim myCon As OleDbConnection
    Dim myds As DataSet
    Dim myda As OleDbDataAdapter
    Private Sub Button1_Click(ByVal sender As System.Object, _
    ByVal e As System.EventArgs) Handles Button1.Click
        Try
            myCon=New OleDbConnection()
    myCon.ConnectionString="Provider=Microsoft.ACE.OLEDB.12.0; Data_ Source=
        D:\student1.accdb"
```

```
            myCon.Open()
            MessageBox.Show("数据库正确连接！")
            myCon.Close()
        Catch
            MessageBox.Show(myCon.State.ToString())
        End Try
    End Sub
End Class
```

分析：通过 OleDbConnection 对象连接 Access 数据库，利用 ConnectionString 属性把数据库地址、名字传递给 Connection 对象，通过读取 State 属性显示数据库的连接状态。如果要连接的数据库信息是错的，则不能建立正确连接，程序运行结果如图 11-11 所示。如果建立连接，程序运行结果如图 11-12 所示。

图 11-11　未建立正确数据库连接　　　　图 11-12　建立正确数据库连接

【例 11-2】连接一个名为 student2 的 SQL Sever 数据库。

程序代码如下：

```
Imports System.Data.SqlClient
Public Class Form1
    Dim myCon As SqlConnection
    Private Sub Button1_Click(ByVal sender As System.Object, _
    ByVal e As System.EventArgs) Handles Button1.Click
        Try
            myCon=New SqlConnection()
            myCon.ConnectionString="Integrated Security=false; _
            DataSource=(Local) " & "Initial Catalog=student2; _
            Integrated Security=false;User _
            ID=sa;Password=sa0000"
            myCon.Open()
            MessageBox.Show(Con.State.ToString())
            myCon.Close()
        Catch
```

```
            MessageBox.Show("数据库未连接！")
        End Try
    End Sub
End Class
```

11.3.2　数据命令对象 Command

建立连接之后，利用 Command 对象执行 SQL 语句，可以查询数据和修改数据。Command 对象由 Connection 对象创建，其连接的数据源也由 Connection 对象管理。

（1）Command 对象的常用属性如表 11-4 所示。

表 11-4　Command 对象的常用属性

属　　性	说　　明
CommandText	用来获取或设置要执行的 SQL 语句、数据表名、存储过程
CommandType	用来获取或设置一个指示解释 CommandText 属性的值
Connection	用来获取或设置 Command 对象的连接数据源
Connectionstring	用来获取或设置连接数据库时用到的连接字符串

（2）Command 对象的常用的方法如表 11-5 所示

表 11-5　Command 对象的常用的方法

方　　法	说　　明
Cancel( )	用于取消 Command 执行过的操作
CreatePatameter( )	用于创建 Patameter 对象的新实例
Prepare( )	用于在数据源上创建已经准备好的命令
Dispose( )	用于销毁 Command 对象

Command 对象的常用方法还有构造函数、执行不带返回结果集的 SQL 语句方法、执行带返回结果集的 SQL 语句方法和用查询结果填充 DataReader 对象的方法。

Command 对象有几个执行 SQL 语句的 Execute 方法。例如，ExecuteNonQuery( )方法用于执行不返回结果的 SQL 语句，ExecuteReader( )方法创建 DataReader 对象。

（3）下面举例说明 OleDBCommand. ExecuteNonQuery ( )的使用方法。

【例 11-3】建立工程，窗体添加 1 个按钮控件和 1 个文本框控件。

程序代码如下：

```
Imports System.Data.OleDb
Public Class Form1
    Dim con As OleDbConnection
    Dim com As OleDbCommand
    Private Sub Button1_Click(sender As System.Object, _
        e As System.EventArgs) Handles Button1.Click
        Try
```

```
        con=New OleDbConnection("Provider=Microsoft.ACE.OLEDB.12.0;_
        Data Source=D:\student.accdb")
        con.Open()
        com=New OleDbCommand(TextBox1.Text, con)
        com.ExecuteNonQuery()
        con.Close()
        MessageBox.Show("SQL语句顺利运行!")
    Catch ex As Exception
        MessageBox.Show("SQL语句错误!")
    End Try
  End Sub
End Class
```

分析：程序从文本框中读取 SQL 语句，ExecuteNonQuery( )方法执行 DELETE 语句，不返回结果，只用消息框返回不出错的信息。

运行程序，在文本框窗口输入 SQL 语句，单击"运行"按钮，结果如图 11-13 所示。

图 11-13　例 11-3 程序运行结果

11.3.3　数据适配器对象 DataAdapter

DataAdapter 对象用于获取数据源中的数据，并填充到 DataTables 对象和 DataSet 对象中。DataAdapter 对象可将 DataSet 对象中的数据保存到数据源中，还可以从数据源中读取数据并进行数据的添加、删除、更新等操作。DataAdapter 对象有 4 个常用的属性，如表 11-6 所示。

表 11-6　DataAdapter 对象的常用属性

属　　性	说　　明
SelectCommand	设置一个语句或保存，在数据集中选择记录
InsertCommand	设置一个语句或保存，在数据集中插入记录
UpdateCommand	设置一个语句或保存，更新数据源中的记录
DeleteCommand	设置一个语句或保存，从数据集中删除记录

DataAdapter 对象常用的方法如表 11-7 所示。

表 11-7　DataAdapter 对象常用的方法

方　　法	说　　明
Fill( )	将从数据源中读取的数据填充到 DataSet 对象中
Update( )	对 DataSet 对象中的数据进行改动后更新数据
Dispose( )	删除对象
FillSchema( )	把 DataTable 加入到 DataSet 中，并配置表的模式
GetFillParameters( )	返回一个用于 SELECT 命令的 DataParameter 对象组成的数组

创建 DataAdapter 对象的方法有两种：一种是使用现存的 Connection 对象；另一种是使用需要打开的 Connection 对象。

【例 11-4】使用 DataAdapter 对象的 Fill( )方法。

程序代码如下：

```
Imports System.Data.OleDb
Public Class Form1
    Dim Con As OleDbConnection
    Dim da As OleDbDataAdapter
    Dim ds As DataSet
    Private Sub Button1_Click(sender As System.Object,    _
    e As System.EventArgs) Handles Button1.Click
        Try
            Con=New OleDbConnection("Provider=Microsoft.ACE.OLEDB.12.0;_
            Data Source=D:\student.accdb")
            Con.Open()
            da=New OleDbDataAdapter(TextBox1.Text, Con)
            ds=New DataSet()
            da.Fill(ds, "newtable")
            DataGridView1.DataSource=ds.Tables("newtable")
            Con.Close()
        Catch ex As Exception
            MessageBox.Show("运行有误!")
        End Try
    End Sub
End Sub
```

分析：建立 DataAdapter 对象的构造函数 OleDbDataAdapter(TextBox1.Text, Con)，通过它传入数据库连接对象及 SQL 语句，通过语句 da.Fill(ds, "newtable")将 da 中的数据填充到 DataSet 对象中，并起一个别名 newtable。ds.Tables("newtable")实现读取数据。最后执行 SQL 语句将成绩表中按成绩升序排列的结果显示出来。

程序运行结果如图 11-14 所示。

图 11-14   例 11-4 程序运行结果

11.3.4   数据只读器对象 DataReader

利用 DataReader 对象可以从数据库中获取一个只读且仅前向的数据流。可以获取 ADO.NET 中最接近于原始数据的数据，它从数据库中依次检索只读的数据流，存储在客户端的网络缓冲区中。

DataReader 对象只能通过 Command 对象的 ExecuteReader( )方法来创建，不能够实例化，由于它提供单向依次读取数据，所以读取 DataReader 对象数据的常用方法有两种：一种是通过和 DataGridView 等数据控件绑定直接输出；另一种是利用循环将数据取出。

下面举例说明。

【例 11-5】DataReader 对象通过和 DataGridView 数据控件绑定直接输出的方法。

程序代码如下：

```
Imports System.Data.OleDb
Public Class Form1
    Dim con As OleDbConnection
    Dim da As OleDbDataAdapter
    Dim ds As DataSet
    Private Sub Button1_Click(sender As  System.Object, e As System.EventArgs) _
        Handles Button1.Click
        Try
            con=New OleDbConnection("Provider=Microsoft. _
            ACE.OLEDB.12.0;Data Source=D:\student.accdb")
            con.Open()
            Dim com As New OleDbCommand(TextBox1.Text, con)
            Dim dr As OleDbDataReader
            dr=com.ExecuteReader()
            Dim dt As DataTable
            dt=New DataTable()
            dt.Load(dr)
            DataGridView1.DataSource=dt
            com.ExecuteNonQuery()
            con.Close()
```

```
        Catch ex As Exception
            MessageBox.Show("运行有误!")
        End Try
    End Sub
End Sub
```

分析：本例连接的数据源是 Access 数据库，首先建立数据连接，然后在 Button1 Click 事件中编写响应程序，通过 OleDbCommand 对象的 ExecuteReader( )方法创建 OleDbDataReader 对象 dr，再创建一个 DataTable 对象 dt，使用 dt.Load(dr)将数据集加载到 DataTable 对象，之后与 DataGridView 对象绑定。运行程序后，在 TextBox1 中输入 SQL 语句，单击 Button1 按钮，实现对数据源 Access 数据库中成绩表的所有记录进行升序排序，并在窗体上显示出来。

程序运行结果如图 11-15 所示。

图 11-15　例 11-5 程序运行结果

11.4　数据集 DataSet

DataSet 是 ADO.NET 的核心，DataSet 对象是基于离线的且驻留在缓存中的数据，它可以与多个不同的数据源、XML 数据配合使用。DataSet 代表完整的数据集合，包括关联的表、约束和表间关系。

DataSet 可将数据和架构作为 XML 文档进行读、写。数据和架构可通过 HTTP 传输，并在支持 XML 的任何平台上被任何应用程序使用。可使用 WriteXmlSchema 方法将架构保存为 XML 架构，并且可以使用 WriteXml 方法保存架构和数据。若要读取既包含架构也包含数据的 XML 文档，请使用 ReadXml( )方法。

11.4.1　DataSet 的结构

每个 DataSet 包含一个 Tables，Tables 是一个集合，可以没有表，也可以有多个表，包含了 DataSet 类中所有 DataTable 对象。可使这些 DataTable 对象与 DataRelation 对象互相关联。还可通过使用 UniqueConstraint 和 ForeignKeyConstraint 对象在 DataSet 中保证数据完整性。DataTable 对象在 System.Data 命名空间中定义，每个 DataTable 都包含来自单个数据源的数据，DataTable 对象有两个重要属性 Columns 和 Rows。Columns 为 DataColumnCollection 类型，表示表的所有列的集合，列由 DataColumn 对象表示。Rows 为 DataRowCollection 类型，表示表的所有行的集合，行由 DataRow 对象表示。

每个 DataTable 都包含一个 DataColumnCollection（DataColumn 对象的集合），DataColumnCollection 决定每个 DataTable 的架构。DataType 属性确定 DataColumn 所包含的数据的类型。使用 ReadOnly 和 AllowDBNull 属性可以进一步确保数据完整性。使用 Expression 属性可以构造计算出的列。

DataSet 对象模型如图 11-16 所示。

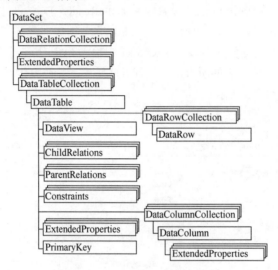

图 11-16　DataSet 对象模型

DataSet 常用的属性如表 11-8 所示。

表 11-8　DataSet 常用的属性

属　　性	说　　明
DataSetName	获取或设置当前 DataSet 的名称
HasErrors	指示当前 DataSet 中的任何 DataTable 对象中是否存在错误
EnforceConstraints	指示在执行更新操作时是否遵循约束规则
RemotingFormat	为远程处理时使用的 DataSet 获取或设置 SerializationFormat
SchemaSerializationMode	用于在使用 Web 服务和远程处理的情况下指定 DataSet 序列化其序列化架构和实例数据的方式

DataSet 常用的方法如表 11-9 所示。

表 11-9　DataSet 常用的方法

方　　法	说　　明
AcceptChanges( )	提交自加载当前的 DataSet 以来对其进行的所有更改
Clear( )	移除的所有数据
HasChanges( )	获取一个指示 DataSet 中的数据是否被更改的布尔值
Merge( )	合并两个架构类的 DataSet 对象
ReadXml( )	将 XML 架构和数据读入 DataSet
RejectChanges( )	回滚 DataSet 中的所有更改
WriteXml( )	从 DataSet 中写 XML 数据

【例 11-6】DataSet 对象的创建方法。

程序代码如下：

```
Public Class Form1
Private Sub Button1_Click(ByVal sender As System. _
    Object, ByVal e As System.EventArgs) Handles Button1.Click
    Dim ds As New DataSet()
    Dim dt As New DataTable("area")
    Dim dr As DataRow
    Dim i As Integer
    dt.Columns.Add(New DataColumn("长", GetType(Integer)))
    dt.Columns.Add(New DataColumn("宽", GetType(Integer)))
    dt.Columns.Add(New DataColumn("面积", GetType(Integer)))
    For i=1 To 5
        dr=dt.NewRow()
        dr(0)=i
        dr(1)=i+2
        dr(2)=i*(i+2)
        dt.Rows.Add(dr)
    Next
        ds.Tables.Add(dt)
        DataGridView1.DataSource=ds.Tables("area")
End Sub
```

分析：创建一个 DataSet 对象 ds、一个 DataTable 对象 dt，利用循环初始化 DataTable 并添充到到 DataTable 对象中。通过 DataGridView 数据控件将绑定的数据输出。

程序运行结果如图 11-17 所示。

图 11-17　例 11-6 程序运行结果

11.4.2　DataTable

DataTable 代表内存中的数据表，它有一个 Columns 集合，其中包含表的模式。DataTable 还包含 DataRow 对象的一个 Rows 集合，每个 DataRow 对象代表一个数据记录。如果以编程方式创建 DataTable，必须通过向 DataColumnCollection 添加 DataColumn 对象来定义表的架构。OleDbCommand 对象可以自动创建数据库中的一个 DataTable 模式，然后在表中添加合适的数据。

要在 DataTable 中添加行，使用 NewRow( )方法用返回一个引用该新行的对象，然后在行中的每个字段（列）中插入数据。

DataTable 常用的属性如表 11-10 所示。

表 11-10 DataTable 常用的属性

属　　性	说　　明
Columns	获取隶属于该表的 DataColumnCollection
Constrains	获取由当前表维护的 ConstraintCollection
PrimaryKey	获取或设置表的主键的 DataColumn 数组
RemotingFormat	获取或设置一个指示序列化格式的 SerializationFormat 值
TableName	获取或设置 DataTable 的名称

DataTable 常用的方法如表 11-11 所示。

表 11-11 DataTable 常用的方法

方　　法	属　　性
AcceptChanges( )	提交自上次调用以来对该表进行的所有更改
Clear( )	清除表的所有数据
Copy( )	复制表中的结构和数据
Load( )	通过所提供的 IDataReader 来从数据源填充表
NewRow( )	创建与当前数据表具有相同架构的新 DataRow
Select( )	对表执行查询以选择一组 DataRow 对象

11.4.3　DataColumn 和 DataRow

DataColumn 用于定义 DataTable 中的字段。DataColumn 对象的 DataType 属性决定列的数据类型，列的行为方式可以用 AllowNull、Unique 和 ReadOnly 等属性来设置，对数据项添加约束，对数据进行更新，确保数据的完整性。

DataRow 与仅包含模式信息的 DataColumn 相反，DataRow 包含实际数据值。DataRow 类的 Item 属性以列名建索引（从列的 DataColumn 对象中提取列名）。Item 属性是 DataRow 的默认属性，也是一个索引属性，因此，可以将其省略。另外，列也可通过它们的数字索引来访问。

DataRow 可以通过 DataTable 对象的 NewRow( )方法创建。首先调用 Add( )方法将行添加到 DataRowCollection，然后再为行填充数据，还可以调用 DataRowCollection 的 Remove( )及 Delete( ) 方法从 DataRowCollection 中删除 DataRow 对象。

下面代码示例说明 DataTable 对象的创建方法：

```
Dim dt As New DataTable("teacher")
Dim dtcode As New DataColumn("teacherID ", GetType(Integer))
```

```
Dim dtname As New DataColumn("teacherNM", GetType(String))
dt.Columns.Add(dtcode)
dt.Columns.Add(dtname)
Dim row1 As DataRow=dt.NewRow()
row1("teacherID ")=1
row1("teacherNM ")="lily"
dt.Rows.Add(row1)
Dim row2 As DataRow=dt.NewRow()
row2(0)=2
row2(1)="rose"
dt.Rows.Add(row2)
Dim row3 As DataRow=dt.NewRow()
Row3(dtcode)=3
Row3(dtname)="ann"
dt.Rows.Add(row3)
```

分析：首先创建 DataTable 的列，然后添加行数据，添加数据时使用了列的名称、列的索引、列的引用。

11.4.4　DataRelation

DataSet 中的关系通过 DataRelation 创建。关系作为整体与 DataSet 相关联。Relations 集合中的每个 DataRelation 对象都包含 DataSet 的 Tables 集合中两个 DataTables 的链接信息。指定每个表中用于链接的列，就可以链接 DataTables，非常类似于在指定关系数据库的关系时把主键和外键关联起来。DataRelation 实例通常表示"一对多"关系。父表位于关系的"一"端，子表位于关系的"多"端。定义关系时，父列和子列的 DataType 必须相同。

下面的代码为 DataSet 指定了父子关系：

```
Dim Parent As DataColumn
Dim Child As DataColumn
Parent=MyDataSet.Tables("teacher").Columns("teacherID")
Child=MyDataSet.Tables("students").Columns("studentsID")
```

准备创建 DataRelation 对象添加到 Relations 和 collection 集合中：

```
Dim dr As New_ DataRelation ("teacherTostudents", ParentColumn, ChildColumn)
MyDataSet.Relations.Add (dr)
```

关系的最主要用途就是允许从数据集中的一个表中检索另一个表中的数据。在 DataRow 中包含一个方法 GetChildRows( )，用来引用该数据行的所有子行。调用这个方法时用户要指定所使用的关系。

```
Dim myDataSet As New DataSet
Dim childrows () As DataRow
Dim dr As DataRelation=myDataSet.Relations("teacher")
Dim row As DataRow
For Each row in myDataSet.Tables ("teacher").Rows
        Childrows=row.GetChildRows (dr)
        …
Next
```

11.5 在 Visual Studio 2013 中使用数据库示例

11.5.1 使用 Access 数据库

使用 Access 数据库的操作步骤如下：

（1）启动 Visual Studio 2013，新建一个名为 ADO13 的 Visual Basic Windows 窗体应用程序项目，如图 11-18 所示。

（2）选择项目→"添加新数据源"命令，打开"数据源配置向导"对话框，如图 11-19 所示。数据源配置向导可以自动配置 Visual Basic 程序来接收数据库信息，提示用户选择要连接的数据库的类型、建立到数据库的连接。

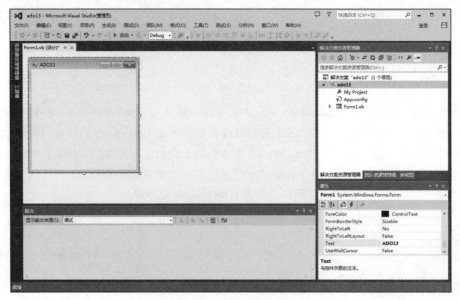

图 11-18　新建项目的窗体

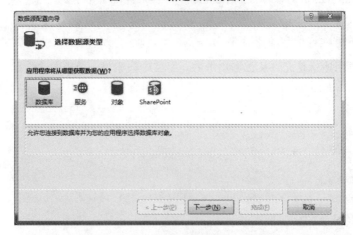

图 11-19　"数据源配置向导"对话框

（3）在"数据源配置向导"中选择"数据库"，单击"下一步"按钮，打开"选择数据库模型"对话框，如图 11-20 所示。

（4）在"选择数据库模型"对话框中选择"数据集"，然后单击"下一步"按钮，打开"选择您的数据连接"对话框，如图 11-21 所示。

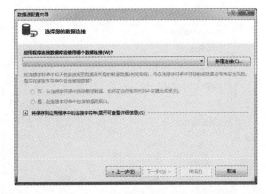

图 11-20　"选择数据库模型"对话框　　　　图 11-21　"选择您的数据连接"对话框

（5）在"选择您的数据连接"对话框中，单击"新建连接"按钮，打开"添加连接"对话框，如图 11-22 所示。

（6）在"添加连接"对话框中，单击"更改"按钮，打开"更改数据源"对话框，如图 11-23 所示。

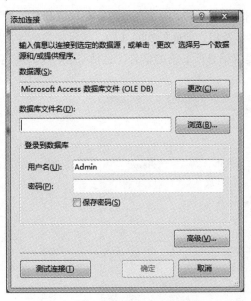
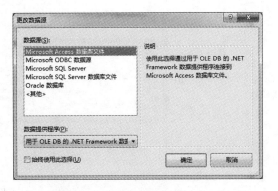

图 11-22　"添加连接"对话框　　　　图 11-23　"更改数据源"对话框

（7）在"更改数据源"对话框中，选择要使用的数据库格式，下面的数据提供程序框中会自动配置建立所选数据源连接所需的程序。本例中选择"Microsoft Access 数据库文件"，单击"确定"按钮，回到"添加连接"对话框。

（8）在"添加连接"对话框中，单击"浏览"按钮，选择数据库文件。本例中数据库为 D:\student.accdb，如图 11-24 所示。

（9）单击"测试连接"按钮。这时 Visual Studio 2013 开始使用向导建立的连接字符串打开指定的数据库文件。如果数据库格式正确，将出现测试连接成功消息框，如图 11-25 所示。

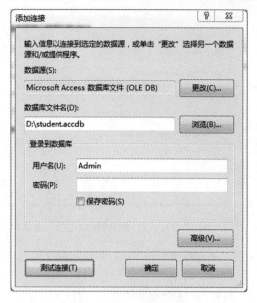

图 11-24　选择数据库　　　　　　　图 11-25　测试连接成功消息框

（10）单击"确定"按钮，在"添加连接"对话框中单击"确定"按钮，在"选择您的数据连接"对话框中单击"将保存到应用程序中的连接字符串"前面的加号（+），显示完整的连接字符串，连接字符串中包含用于打开数据库文件和提取信息所必需的信息，包括路径、文件名等，如图 11-26 所示。

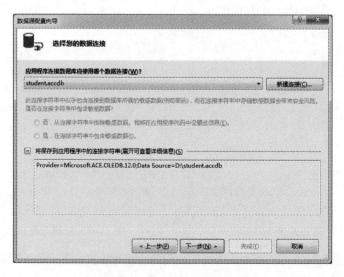

图 11-26　显示完整的连接字符串

（11）单击"下一步"按钮，出现如图 11-27 所示提示框。

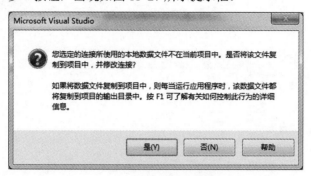

图 11-27　复制数据文件提示框

（12）单击"否"按钮以避免制作多余的数据库副本，回到"数据源配置向导"对话框，默认连接字符串，如图 11-28 所示。

图 11-28　默认连接字符串

（13）单击"下一步"按钮，保存连接字符串，打开如图 11-29 所示对话框，提示选择在此项目中要使用的数据库对象的子集。此对话框中选择的条目在项目中称为数据库对象，数据库对象包括表、字段、视图等。

（14）单击表结点前的小三角符号，查看数据库中包含的表如图 11-30 所示。选择数据表及字段。

图 11-29　选择数据库对象子集

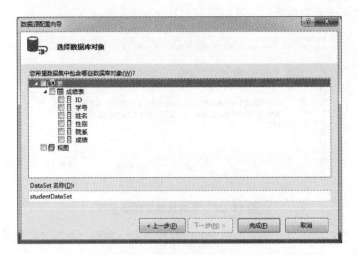

图 11-30　查看数据库中包含的表

（15）单击"完成"按钮，关闭"数据源配置向导"。此时 Visual Studio 2013 完成了向用户项目中添加数据库连接和用所选数据库对象配置数据集的任务。

（16）单击标准工具栏上的"全部保存"按钮。

（17）打开"解决方案资源管理器"，可以显示此项目中的主要文件和控件，如图 11-31 所示。

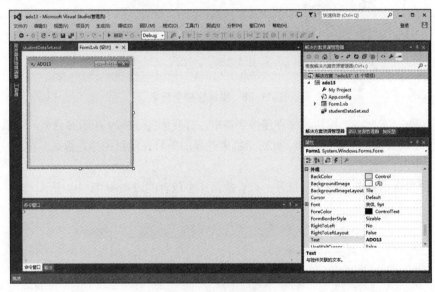

图 11-31　项目窗口

（18）这时可以看到增加了一个名为 studentDataSet.xsd 的新文件，它是描述刚创建的数据集中的表、字段、数据类型和其他元素的。此文件为 XML 架构的，已经向项目中添加类型化数据集，能给出正在使用的字段和表以说明信息。

（19）在"解决方案资源管理器"中选择此模式文件，单击"视图设计器"按钮。这时左边出现一个方框，显示表中所有字段、数据适配器命令、工具、组件等，如图 11-32 所示。

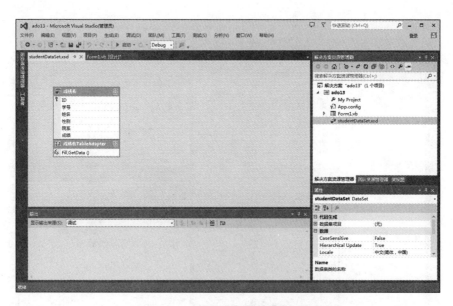

图 11-32　窗口中显示数据集设计器

（20）单击"姓名"字段，然后按【F4】键，突出显示"属性"窗口，如图 11-33 所示。

（21）在"属性"窗口中可以看到相关的属性设置，并且可以进行更改。

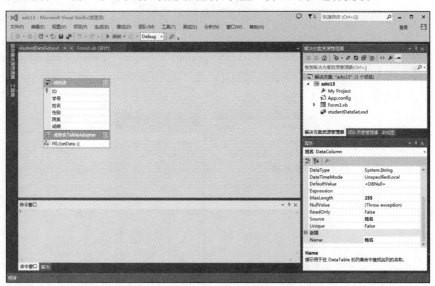

图 11-33　显示所选字段属性

11.5.2　使用数据源窗口

使用数据源窗口的操作步骤如下：

（1）选择"视图"→"其他窗口"→"数据源"命令，打开"数据源"窗口，如图 11-34 所示。

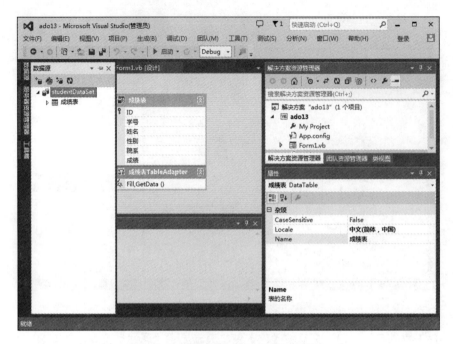

图 11-34　项目窗口中显示数据源窗口

（2）在"数据源"窗口中，单击"成绩表"前的三角按钮（▷），可以看到 studentDateSet 中可用的字段。

（3）在设计器窗口，击活"Form1.vb [设计] 选项卡，单击"数据源"窗口中的"姓名"字段，字段右边出现一个下拉按钮，单击此按钮，出现一个选项列表，与拖放数据库字段到窗体上时字段的显示方式有关，如图 11-35 所示。

图 11-35　字段下拉列表

（4）单击列表中的 TextBox，然后将"姓名"字段拖入"Windows 窗体设计器"的窗体中。这时窗体中除了创建一个包含数据的文本框，还在文本框左边创建了一个标签，并且窗体顶部出现一个导航栏，如图 11-36 所示。

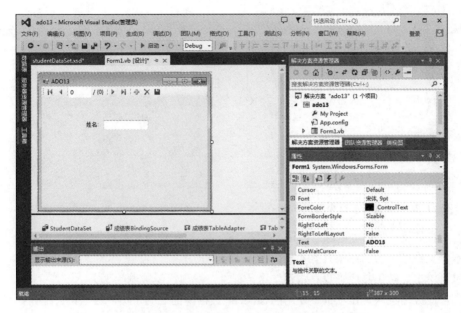

图 11-36　将字段的 TextBox 拖入窗体中

（5）同样操作，在窗体上添加"学号"和"成绩"字段，并调整导航栏的位置到窗体下方，如图 11-37 所示。

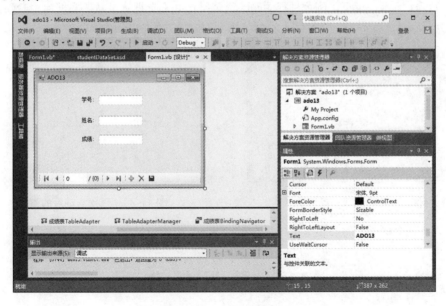

图 11-37　完成后的窗体

（6）单击"启动调试"按钮，文本框中出现第一条记录"刘红梅"的信息，如图 11-38 所示。

在窗体顶部的导航栏上可看到数据表中共有 5 条记录，当前是第 1 条记示，在导航栏上单击"移到下一条记录"按钮，文本框中出现第二条记录"张建"的信息，如图 11-39 所示。

图 11-38 调试后窗体中出现字段

图 11-39 显示下一条记录

（7）单击导航栏上的"删除"按钮，就将"张建"这条记录从数据集删除，可以从导航栏的位置指示器上看到剩余的记录只有 4 条，如图 11-40 所示。

这时再单击导航工具栏查找"张建"这条记录，发现已经被删除了。

其实，此数据集只是在项目中使用的 student 数据库的表的子集，数据集只是数据库在内存中的脱机映像，此时删除记录并没有将原数据库中的记录删除。

（8）单击窗体上的"关闭"按钮，结束程序运行。

（9）再次单击"启动调试"按钮加载窗体，这时窗体上的导航工程栏显示数据集仍有 5 条记录，如图 11-41 所示。可见，刚才进行的删除记录操作并没有把记录从原数据库中删除。

图 11-40 删除一条记录

图 11-41 再次启动后的窗体

通过以上两个例子，学习了不用编写程序代码从数据库中显示特定的信息。

11.6 数 据 控 件

在 Visual Studio 2013 中建立一个具有 Windows 用户界面的 Visual Basic 应用程序项目，单击"工具箱"窗口，在弹出的工具箱窗口单击"数据"选项，出现如图 11-42 所示的数据控件，其中包含着进行数据访问的常用控件。

这些控件的功能如下：

（1）DataSet：前面介绍过，这是一个集合对象，可以包含任意数据的数据表、表的约束、索引和关系。

图 11-42　数据控件

（2）DataGridView：显示任何表格化数据。

（3）BindingSource：建立数据源、产生数据连接、执行数据命令。

（4）BindingNavigator：用于绑定数据源的数据导航控件。

（5）Chart：是用于显示图表的 Windows 窗体控件。

11.6.1　数据显示控件 DataGridView

DataGridView 控件能够以网格的形式在 Windows 应用程序窗体中显示数据，包括文本、数字、日期、数组等内容，支持丰富的事件模型，能进行自定义的格式设置，还可以进行灵活的大小调整及选择。用 DataGridView 控件，可以显示和编辑来自多种不同类型的数据源的表格数据。它只需要几行简短的代码就可以把数据显示给用户，同时又支持增、删、改操作。

DataGridView 控件及其相关类旨在提供一个灵活的可扩展系统，用于显示和编辑表格数据。这些类全部包含在 System.Windows.Forms 命名空间中，并全部以 DataGridView 前缀命名。

DataGridView 控件具有极高的可配置性和可扩展性，它提供有大量的属性、方法和事件，可以用来对该控件的外观和行为进行自定义。当需要在 Windows 窗体应用程序中显示表格数据时，请首先考虑使用 DataGridView 控件，然后再考虑使用其他控件。

1．使用 DataGridView 控件显示数据库记录

（1）参照图 11-34 创建数据源。

（2）在窗体上放置 DataGridView 控件。

（3）在"数据源"窗口选择"成绩表"表，单击其右边的下拉按钮可以显示绑定到此表的控件列表，如图 11-43 所示。

① DataGridView：显示由行和列组成的网格。

② 详细信息：配置 VB.NET，为拖放到窗体上的表中的字段创建单独控件。

③ 无：将表和用户界面元素或控件间的关联移除。

④ 自定义：用户自行选择显示多个数据库字段的不同控件。

（4）单击 DataGridView 选项，然后将"成绩表"拖放到窗体

图 11-43　数据源窗口

上。这样就在窗体上创建了一个名为"成绩表 DataGridView"的 DataGridView 对象,如图 11-44 所示。

(5)绑定到 DataGridView 对象的数据:

① 在窗体上选择 DataGridView 对象,然后单击对象右上角的向右快捷按钮,出现如图 11-45 所示列表框,其中是与 DataGridView 对象相关的常见属性设置和命令。

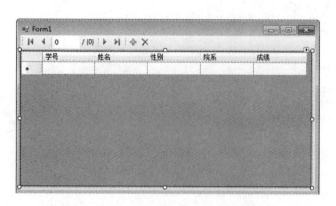

图 11-44 创建 DataGridView 对象

图 11-45 DataGridView 任务框

② 在 DataGridView 任务框中选择"预览数据"命令,打开"预览数据"对话框,在此对话框中单击"预览"按钮,打开如图 11-46 所示对话框。此功能在实际运行程序之前检查表中数据非常方便。

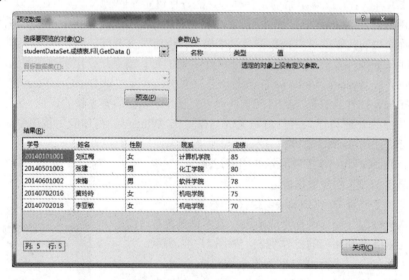

图 11-46 "预览数据"对话框

③ 单击"关闭"按钮关闭"预览数据"对话框。

(6)从 DataGridView 对象中编辑列:

① 在 DataGridView 任务框中选择"编辑列"命令,打开如图 11-47 所示对话框。

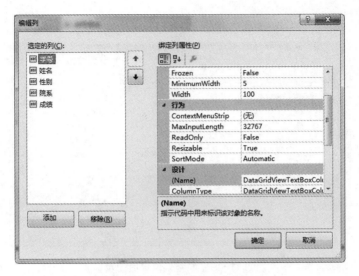

图 11-47　"编辑列"对话框

② 在"选定的列"框中单击"院系"。

③ 单击"移除"按钮，可将此列从列表中移除。

④ 单击"确定"按钮确认以上修改。DataGridView 对象在窗体上显示时就不会出现此列。

⑤ 同样在 DataGridView 任务框中选择"添加列"命令可以进行添加列的操作。

（7）在运行时调整 DataGridView 对象

① 右击窗体中的 DataGridView 对象，在弹出的快捷菜单中选择"属性"命令打开"属性"窗口。

② 在"属性"窗口，单击 AllowUserToOrderColumns，将此项的值由 False 改成 True，即可启用手动列重新设置。AllowUserToResizeColumns 属性默认为 True，允许用户调整列的大小。AllowUserToResizeRows 属性默认为 True，允许用户调整行的大小。

③ 单击工具栏中的"启动"按钮运行程序，窗体上显示整个表，如图 11-48 所示。

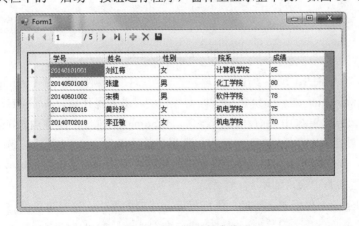

图 11-48　显示整个表

④ 在窗体的 DataGridView 控件中选中"院系"列，然后拖动此列至"成绩"列后，如图 11-49 所示。对比图 11-48 和图 11-49，看到两列的位置发生了调整。

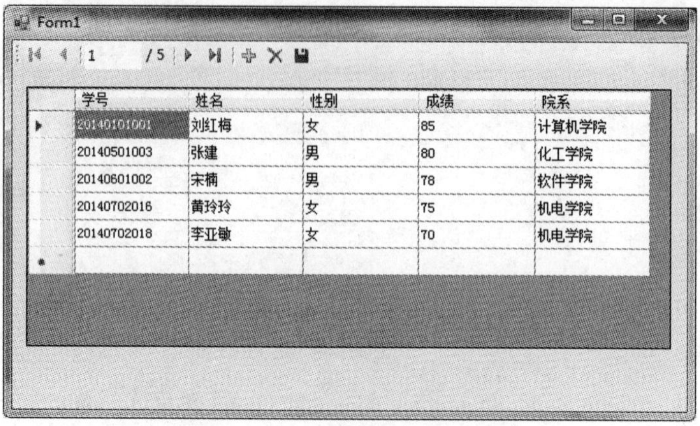

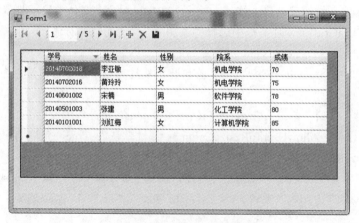

图 11-49　调整列位置后的表

⑤ 在窗体上可以看到"学号"列的排序是升序排列，单击"学号"列，列名后的箭头变成向下，这时可以观察到此列变成了降序排列，如图 11-50 所示。反复单击列名，即可使该列在升降序间转换，列名后的箭头用于指示当前的排序方式。

图 11-50　改变排序后的表

⑥ 查看或选择表中的记录除了用鼠标单击，还可以使用控件上方的 BindingNavigator 导航栏控件。BindingNavigator 控件是绑定到数据的控件的导航和操作用户界面（UI），使用该控件，用户可以在 Windows 窗体中导航和操作数据。BindingNavigator 控件由 ToolStrip 和一系列 ToolStripItem 对象组成，完成大多数常见的与数据相关的操作，如添加数据、删除数据和定位数据。默认情况下，BindingNavigator 控件包含这些标准按钮。使用 BindingNavigator 控件滚动记录列表，可以查看所有记录，如图 11-51 所示。

⑦ 将指针置于两个列标题之间时，光标指针变成双向箭头，这时可以调整列宽。

⑧ 将指针置于两行首之间，光标指针变成双向箭头，这时可以调整行高。

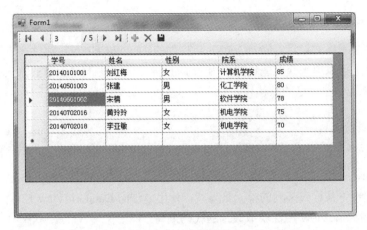

图 11-51　滚动浏览记录

2．用代码设置 DataGridView 的属性

（1）标题及内容显示设置。首先将用于设置是否显示列标题行的属性 ColumnsHeadersVisible 设置为 True，然后设置表头标题的文字，如下所示：

```
DataGridView1.Columns(0).HeaderText="学号"      '设置第 1 列的标题为学号
DataGridView1.Columns(1).HeaderText="姓名"      '设置第 2 列的标题为姓名
DataGridView1.Columns(2).HeaderText="性别"      '设置第 3 列的标题为性别
DataGridView1.Columns(3).HeaderText="院系"      '设置第 4 列的标题为院系
DataGridView1.Columns(4).HeaderText="成绩"      '设置第 5 列的标题为成绩
```

若不显示整个表头，则可将 ColumnsHeadersVisible 属性进行如下设置：

```
DataGridView1.ColumnsHeadersVisible=False
```

若不显示每行左边的行标题，则进行如下设置：

```
DataGridView1.RowHeadersVisible=False
```

若不显示某行或某列，则进行如下设置：

```
DataGridView1.Columns(0).Visible=False
DataGridView1.Rows(0).Visible=False
```

（2）列的位置设置。DataGridView 中列的显示位置用 DisplayIndex 属性设置，使用该属性，可以获取或更改列的显示位置。例如，DisplayIndex 值为 0 时，列将显示在最左边。如果多个列具有相同的 DisplayIndex 值，则先显示最先出现在该集合中的列。

（3）列宽和高度的设置。DataGridView 控件的 AutoSizeColumnsMode 属性和 AutoSizeRowsMode 属性用来设置列宽和行高的自动调整模式，属性的值设置为枚举 DataGridViewAutoSizeColumnsMode 或 DataGridView AutoSizeRowsMode 中的成员。用法如下：

```
DataGridView1.AutoSizeColumnsMode=DataGridViewAutoSizeColumnsMode.AllCells
'列宽调整到适合列中所有单元格（包括标头单元格）的内容
DataGridView1.AutoSizeRowsMode=DataGridViewAutoSizeRowsMode.AllCells
'行高调整到适合行中所有单元格（包括标头单元格）的内容
```

也可以通过以下方法增加列宽，例如将第一列的列宽增加为原来的 2 倍：

```
DataGridView1.Columns(0).Width=DataGridView1.Columns(0).Width *2
```

（4）单元格显示格式设置。DataGridView 控件的 DefaultCellStyle 属性在未设置其他单元格样式属性的情况下可以用来获取或设置应用于 DataGridView 中的单元格的默认样式。例如，要将 DataGridView 控件单元格的默认样式设为字体粗体，背景色蓝色，如下所示：

```
DataGridView1.DefaultCellStyle.Font=New Font _
                  (DataGridView1.Font, FontStyle.Bold)
DataGridView1.DefaultCellStyle.BackColor=Color.Blue
```

DataGridView 控件的 Rows 和 Columns 属性也具有 DefaultCellStyle 属性，可用来设置 DataGridView 控件中某行或某列的单元格样式，使用方法同 DataGridView 控件。

3. 利用 DataGridView 控件获取数据的代码编写

（1）获取选定单元格的数据。使用 DataGridView 控件的 SelectedCells 属性可以获取用户所选定的单元格集合，利用该属性可以访问当前选中的单元格。图 11-52 所示为设置并连接了数据源后的 DataGridView 控件示例，名称为 DataGridView1。

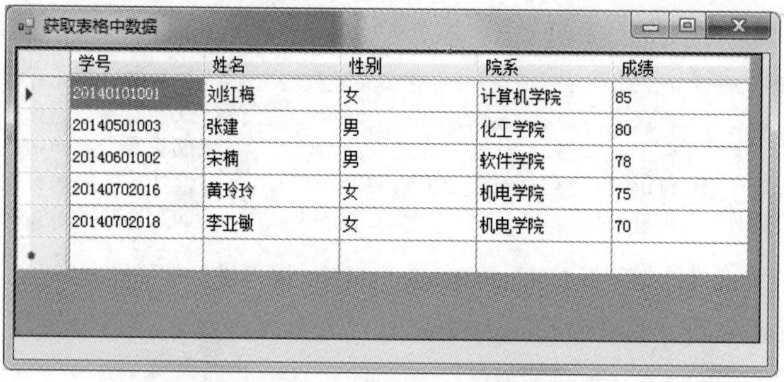

图 11-52 示例 DataGridView 控件

SelectedCells 属性返回的是 DataGridViewCell 对象的集合，利用其属性可以获取所选中单元格的值和信息，如下所示：

```
'通过 For Each…Next 循环遍历集合中的每个对象
For Each s As DataGridViewCell In DataGridView1.SelectedCells
    MsgBox("选中单元格的值为" & s.Value)
    MsgBox("列标为" & s.ColumnIndex & ",行标为" & s.RowIndex)
Next
```

利用 DataGridView 控件的 CurrentCell 属性即可以设置当前单元格，也可以访问当前单元格，用法如下：

```
DataGridView1.CurrentCell=DataGridView1(1, 3)               '设置当前单元格
    MsgBox("当前单元格的值为" & DataGridView1.CurrentCell.Value)'输出"黄玲玲"
    MsgBox("列标为" & DataGridView1.CurrentCell.ColumnIndex)'输出 1
    MsgBox("行标为" & DataGridView1.CurrentCell.RowIndex)      '输出 3
```

DataGridView 控件的 SelectedRows、SelectedColumns 属性可以获取用户所选定的行集合和列集合。如下代码将检查选定的所有行，在消息框中显示选中行的信息值：

```
For Each s As DataGridViewRow In DataGridView1.SelectedRows
    MsgBox("选中行的行标是" & s.Index)
    MsgBox("选中行的第三列的值是" & s.Cells(2).Value)
Next
```

如下代码将检查选定的所有列，在消息框中显示选中列的信息值，需要注意的是，此时要先将 DataGridView 控件的 SelectionMode 属性更改为 ColumnHeaderSelect 或 FullColumnSelect：

```
For Each s As DataGridViewColumn In DataGridView1.SelectedColumns
    MsgBox("选中列的列标是" & s.Index)
    MsgBox("列标题是" & s.HeaderText)
Next
```

（2）根据单元格内容设置显示格式。有时要根据单元格的值设置不同的显示格式，如下代码可以实现这类功能：

```
Private Sub DataGridView1_CellFormatting(sender As Object, e As
DataGridViewCellFormattingEventArgs)Handles DataGridView1.CellFormatting
    If DataGridView1.Columns(e.ColumnIndex).HeaderText="性别" Then
        If e.Value="男" Then
            e.CellStyle.ForeColor=Color.Red
            e.CellStyle.BackColor=Color.Yellow
        Else
            e.CellStyle.ForeColor=Color.Blue
            e.CellStyle.BackColor=Color.Green
        End If
    End If
End Sub
```

以上代码是将"性别"列为"男"的单元格的格式设置成字体为红色、单元格背景色为黄色；为"女"的单元格的格式设置成字体为蓝色、单元格背景色为绿色，效果如图 11-53 所示。

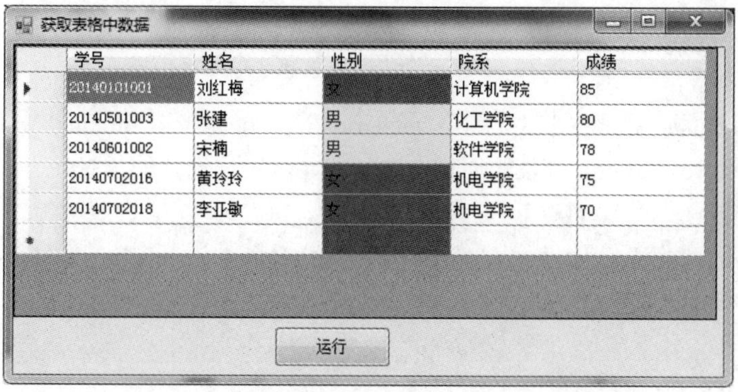

图 11-53　格式设置后的 DataGridView 控件

（3）设置单元格为只读。使用 ReadOnly 属性可以将 DataGridView 控件、指定行或指定列等的单元格设置为只读，如下所示：

```
DataGridView1.ReadOnly=True                 '所有单元格只读
DataGridView1.Columns(1).ReadOnly=True      '指定列的单元格只读
DataGridView1.Rows(1).ReadOnly=True         '指定行的单元格只读
```

```
DataGridView1(0, 0).ReadOnly=True                '指定单元格只读
DataGridView1.AllowUserToAddRows=False           '不显示添加行的选项
```

（4）显示控件：

① 插入按钮：可以通过代码的形式在 DataGridView 控件中新增一个按钮列，并可设置该列的显示形式，如下所示：

```
Private Sub Button1_Click(sender As Object, e As EventArgs) Handles Button1.Click
    Dim annv As New DataGridViewButtonColumn()
    annv.Name="按钮"
    annv.Text="按钮"
    annv.HeaderText="列标题"
    '按钮的 Text 属性值显示为列中单元格的按钮文本
    annv.UseColumnTextForButtonValue=True
DataGridView1.Columns.Insert(0, annv)
End Sub
```

启动运行后，单击"按钮"，显示结果如图 11-54 所示。

图 11-54　插入按钮后的 DataGridView 控件

② 插入复选框：需要创建一个 DataGridViewCheckBoxColumn 对象，以下代码为 DataGridViewCheckBoxColumn 对象的创建方法，并显示用户选择的信息。

```
Private Sub Button1_Click(sender As Object, e As EventArgs) Handles Button1.Click
    Dim fxuan As New DataGridViewCheckBoxColumn()
    fxuan.Name="选择"
    DataGridView1.Columns.Insert(0, fxuan)
End Sub
Private Sub DataGridView1_CellClick(sender As Object, e As DataGridViewCellEventArgs)
    Handles DataGridView1.CellClick
    If DataGridView1.Columns(e.ColumnIndex).Name="选择" Then
        MsgBox("选择了" & DataGridView1.Rows(e.RowIndex).Cells(2).Value)
    End If
End Sub
```

在按钮控件的 Click 事件处理程序中编写创建 DataGridViewCheckBoxColumn 对象并将其插

入 DataGridView 控件中的代码，在名称为 DataGridView1 的控件的 CellClick 事件中编写代码响应对单元格的单击操作。当单击某一复选框单元格时，消息框显示消息告知所选记录的"姓名"字段的值。运行结果如图 11-55 所示。

图 11-55　插入复选框后的运行结果

③ 插入下拉列表：需要创建一个 DataGridViewComboBoxColumn 对象，然后将对象插入到 DataGridView 对象中。以下代码为 DataGridViewComboBoxColumn 对象的创建方法。

```
Private Sub Button1_Click(sender As Object, e As EventArgs) Handles Button1.Click
    Dim xllb As New DataGridViewComboBoxColumn()
    xllb.Name="下拉列表"
    xllb.DisplayIndex=1
    xllb.HeaderText="下拉列表"
    xllb.DataSource=StudentDataSet.成绩表
    xllb.DisplayMember="学号"
    DataGridView1.Columns.Add(xllb)
End Sub
```

程序段中的语句 xllb.DisplayIndex = 1 使新建的下拉列表加在表中第二列的位置。通过 DataGridViewComboBoxColumn 对象 xllb 的 DataSource 属性设置填充组合框的数据源，通过设置 xllb 的 DisplayMember 属性让下拉列表中显示数据表中"学号"列的值。程序运行结果如图 11-56 所示。

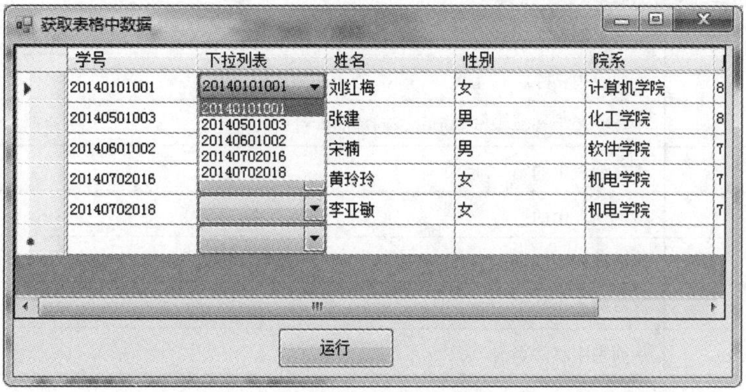

图 11-56　插入下拉列表后的 DataGridView 控件

11.6.2 数据绑定控件 BindingSource

数据绑定控件 BindingSource 的功能是可以绑定多个控件，它首先要与数据源建立连接，然后窗体中的控件与 BindingSource 绑定，从而当控件发生改变时可以自动更新数据，数据改变时也可自动更新控件。

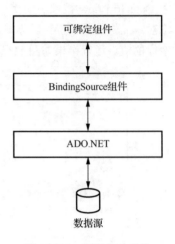

可以将 BindingSource 组件绑定到简单数据源，如对象的单个属性。也可以绑定到复杂数据源，如数据库表。BindingSource 组件作为一个媒介提供绑定和货币管理服务。在设计或运行时，通过将 BindingSource 组件的 DataSource 属性和 DataMember 属性分别设置为数据库和表，可以将该组件绑定到复杂数据源。从图 11-57 可以看到，在数据绑定结构中，BindingSource 组件适合放置的位置。

图 11-57　数据绑定结构

BindingSource 控件常用的属性如表 11-12 所示。

表 11-12　BindingSource 控件常用的属性

属　　性	说　　明
Name	指示代码中用来标识该对象的名称
AllowNew	确定是否允许向列表中添加新项
DataMember	指示与 BindingSource 绑定事实上的 DataSource 的子列表
DataSource	指示 BindingSource 的数据源
Filter	指示用于筛选的表达式
Sort	指示用于对由数据源返回的行集合排序的数据库列的名称
Modifiers	指示对象的可见性级别

BindingSource 控件常用的方法如表 11-13 所示。

表 11-13　BindingSource 控件常用的方法

方　　法	说　　明
Add( )	将现有的项添加到内部列表中
Clear( )	从列表中移除所有元素
Find( )	在数据源中查找指定的项并返回项的索引
MoveFirst( )	移至列表中的第一项
MoveLast( )	移至列表中的最后一项
MoveNext( )	移至列表中的下一项
MovePrevious( )	移至列表中的上一项
RemoveCurrent( )	从列表中移除当前项

1. 数据绑定控件 BindingSource 的使用方法

（1）创建工程，新建数据源，将数据库"student.accdb"连接到此项目，此数据库中有一个描述图书信息的表，表名为"成绩表"。

（2）打开"工具箱"窗口，双击"数据"组中的 BindingSource 控件。选中新添加的控件，在其"属性"窗口中分别设置 DataSource 属性值为项目数据源中的 StudentDataSet，DataMember 属性为"成绩表"。

（3）在窗体上添加"工具箱"窗口中"数据"组中的 DataGridView 控件，单击控件右上角的向右箭头，在弹出的任务窗口的"选择数据源"下拉列表中选择上个步骤创建的 BindingSource 控件，名称为 BindingSource1，如图 11-58 所示。

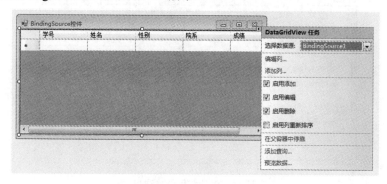

图 11-58　设置 DataGridView 控件

（4）在窗体上继续添加如图 11-59 所示的控件。

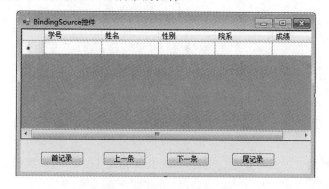

图 11-59　添加控件后的界面

（5）编写如下代码，实现记录的上翻、下翻等浏览操作。

```
'浏览首记录
Private Sub Button1_Click(sender As Object, e As EventArgs) Handles Button1.Click
    BindingSource1.MoveFirst()
End Sub
'浏览上一条记录
Private Sub Button2_Click(sender As Object, e As EventArgs) Handles Button2.Click
    BindingSource1.MovePrevious()
End Sub
'浏览下一条记录
```

```
Private Sub Button3_Click(sender As Object, e As EventArgs) Handles Button3.Click
    BindingSource1.MoveNext()
End Sub
'浏览尾记录
Private Sub Button4_Click(sender As Object, e As EventArgs) Handles Button4.Click
    BindingSource1.MoveLast()
End Sub
```

通过 BindingSource 控件的以 Move 开头的一类方法实现数据记录的浏览操作，程序运行结果如图 11-60 所示。

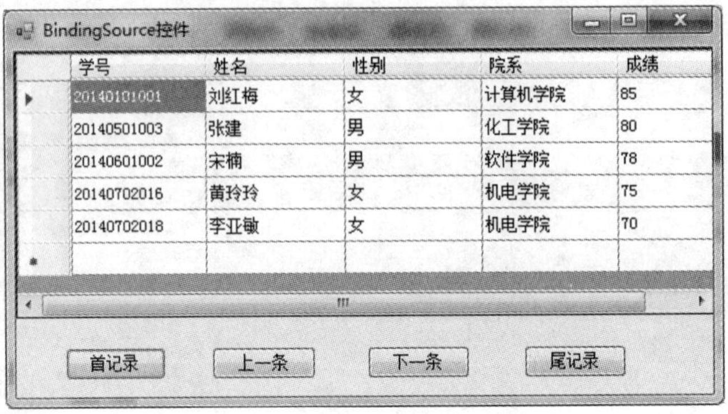

图 11-60 数据浏览结果

2. 数据绑定的应用

数据绑定是.NET 提供的能够实现从数据库中提取数据、在屏幕上显示数据以及用户在程序界面上查询数据、处理数据、保存数据的功能。利用数据绑定技术，可以把打开的数据表中的某个或者某些字段绑定到在命名空间 System.Windows.Forms 中定义的 WinForm 控件（如 Label 控件、TextBox 控件、ComBox 控件等）中的某些属性上，从而利用这些控件显示数据表中的记录信息。

数据绑定搭建了用户界面控件和数据源之间的桥梁。把用户界面上的控件绑定到数据源后，对数据源的修改就会直接反映到用户界面上，而用户界面上数据的修改也会引发对数据源的更新，由此不用编写代码就可以实现用户和数据之间的交互。数据绑定分为简单数据绑定和复杂数据绑定。

（1）简单的数据绑定。其对象通常都是诸如 TextBox、Label 等只显示单个值的控件，将一个控件绑定到单个数据元素，控件上的任何属性都可以绑定到数据库中的字段。

用代码设置简单数据绑定的语法如下：

```
控件.DataBindings.Add ("propertyName", dataSource, "dataMember")
```

在上面的参数中，propertyName 表示与数据库中字段绑定的控件属性的名称，dataSource 是数据源的名称，dataMember 用来设置要绑定到的指定列的名称。

例如，下面的代码将一个文本框控件的 Text 属性与一个表的"姓名"列绑定：

```
TextBox1.DataBindings.Add("Text", StudentDataSet.成绩表, "姓名")
```

（2）复杂的数据绑定。它是将一个控件绑定到多个数据元素，即基于列表的数据绑定。例如，在前面的示例中就介绍过将 DataGridView 控件绑定到数据表，这就是复杂的数据绑定，它是将控件与数据表中的多个数据的绑定。

能够实现复杂数据绑定的控件还包括 ListBox 和 ComboBox 等。下面介绍利用 ListBox 和 ComboBox 控件如何实现数据绑定。

① ListBox 数据绑定。创建工程、新建数据源后，从"工具箱"中选择 ListBox 控件拖到窗体中，单击控件右上的小箭头按钮，打开其智能任务窗口，如图 11-61 所示。

在智能任务窗口中选择"使用数据绑定项"命令，在"数据源"下拉列表中选择所建数据源中的某个表，假设此时选择前面例子所创建数据源中的"成绩表"表，在"显示成员"下拉列表中选择"姓名"，在"值成员"下拉列表中选择"姓名"，如图 11-62 所示。这里的显示成员和值成员是有区别的，区别在于显示成员对应于显示的内容，而在内存存储的是值成员。

单击工具栏上的"启动"按钮，在 ListBox 控件中显示选定的数据源"成绩表"表中所有"姓名"列的数据，如图 11-63 所示。

② ComboBox 数据绑定。ComboBox 控件数据绑定的方法和 ListBox 控件数据绑定的方法基本相同。

创建工程、新建数据源后，从"工具箱"中选择 ComboBox 控件拖到窗体中，单击控件右上的小箭头按钮，打开其智能任务窗口，在智能任务窗口中选择"使用数据绑定项"命令，在"数据源"下拉列表中选择"成绩表"表，在"显示成员"下拉列表中选择"学号"，在"值成员"下拉列表中选择"学号"，如图 11-64 所示。

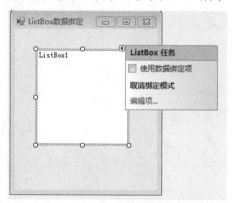

图 11-61　ListBox 控件的智能任务窗口

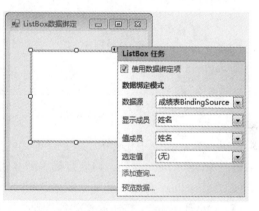

图 11-62　设置 ListBox 控件

图 11-63　ListBox 控件绑定数据运行结果

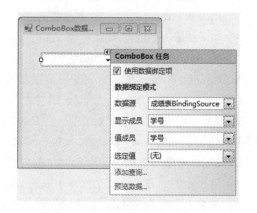

图 11-64　设置 ComboBox 控件

单击工具栏上的"启动"按钮，在 ComboBox 控件中显示选定的数据源"成绩表"表中所有"学号"列的数据，如图 11-65 所示。

11.6.3　数据导航控件 BindingNavigator

BindingNavigator 控件表示在窗体上定位和操作数据的标准化方法。多数情况下，BindingNavigator 与 BindingSource 控件成对出现，用于浏览窗体上的数据记录，并与它们交互。在这些情况下，BindingNavigator 控件的 BindingSource 属性被设置为与数据源关联的 BindingSource 组件。

图 11-65　ComboBox 控件绑定数据运行结果

1．BindingNavigator 的结构

默认情况下，BindingNavigator 控件的用户界面由一系列 ToolStrip 按钮、文本框和静态文本元素组成，用于进行大多数常见的数据相关操作（如添加数据、删除数据和在数据中导航）。每个控件都可以通过 BindingNavigator 控件的关联成员进行检索或设置。BindingNavigator 控件的结构如图 11-66 所示。

图 11-66　BindingNavigator 控件的结构

BindingNavigator 中包含的这些控件的功能如下。

（1）AddNewItem 按钮：将新行插入到基础数据源。

（2）DeleteItem 按钮：从基础数据源删除当前行。

（3）MoveFirstItem 按钮：移动到基础数据源的第一项。

（4）MoveLastItem 按钮：移动到基础数据源的最后一项。

（5）MoveNextItem 按钮：移动到基础数据源的下一项。

（6）MovePreviousItem 按钮：移动到基础数据源的上一项。

（7）PositionItem 文本框：返回基础数据源内的当前位置。

（8）CountItem 文本框：返回基础数据源内总的项数。

上述的每个控件，BindingSource 组件中都有一个对应的成员，这些成员以编程方式提供相同功能。例如，MoveFirstItem 按钮对应于 BindingSource 组件的 MoveFirst( )方法，DeleteItem 按钮对应于 RemoveCurrent( )方法等，这里不再详细介绍。

2．在窗体中添加 BindingNavigator 的方法

以下通过示例的方式介绍在窗体中添加 BindingNavigator 的方法：

（1）新建一个名为 XSGL 的 Visual Basic 项目。

（2）数据源设置为前面所使用过的数据库 student.accdb。

在"数据源"窗口中单击"成绩表",然后单击右边的下拉按钮,选项 DataGridView 选项,然后将"成绩表"表拖放到窗体左侧。在窗体顶部添加一个导航栏 BindingNavigator1,选中 BindingNavigator1,在属性栏中更改 BindingSoure 属性为"成绩表 BindingSource"(见图 11-67),这时新添加的导航栏和"成绩表"之间已建立连接。

图 11-67　设置导航栏属性

(3)单击工具栏上的"启动"按钮,运行结果如图 11-68 所示。

学号	姓名	性别	院系	成绩
20140101001	刘红梅	女	计算机学院	85
20140501003	张建	男	化工学院	80
20140601002	宋楠	男	软件学院	78
20140702016	黄玲玲	女	机电学院	75
20140702018	李亚敏	女	机电学院	70

图 11-68　导航栏工作的窗体

11.6.4　图表控件 Chart

利用图表控件用户可以直接在窗体上插入图表,其为图形统计和报表图像显示提供了很好的解决办法,并给使用者带来了极大的方便性。图表控件的功能比较强大,可以支持各种各样的图形显示,常见的有点状图、柱状图、曲线图、面积图等。

图表控件 Chart 的使用方法比较简单,主要是要设置好用于填充图表序列的数据源、图表类型以及用于绑定到图表不同序列的数据源成员。具体用法如下:

(1)新建一个名为"Chart 示例"的 VB.NET 项目。

(2)添加数据源。将数据库 student.accdb 连接到此项目,此数据库中有一个描述学生成绩的表,表名为"成绩表"。

(3)打开"工具箱"窗口,在窗体上添加"数据"组中的 Chart 控件,设置其 DataSource 属性值为 StudentDataSet 下的"成绩表",此时即将填充 Chart 控件的数据源设置为"成绩表"。

（4）设置 Chart 控件的 Series 集合属性。单击 Series 属性后面的省略号按钮，打开"Series 集合编辑器"对话框，设置"数据"组中的 Name 属性为"成绩"，即将数据系列的名称设为"成绩"。"图表"组中的 ChartType 属性用于设置图表类型，此时选择默认值 Column，即柱状图，之后将"数据源"组中的 XValueMember 和 YValueMembers 属性分别设置为"姓名"和"成绩"，即将图表的 X 值绑定到"成绩表"的"姓名"列，Y 值绑定到"成绩表"的"成绩"列。设置完成后单击"确定"按钮关闭对话框。

（5）单击工具栏上的"启动"按钮，可以在窗体上以柱状图表的形式浏览"成绩表"中的指定数据，如图 11-69 所示。

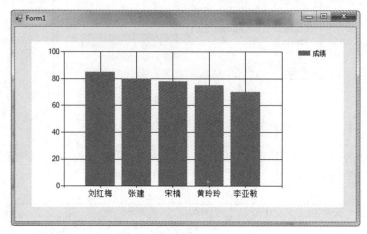

图 11-69　Chart 图表控件

11.7　数据库项目实例

11.7.1　学生信息管理系统简介

学生信息管理系统主要实现对学生信息管理和用户管理。系统包括 2 个基本模块：登录子系统、学生信息管理子系统。系统的登录界面如图 11-70 所示。

图 11-70　系统登录界面

系统内置若干个用户名及密码，输入正确就可以登录系统。进入系统后，出现系统主窗口，如图 11-71 所示。系统菜单中包括 3 个菜单项：用户管理、学生管理和关于。"用户管理"菜单中包括 3 个子菜单：修改用户信息、删除用户信息、添加用户信息。"学生管理"菜单中包括 3 个子菜单：查询学生信息、修改学生信息、添加学生信息和删除学生信息。主窗口中放置一个 DataGridView 控件。

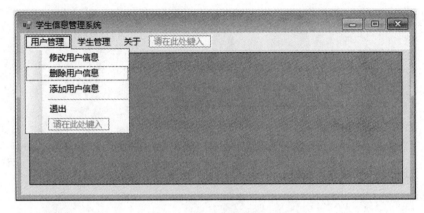

图 11-71 系统主窗口

11.7.2 数据库设计

由于本系统设计相对简单，所以采用 Access 数据库。数据库中包括 2 个基本信息表：用户信息表和学生信息表。

（1）用户信息表用来存储系统登录用户的信息，结构如表 11-14 所示。

表 11-14 用户信息表结构

字 段 名	类 型
用户名	文本（主键）
密码	文本

（2）学生信息表用来存储学生的基本信息，结构如表 11-15 所示。

表 11-15 学生信息表结构

字 段 名	类 型	说 明
学号	文本（主键）	唯一
姓名	文本	不可为空
性别	文本	男或女
年龄	数字	可为空
生日	日期/时间	可为空

11.7.3 重点子系统功能实现

本系统是针对数据库项目的开发，基本上都是对数据库表的查询、添加、删除、修改。有了前面的学习基础，大部分功能都可以自行设计编写，这里只介绍部分具代表性的功能代码。

1. 登录子系统

在 Visual Studio 2013 中新建窗体应用程序项目，名为"学生信息管理系统"，在项目中添加"用户控件"中的"登录窗体"，（见图 11-70）。

"确定"按钮的代码如下：

```
Private Sub OK_Click(ByVal sender As System.Object, ByVal e As System.EventArgs)
  Handles OK.Click
    Dim Conn As New OleDb.OleDbConnection()
    Dim Cmd As OleDb.OleDbCommand
    Dim Rd As OleDb.OleDbDataReader
    Dim SQLstring As String
Dim Constr As String
Constr="Provider=Microsoft.Ace.oledb.12.0;data source=d:\students.accdb"
    Try
        Conn=New OleDb.OleDbConnection(mystr)
        Conn.Open()
        SQLstring="Select*From 用户信息 Where 用户名='" & _
     UsernameTextBox.Text & "' And 密码='" & PasswordTextBox.Text & "'"
        Cmd=New OleDb.OleDbCommand(SQLstring, Conn)
        Rd=Cmd.ExecuteReader()
        If Rd.Read() Then
            Form1.Show()
            Me.Hide()
        Else
            MsgBox("密码或用户名错误!", MsgBoxStyle.Critical+MsgBoxStyle.
                OkOnly, "错误提示!")
            UsernameTextBox.Text=""
            PasswordTextBox.Text=""
            UsernameTextBox.Focus()
        End If
        Conn.Close()
        mycon.Close()
    Catch ex As Exception
        MessageBox.Show("数据库打开失败")
    End Try
End Sub
```

2. 学生管理子系统中查询学生信息的功能实现

选择"学生管理"→"查询学生信息"命令，打开如图 11-72 所示的对话框。

在此窗口，输入学生学号，对学生的信息进行查询，对应学号学生的信息在相应文本框中显示。

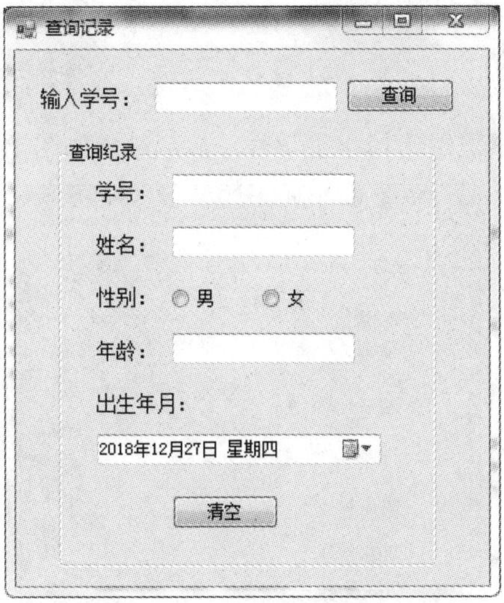

图 11-72　查询学生信息窗口

"查询"按钮的代码如下：

```
Private Sub Button1_Click(sender As Object, e As EventArgs) Handles Button1.Click
    Dim sqlselect As String
    Dim myda1 As New OleDbDataAdapter
    Dim myds1 As New DataSet
Dim mycon As OleDbConnection
Dim mystr as string
mystr="Provider=Microsoft.Ace.oledb.12.0;data source=d:\students.accdb"
    sqlselect="select*from 学生信息 where xh='" & TextBox1.Text & "'"
    Try
        mycon=New OleDb.OleDbConnection(mystr)
        mycon.Open()
        myda1=New OleDb.OleDbDataAdapter(sqlselect, mycon)
        myds1.Clear()
        myda1.Fill(myds1, "mytable1")
        If myds1.Tables("mytable1").Rows.Count>0 Then
            TextBox2.Text=myds1.Tables("mytable1").Rows(0).Item(0)
            TextBox3.Text=myds1.Tables("mytable1").Rows(0).Item(1)
            If myds1.Tables("mytable1").Rows(0).Item(2)="男" Then
                RadioButton1.Checked=True
            End If
            If myds1.Tables("mytable1").Rows(0).Item(2)="女" Then
                RadioButton2.Checked=True
            End If
            TextBox4.Text=myds1.Tables("mytable1").Rows(0).Item(3)
    DateTimePicker1.Value=myds1.Tables("mytable1").Rows(0).Item(4)
        Else
            MsgBox("没有这个学号! ")
        End If
        mycon.Close()
    Catch ex As Exception
```

```
        MessageBox.Show("数据库错误!")
    End Try
End Sub
```

启动运行程序后，在文本框中选择学生学号，显示结果如图 11-73 所示。

图 11-73　输入学生学号后的查询窗口

习　　题

一、简答题

1. 什么是关系型数据库？

2. .NET 提供的 4 种数据提供程序及各自的使用范围是什么？

3. ADO.NET 的 5 个数据库访问的操作对象是什么？

4. DataTable 对象的两个重要属性是什么？

5. 什么是数据绑定？分为哪两种？

6. 简述使用 DataGridView 控件显示数据库记录的过程。

7. 简述在窗体中添加多个 BindingNavigator 的方法。

二、程序设计题

1. 编写程序，在 DataGridView 控件中实现奇数行背景色和偶数行背景色不同，奇数行背景色为 Blue，偶数行背景色为 Gray。

2. 利用 Access 新建一个名为 zgda.accdb 的数据库文件，新建 zgb 数据表，表中包括职工编号、所属部门、姓名、性别、出生日期、参加工作时间、职务、职称、联系电话、备注等字段。设计利用控件 DataGridView 显示此表的信息。

3. 在 VB.NET 窗体中利用 DataAdapter 对象对 zgda 数据库中 zgb 数据表的数据进行添加、修改和查询。

第12章　ASP.NET 动态网页开发初步

在 Internet 迅速发展的今天，网页的制作与网站的架设越来越受到人们的重视和喜爱。要建立一个网站，有众多开发技术方案可供选择。其中，Microsoft 推出的 ASP. NET 凭借其声誉和强大的技术实力赢得了无数网站开发者的青睐。

通过前面章节的学习，已经熟悉了利用 VB.NET 开发 Windows 窗体应用程序，创建基于客户/服务器（C/S）模式的应用系统。其实，.NET 的最大优势在于开发基于网络的 Web 应用程序，架设基于浏览器/服务器（B/S）模式的应用系统。本章将结合 Visual Studio 2013、ASP.NET 和 Access 数据库开发环境，采取实例演示和操作过程图解的形式，引导用户快速进入动态网页 Web 应用程序的开发。

12.1　ASP.NET 动态网页简介

12.1.1　网页的概念

网页是 Web 中的基本文档，它一般用 HTML 或者其他语言（如 VBScript、JavaScript、PHP、JSP 、ASP、ASP. NET）编写的，因此网页文件的扩展名一般为.htm、.html、.php、.jsp、.asp、.aspx 等。网页是一种多媒体作品，在网页中可以嵌入文本、图形、音频和视频信息。

网页的设计与制作是一门综合性较强的技能，除了需要先进的工具之外，学习者还必须掌握网络的一些概念和服务器系统配置，图形图像处理，网页的制作、编辑、维护等多方面的知识，才能达到比较专业的水准。

根据网页执行过程的不同，可以将网页分为静态网页和动态网页两大类。其中，静态网页中也可以使用网页的动态表现技术（如 Flash 动画）；动态网页是指网页的内容更新技术，其关键和难点是网页对后台数据库的访问技术。

1. 静态网页

静态网页是在发送到浏览器时不进行修改的页。这类网页文件中没有程序代码，只有 HTML 标记，一般以.htm 或.html 为扩展名。制作工具可以是记事本、EditPlus 等纯文本编写工具，也可以是 FrontPage、SharePoint、Dreamweaver 等所见即所得的工具。严格来说，"静态网页"可能不是完全静态的。例如，鼠标指针经过图像或 Flash 内容（SWF 文件）可以使静态网页活动起来。当 Web 服务器接收到对静态网页的请求时，服务器将读取该请求，查找该页，然后将其发送到发出请求的浏览器，如图 12-1 所示。

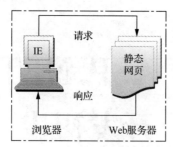

图 12-1　静态网页的执行过程

静态网页的缺点是：如果要修改网页，必须修改源代码，并重新上传。

2．动态网页

所谓动态网页，就是网页内含有程序代码，并会被服务器端执行。动态网页文件不仅含有 HTML 标记，而且含有程序代码，这种网页的扩展名一般根据不同的程序设计语言而不同，如.asp、.jsp、.aspx 等。用户要浏览这种网页时必须由服务器端先执行程序后，再将执行完的结果下载给客户端的浏览器。由于执行程序时的条件不同，所以执行的结果也可能会有所不同，所以称为动态网页。

复杂的动态网页不仅包含应用程序，还可能通过嵌入的程序代码在服务器端使用数据库，用浏览器浏览使用数据库的动态网页的过程如图 12-2 所示。

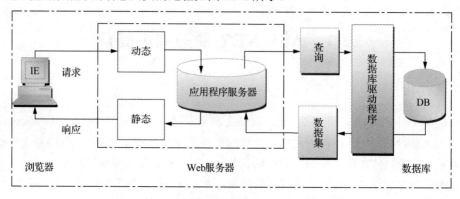

图 12-2　使用数据库的动态网页

从图 12-2 中可以看出，数据库的动态网页的执行过程如下：

（1）浏览器向网络中的 Web 服务器发出请求，指向某个动态网页。

（2）Web 服务器接收请求信号后，将该网页送至应用程序服务器。

（3）应用程序服务器查找网页中的应用程序指令。

（4）应用程序服务器将查询指令发送到数据库驱动程序。

（5）数据库驱动程序对数据库进行查询。

（6）记录集/数据集返回给数据库驱动程序。

（7）驱动程序再将记录集/数据集送至应用程序服务器。

（8）应用程序服务器将数据插入网页中，此时动态网页变为静态网页。

（9）Web 服务器将完成的静态网页传给浏览器。

（10）浏览器接到 Web 服务器送来的信号后开始解读 HTML 标签并对其进行转换，有时还执行脚本程序，然后将结果显示出来。

从执行的过程来看，使用数据库的动态网页是最复杂的，因此在设计时也最容易出错。网页设计中，网页对数据库的访问技术是网页设计中的重点和难点，所以网页设计爱好者一般都会对使用数据库的网页下很大的功夫去研究，不但要考虑网页的执行效率，还要考虑网页的兼容性。

12.1.2　Web 语言

网页中涉及的语言有十几种，如 HTML、VBScript、JavaScript、JSP、PHP、ASP、ASP.NET 等，这里仅给出最常接触到的几种。ASP.NET 程序和 ASP 程序相似，都是由 HTML 网页标记和 ASP.NET 程序代码组成。ASP.NET 程序代码既可以与 HTML 标记混合编写，也可以将程序代码和 HTML 标记分开，以保证程序的可读性，同时也可以使开发小组成员并行工作。编写 ASP.NET 应用程序，同样需要掌握常用的 HTML 标记。

1．HTML

HTML（超文本标记语言）是一种描述文档结构的标注语言，它使用了一些约定的标记对 WWW 上的各种信息进行标注。当用户浏览 WWW 上的信息时，浏览器会自动解释这些标记的含义，并按照一定的格式在屏幕上显示这些被标记的文件。HTML 的优点是其跨平台性，即任何可以运行浏览器的计算机都能阅读并显示 HTML 文件，且显示结果相同。

HTML 代码的最基本的特点：在代码中有很多<>括号的代码，这就是 HTML 的标记符号；代码主要由 head、body 两部分构成；代码中有很多成对出现的标记，表示结束的标记要多一个反斜杠。

下面是部分常用的 HTML 标记：

（1）< html >和< /html >：超文本的开始和结束。

（2）< head >和< /head >：超文本标题的开始和结束，但这并不是必需的。在头部标记中可以使用<title>、<base>、<link>、<meta>等标记，这些标记的主要作用是对该网页文件的一些参数进行说明。

（3）< title >和< /title >：超文本窗口标题的开始和结束，它被显示在浏览器顶端的标题栏中。

（4）< meta >：用来描述 HTML 文档的元信息，即文档自身的信息。

（5）< body >和< /body >：正文的开始和结束，它被显示在浏览器中。其中可以包含许多元素，是 HTML 的核心部分。

（6）<p>…</p>：段落标记。将标记中的内容作为一个段落显示，段落的前后都有空行。

（7）<hn>：标题标记，从<h1>到<h6> 共有 6 个标题标记。

（8）
：换行标记，用于定义文字之间的换行。

（9）<hr>：分隔线标记，用于画一条水平线，分隔文本。

（10）<font> </font>：字体样式控制标记，控制文字的显示外观。

（11） ：这是空格符的 HTML 代码。

（12）<table> </table>：用于定义一个表格。

（13）<caption> </caption>：用于定义表格的标题。

（14）<tr> </tr>：用于定义表格的一行。

（15）<th> </th>：用于定义一列的标题。

（16）<td> </td>：用于定义一列的内容。

（17）<a > </a>：标记，用于网页文件的超链接。

2．ASP

ASP（Active Server Pages）是功能强大且易于学习的脚本编程工具。在目前的网站架设服务器端的程序语言中，ASP 凭借微软在计算机界的占有率优势，已成为最流行的程序语言之一，由于其支持脚本语言（VBScript、JavaScript 和 HTML 等）并采用解释的方式执行，利用它可创建动态的、快速的、交互性的 Web 站点。其优点是学习较为简单，容易上手；缺点是程序代码比较烦琐杂乱，使程序的体积趋于庞大，在服务器端执行时的效率比较低。

3．ASP.NET

ASP.NET 是为了建立动态 Web 应用程序而重新打造的全新技术。它可以在 Visual Studio 2013 中开发，支持所见即所得、拖放控件和自动部署等功能，使开发效率大大提高。微软 ASP．NET 网络应用程序操作平台的优势主要体现在以下几方面：

（1）用户界面和业务逻辑的分离。ASP.NET 提供了 Web 窗体和标准控件，允许开发人员在可视方式下选定页面上控件的类型，不必在 HTML 用户界面标记中输入；同时，页面的 HTML 文件中的 Code Behide 属性，指明了业务逻辑文件的位置，这样实现了 HTML 与业务逻辑的分离。

（2）灵活的代码编译。ASP 页面在每次运行时，都需要解释器解释其中的脚本代码；但 ASP.NET 页面只是在第一次被请求时被编译进.NET 类中，以后的请求就从类缓存中直接调出，提高了工作效率。如果修改了 ASP.NET 页面的源代码，ASP.NET 运行时自动检测，重新被编译进.NET 类中。

（3）更多的脚本语言支持。ASP 的脚本语言，通常是 VBScript 和 JScript。但在.NET 框架中，可以使用 Visual Basic、Visual C#、Visual F#、Visual C++等多种开发语言。

（4）完整的浏览器支持。ASP.NET 运行环境在处理控件时，它自动从 HTTP 请求文件头中识别出浏览器的类型，然后生成适合于该浏览器的页面，这样，开发人员就不必花费大量的时间去考虑某种浏览器的性能问题。

12.1.3　ASP.NET 环境配置

1．硬件环境

运行 ASP．NET 的硬件环境当然是越高档越好，这样安装和执行都会很快。采用 Microsoft Visual Studio 2013 作为开发环境时，以下是其安装与配置建议。

最低要求：1.6 GHz 的 CPU、1 GB 的 RAM、1 024×748 像素的显示器、10 GB 的可用硬盘空间。

建议配置 2.2 GHz 或速度更快的 CPU、1 GB 或更大容量的 RAM、1 280×1 024 像素的显示器、7 200r/min 或更高转速的硬盘。

2．支持 Visual Studio 2013 的操作系统

当前支持 Visual Studio 2013 开发环境的操作系统包括 Windows 7 SP1、Windows 8、Windows 8.1、Windows Server 2008、 Windows Server 2012 和 Windows 10。

3. 添加 Internet 信息服务（IIS）

在 Windows10 操作系统下安装 IIS 服务的一般步骤是：选择"开始"→"所有程序"→"控制面板"；在"控制面板"对话框中单击"程序"；在"程序"对话框中单击"启用或关闭 Windows 功能"选项，如图 12-3 所示。

图 12-3　"程序"对话框

在"Windows 功能"对话框（见图 12-4），选中 Internet Information Services 复选框，在其功能展开选择框中选择需要的功能即可，然后单击"确定"按钮。

图 12-4　"Windows 功能"对话框

Windows 功能开始下载并安装所选功能的程序，直到出现"Windows 已完成请求的更改"，单击重启计算机。

安装完毕后，在浏览器中输入 http://localhost，能够显示欢迎文字，表示安装成功。

服务器名称对应于服务器的根文件夹，在 Windows 计算机上通常是 C:\Inetpub\wwwroot。通过在浏览器地址栏中输入以下 URL 可以打开存储在根文件夹中的任何 Web 页：

http://your_server_name/your_file_name

http://localhost/虚拟目录/主页

http://127.0.0.1/ /虚拟目录/主页

说明：由于 Visual Studio 2013 内置了一个小型的 Web 服务器，已经具备了开发和调试 ASP. NET 网页的条件，所以，也可以不必通过安装 IIS 来配置 Web 服务器。

12.1.4 创建 ASP.NET 网站

【例 12-1】使用 Visual Studio 2013 环境，利用 Label、Textbox、Button、RadioButtonList、CheckBoxList 等 Web 标准控件设计如图 12-5 所示的页面，实现个人爱好在线调查。

新建 ASP. NET 网站，如图 12-5 所示。

图 12-5 "新建网站"对话框

1. 创建 ASP.NET 网站

（1）选择"开始"→"所有程序"→Microsoft Visual Studio 2013 命令，启动 Microsoft Visual Studio 2013。

（2）选择"文件"→"新建网站"命令，打开"新建网站"对话框。

（3）在"模板"列表中选择 Visual Basic，选择"ASP. NET 空网站"，在"Web 位置"文本框中输入网站保存的位置及名称，单击"确定"按钮。

新建网站文件结构如图 12-6 所示。

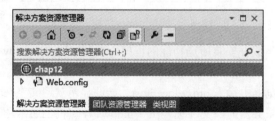

图 12-6 新建网站文件结构

2. 利用工具箱中的相关控件设计应用程序界面

（1）选择"网站"→"添加新项"→"Web 窗体"选项，添加网页 ex12-1.aspx，如图 12-7 所示。

图 12-7　"添加新项"对话框

（2）通过工具箱中的 HTML 控件，在页面上添加一个表格，并将其修改为 4 行 2 列。通过工具箱的标准控件加入 3 个 Label，一个 RadioButtonList 控件和一个 CheckBoxList 控件，同时需修改 RadioButtonList 控件和 CheckBoxList 控件的 RepeatDirection 属性分别设置为 Horizontal 和 Vertical，页面设置如图 12-8 所示，运行效果如图 12-9 所示。

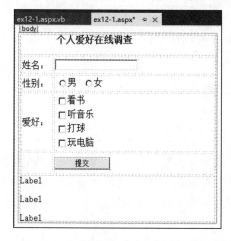

图 12-8　页面设计

图 12-9　运行效果

3. 功能代码的编写

在 Button 控件上双击，在打开的代码窗口中编写如下代码：

```
Protected Sub Button1_Click(sender As Object, e As EventArgs) Handles Button1.Click
    Label1.Text="您的大名是: " & TextBox1.Text
    If RadioButtonList1.SelectedIndex>-1 Then
        Label2.Text="您的性别是: " & RadioButtonList1.SelectedItem.Text
    End If
    Dim str1 As String, i As Integer
    str1="您的爱好是: "
    For i=0 To CheckBoxList1.Items.Count-1
```

```
        If CheckBoxList1.Items(i).Selected Then
            str1=str1+CheckBoxList1.Items(i).Text & " "
        End If
    Next
    Label3.Text=str1
End Sub
```

12.1.5 表单数据验证

网页表单的用途是提供用户输入信息，为避免用户输入一些不规范的信息，就必须在网页程序中加入检查功能，这种功能就是表单验证功能。在 ASP.NET 中有专门的表单验证控件用于表单信息的验证，这种验证模式称为客户端验证模式。一般情况下，在 ASP.NET 程序中大都使用客户端验证。另外，对于一些必须在服务器端验证的数据，ASP.NET 验证控件也提供服务器端验证工作模式。

1．表单验证控件分类

网页表单验证控件和 Web 控件一样，都属于 System.UI.WebControls 命名空间，ASP.NET 的验证控件有如表 12-1 所列的几种。

表 12-1　表单验证控件

控　　件	名　　称	说　　　明
RequiredFieldValidator	输入验证	验证是否已输入数据
CompareValidator	比较验证	将用户输入的数据与另一个数据进行比较
RangeValidator	范围验证	验证输入的数据是否在指定的范围内
RegularExpressionValidator	格式验证	验证输入的数据是否符合指定的格式规范
CustomValidator	用户验证	自定义验证程序
ValidationSummary	验证汇总	显示未通过验证的控件的信息

在一个网页程序中可以利用上述的几种验证控件对表单数据进行验证，如果一个网页中所有验证控件都验证通过，那么该网页自身的 Page 对象的 IsValid 属性将会是 True 值。反之，如果网页 Page 对象的 IsValid 属性是 False 值，则说明网页中至少有一个验证控件未能验证通过。

2．可以验证的表单控件

在网页表单中可以使用多种表单控件，但并非所有控件都能使用验证控件。可以使用验证控件的表单控件如表 12-2 所示。

表 12-2　可以使用验证控件的表单控件

表单控件类别	控　件　名　称	可验证的属性
HTML 控件	InputText	Value
	TextArea	Value
	Select	Value
	InputFile	Text

表单控件类别	控 件 名 称	可验证的属性
Web 控件	TextBox	Text
	ListBox	SelectedItem.Value
	DropDownList	SelectedItem.Value
	RadioButtonList	SelectedItem.Value

3．表单验证控件公有属性

由于验证控件和 Web 控件是同一类控件，因此验证控件也具有 Web 控件的基本属性。另外，验证控件本身属于 BaseValidator 类，因此也具有 BaseValidator 类的属性。常用的属性有以下几个：

（1）ComtrolToValidate：要验证的控件的名称。

（2）Enabled：该验证控件是否有效，默认为 True。

（3）Text：未通过验证时要显示的信息。

（4）ErrorMessage：未通过验证时要显示的信息（可供 ValidationSummary 控件使用）。

（5）Display：错误信息的显示方式。有 3 种取值：

① None：不在网页中显示出错信息。

② Static：在网页中保留出错信息显示的位置。

③ Dynamic：未通过验证时才在显示区域显示出错信息。

12.2　ASP.NET 内置对象

ASP. NET 程序的核心是对象，必须依靠.NET Framework 对象库中的对象才能组成功能强大的 Web 应用程序。可以说，掌握了 ASP. NET 对象就掌握了大部分的 ASP. NET 编程方法。在 ASP. NET 众多的对象中，Response、Request、Server、Application、Session 等几个对象是最常用的。

12.2.1　ASP.NET 对象简介

1．.NET Framework 对象类库及名称空间

整个.NET Framework 的主体就是一个对象类库，ASP. NET 依靠这些对象库中的对象才能组成功能强大的 Web 应用程序。.NET Framework 中包含有上百个类，这些类已经提供了很多基本的功能，在开发应用程序时可以方便地使用，快速地完成开发工作。.NET 中的这些数量众多的类库被放在不同的名称空间中进行管理。下面列出 ASP. NET 常用的名称空间，其他的名称空间在使用时可以参看相关资料。

（1）System.Web.UI：该空间中存放的类主要用于建立网页中的各种控件，如按钮、标签等。要注意的是网页本身也是一个 Page 类。该空间可以自动导入到网页中，即在网页中可以直接使用。

（2）System.Web：该空间中主要存放建立网站所需要的类。主要包括有关当前 HTTP 请求的 HttpRequest 类、管理对客户端 HTTP 输出的 HttpResponse 类、Cookie 操作类、文件传输类

等。该空间也是自动导入到网页中的。

（3）System.Data：主要包含 ADO. NET 相关操作的类。该空间需要导入。

（4）System.Data.OleDb：主要包含用于操作 OleDb 数据的类。该空间需要导入。

（5）System.Data.SqlClient：主要包含用于操作 SQL Server 数据的类。该空间需要导入。

（6）System.IO：主要包含在数据流和文件之间进行同步、异步读写操作的类。

（7）System.XML：主要包含处理 XML 数据的类。

2．使用名称空间的注意事项

. NET Framework 中的名称空间是层次结构，层次之间以点号（.）连接。导入指定的空间后，其子空间并未包含在内。例如，在程序需要访问 Access 数据库时，在导入 System.Data 空间后，还需要导入 System.Data.OleDb 子空间，才能使用 System.Data.OleDb 空间中的类。

编程时如果需要使用某空间中的类，应该先将空间导入，再以定义变量的形式将类实例化为一个对象才能使用。但 System.Web.UI 空间、System.Web 空间是自动导入的，可以直接实例化对象。每一类对象的功能主要由属性、方法实现，因此，学习对象的重点就是掌握对象的属性和方法。

3．Page 类

（1）Page 类的功能和用法。Page 类是 System.Web.UI 空间的类，当从 Web 服务器上请求一个 ASP. NET 页面时，服务器端的 ASP. NET 模块（aspnet_isapi.dll）会为请求的页面文件生成一个继承自 Page 类的新类 aspx。因此，aspx 文件可以直接访问 Page 类中的属性和方法，实际上可以将访问每一个 ASP. NET 文件看成是 Page 类的对象实例。Page 对象可以引发的事件过程如表 12-3 所示。

表 12-3　Page 类的常用事件

事 件 名 称	事件处理过程	说　　明
Init	Page_init	初始化网页控件时发生
Load	Page_load	ASP.NET 程序加载时发生
Prerender	Page_prerender	建立网页控件前，更新时发生
Unload	Page_unload	关闭或卸载 ASP.NET 程序时发生

（2）Page 对象常用属性。Page 对象常用属性包括 Response、Request、Server、Application、Session、Cookies 等。在访问这些属性时，Page 类会返回属性相对应的 HTTP 类的一个对象。也就是说，在 ASP. NET 程序中可以直接使用以上对象实现程序的功能。

① Request 对象：可以保存 Web Client 端送往 Web Server 端的所有信息。

② Response 对象：可将信息从 Web Server 端传送到 Web Client 端。可以使用它实现页面的跳转或 Cookie 值的设置。ASP. NET 程序的输出功能主要使用 Response 对象完成。

③ Server 对象：主要功能是执行与 Web 服务器直接相关的一些操作，它包含有几个重要的方法，Server 对象的功能主要就靠这些方法体现。

④ Session 对象：能够记录用户每一次上线的个人信息，它相当于每个上线用户的私有变量集合。它随着用户的上线而产生，随着用户的下线或强制解除而终止。

⑤ Application 对象：能够记录所有 ASP. NET 程序共有的信息，它相当于所有上线用户的

公共变量集合。Application 对象伴随着 Web 应用程序的开始运行而产生，随着 Web 应用程序的运行结束而终止。

⑥ Cookies 对象：该对象是 Request 对象、Response 对象中的成员。利用 Cookies 对象可以将用户的个人信息存放在客户端。

在 ASP. NET 程序中使用对象时，必须严格按照语法要求进行书写。由于对象的功能主要是由方法和属性体现，因此对于每一个要使用的对象必须先熟悉它内含的方法和属性。用对象的方法和使用一般的函数相似，使用对象的属性和使用一般的变量相似。另外，有些内置对象可以包含多个相同类型的属性值，这些相同类型的属性值称为属性集合，对属性集合的使用与数组变量相似。ASP. NET 程序中对象的名称不区分大小写，但习惯上，对象名的第一个字母都是大写的。

12.2.2　Response 对象

Response 对象最基本的功能是传送字符串到客户端。其常用的方法和属性如下：

1. Response 对象的 Redirect( )方法

Response 对象的 Redirect( )方法的作用是：进行页面的重定向，即实现页面的跳转。使用 Redirect( )方法的语法如下：

```
Response.Redirect (URL)
```

参数 URL：浏览器重定向到的统一资源定位符（URL）。

```
Response.Redirect("http://www.zzuli.edu.cn")
```

2. Response 对象的 Write( )方法

Response 对象的 Write( )方法的作用是：将字符串传递给浏览器并显示出来。使用 Write( )方法的语法如下：

```
Response.Write (variant)
```

参数 variant：需要输出的数据。该参数可以是任何 VB.NET 的数据类型，包括字符、字符串和整数。以下示例用 Response.Write( )方法将输出发送到客户端。

```
Response.Write ("Hello, everyone!")
```

3. Response 对象的 End( )方法

Response 对象的 End( )方法的作用是停止当前程序的执行。这在调试程序时很有用。使用 End( )方法的语法如下：

```
Response.End ()
```

4. Response 对象的 Buffer 属性

Response 对象的 Buffer 属性用来设置是否在服务器启用缓存功能。

```
Response.Buffer=true          '启用缓存功能
Response.Buffer=false         '不启用缓存功能
```

12.2.3 Request 对象

在互联网环境中，每一个 Web 服务器都会接受数以万计客户的访问，这些用户的上网条件和环境是不尽相同的。为了贴切、周到地为每一类用户提供服务，Web 服务器就必须要了解用户端的环境信息。另外，Web 表单信息的传递以及查询服务器环境信息等工作也经常需要。在 ASP. NET 程序中可以使用 Request 对象取得上述信息。

Request 对象的重要属性包括：

1. UserHostAddress 属性

UserHostAddress 属性的作用是获取客户的 IP 地址，此属性很有实用意义。

```
Response.Write("当前客户的 IP 地址是: " & Request.UserHostAddress)
```

2. QueryString 属性

QueryString 属性的作用：获取从其他页面传来的参数。当表单使用 GET 方法向 ASP. NET 程序传送数据时，数据将被保存在 QueryString 集合中。HTTP 查询传送的数据是从问号 "?" 开始的，通常，使用表单传送数据时，数据会以 "变量名=变量值" 的形式来传递。当有多个数据要传送时，各数据之间用 "&" 符号连接，数据的开始必须用 "?" 开始。

【例 12-2】利用 Request 对象的 QueryString 属性，实现不同页面之间的数据传递。

（1）页面设计：ex12-2a.aspx 页面，添加 label1、textbox1、button1 控件；ex12-2b.aspx 页面，添加 label1 控件。

（2）程序实现代码。

ex12-2a.aspx.vb 代码：

```
Protected Sub Button1_Click(sender As Object, e As EventArgs) Handles Button1.Click
    Dim name As String=TextBox1.Text
    Response.Redirect("ex12-2b.aspx?name=" & name)
End Sub
```

ex12-2b.aspx.vb 代码：

```
Protected Sub Page_Load(sender As Object, e As EventArgs) Handles Me.Load
    Label1.Text="你的大名是: " & Request.QueryString("name")
End Sub
```

设置 ex12-2a 为起始页，调试程序，在 ex12-2a 页面文本框中录入姓名 "包空军"，单击 "转 ex12-2b 页面" 按钮，浏览器显示页面跳转到 ex12-2b，同时通过 Request 对象的 QueryString 属性，实现不同页面之间的数据传递。浏览器显示效果如图 12-10 和图 12-11 所示。

图 12-10   ex12-2a 程序运行效果

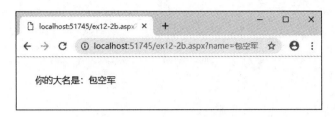

图 12-11　ex12-2b 程序运行效果

3. Browser 属性

【例 12-3】添加窗体 ex12-3.aspx，利用 Request 对象的 Browser 属性，获取客户端的浏览器方面的详细信息。双击窗体空白处，打开 ex12-3.aspx.vb 代码窗口，编写页面加载时的 page_load 事件过程。

程序代码如下：

```
Protected Sub Page_Load(sender As Object, e As EventArgs) Handles Me.Load
    Dim bc As HttpBrowserCapabilities=Request.Browser
    Response.Write("<p>浏览器信息一览表</p>")
    Response.Write("类型: " & bc.Type & "<br>")
    Response.Write("名称: " & bc.Browser & "<br>")
    Response.Write("版本: " & bc.Version & "<br>")
    Response.Write("操作系统平台: " & bc.Platform & "<br>")
    Response.Write("是否测试版: " & bc.Beta & "<br>")
    Response.Write("是否支持框架: " & bc.Frames & "<br>")
    Response.Write("是否支持表格: " & bc.Tables & "<br>")
    Response.Write("是否支持VB Script: " & bc.VBScript & "<br>")
    Response.Write("是否支持 Java Applets: " & bc.JavaApplets & "<br>")
    Response.Write("是否支持ActiveX 控件: " & bc.ActiveXControls & "<br>")
End Sub
```

启动运行该窗体，可以实现浏览器信息检测，如图 12-12 所示。

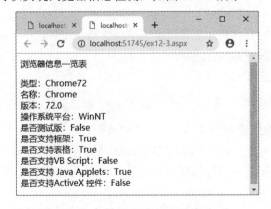

图 12-12　浏览器信息一览表

4. ServerVariable 属性

【例 12-4】添加窗体 ex12-4.aspx，利用 Request 对象的 ServerVariable 属性，获取服务器的相关信息，如图 12-13 所示。

图 12-13　网站服务器信息列表

程序代码如下：

```
Protected Sub Page_Load(sender As Object, e As EventArgs) Handles Me.Load
    Response.Write("服务器信息列表<br><br>")
    Response.Write("相对路径: " & Request.ServerVariables.Item("path_info")
        & "<br>")
    Response.Write("绝对路径: " & Request.ServerVariables.Item("Path_Translated")
        & "<br>")
    Response.Write("服务器名称: " & Request.ServerVariables.Item("server_name")
        & "<br>")
    Response.Write("服务器端口: " & Request.ServerVariables.Item("server_port")
        & "<br>")
End Sub
```

12.2.4　Server 对象

Server 对象的常用方法有以下几种：

1. MapPath( )方法

MapPath( )方法的作用是将相对路径转换为绝对路径。每新建一个项目时，都要创建一个文件夹，该文件夹所在处就是相对路径的根目录。

使用 MapPath( )方法的语法如下：

```
Server.MapPath(Path)
```

参数 Path：指定要映射物理目录的相对或虚拟路径。若 Path 以一个正斜杠（~/）开始，则 MapPath( )方法返回路径时将 Path 视为完整的虚拟路径。若 Path 不是以斜杠开始，则 MapPath( ) 方法返回与本文件中已有路径相对的路径。因此，可以利用这个环境变量取得当前网页的实际路径。

【例 12-5】利用 Server.MapPath( )方法，实现文件真实路径的自动查找。

程序实现代码：

```
Partial Class ex12_5
    Inherits System.Web.UI.Page
    Protected Sub Page_Load(sender As Object, e As EventArgs) Handles Me.Load
        Response.Write("网站根目录绝对路径: " & Server.MapPath("~/") & "<br>")
```

```
    Response.Write("本网页路径: " & Server.MapPath("ex12-5.aspx") & "<br>")
    End Sub
End Class
```

程序运行结果如图 12-14 所示。

图 12-14　例 12-5 程序运行结果

2. Transfer( )方法

Transfer( )方法的作用是将当前网页重定向到另一页面中，Transfer( )方法和 Response( )对象的 Redirect( )方法的作用很相似。Server.Transfer( )实现页面重定向时，但浏览器地址栏中的数据不变化。

【例 12-6】利用 Server 对象的 Transfer( )方法实现控制权转移。

分别设计网页 ex12-6a.aspx 和 ex12-6b.aspx，然后添加后台代码。

ex12-6a.aspx.vb 程序代码：

```
Protected Sub Page_Load(sender As Object, e As EventArgs) Handles Me.Load
    Response.Write("<p>调用 transfer 之前</p><hr>")
    Response.Write("<p>调用 transfer 之后</p>")
    Server.Transfer("ex12-6b.aspx")
End Sub
```

ex12-6b.aspx.vb 程序代码：

```
Protected Sub Page_Load(sender As Object, e As EventArgs) Handles Me.Load
    Response.Write("<p align=left>你好, ")
    Response.Write("欢迎加入 Web 应用程序学习。</p><hr>")
End Sub
```

设置 ex12-6a.aspx 为起始页，调试程序显示如图 12-15 所示的效果。说明通过 Server 对象的 Transfer 方法跳转到了 ex12-6b.aspx 页面，但地址栏中仍然显示原来的地址，即浏览器地址栏中的数据并不变化，所以该方法在页面访问中有一定的安全性。

图 12-15　切换页面后地址栏信息没有变化

12.2.5 Application 和 Session 对象

Application 对象的主要功能就是为 Web 应用程序提供全局变量，在 Application 对象中每个浏览器的信息是共享的；而 Session 对象的主要功能就是为 Web 应用程序提供局部变量，在 Session 对象中每个浏览器的信息是专有的。

虽然 Application 对象、Session 对象没有内置的属性，但是可以由用户根据需要自行定义。设置自定义属性的语法如下：

```
Application(属性名)=值
Session(属性名)=值
```

其中，自定义属性的值可以是字符串、数值等数据。

Application 对象有两个方法：Lock( )方法和 Unlock( )方法。Lock( )方法用于锁住 Application 对象，这样一来除当前用户外，其他的用户就不能再存储该 Application 对象。当前用户操作完 Application 对象后可以用 Unlock( )方法解锁该 Application 对象，其他的用户就可正常使用该 Application 对象，这就是所谓的排他处理。

【例 12-7】利用 Session 和 Application 对象，实现网站登录计数。

程序代码如下：

```
Protected Sub Page_Load(sender As Object, e As EventArgs) Handles Me.Load
    If Page.Session.IsNewSession Then       '判断是否为新的会话
        Application.Lock()                  '首先对 Application 对象进行锁定
        '对 Application 对象中的 Counter 变量进行递增赋值。
        Application.Set("Counter", Application("Counter")+1)
        Application.UnLock()                '解除对 Application 对象的锁定。
    End If
    '显示 Counter 变量
    Label1.Text="您是第" & Application("Counter") & "位访客"
    Label2.Text="最新一次浏览日期时间: " & System.DateTime.Now()
End Sub
```

程序运行结果如图 12-16 所示。

图 12-16 例 12-7 程序运行结果

12.3 利用数据控件属性配置实现对数据的操作

网页设计中，经常需要将数据库中的数据通过数据表格形式显示出来。ASP.NET 提供了一组无须编写代码即可连接数据库、读出数据并将数据显示出来的数据控件。

ASP.NET 数据控件分为两大类：一类是实现数据库连接并读取指定数据表数据的数据源控件，这类控件没有数据显示功能；第二类是结合数据源控件显示数据的控件。图 12-17 所示为数据库、数据源控件和数据显示控件三者的关系示意图。

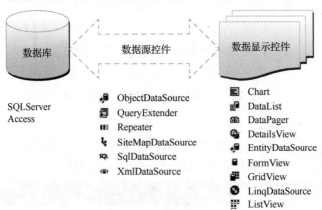

图 12-17　数据相关控件

要在 ASP.NET 页面中将读取的数据显示出来，首先要与已创建的数据库建立连接。连接数据库，通过配置 SQL 查询语句选择数据库中某个表数据。

在 ASP.NET 中，可以用两种方式实现数据库操作：

（1）使用数据源控件方式连接数据库、读取数据，然后用数据显示控件显示，这种方式使用简单，可以无须编写任何代码，开发效率较高；

（2）使用 ADO.NET 对象，通过编写代码实现同样的目的，这方式灵活度高，属于数据库高级操作的内容。

下面通过实例介绍使用数据源控件方式连接数据库的操作。

【例 12-8】假设已创建 Access 数据库并保存为 D:\chap12\app_data\Student.accdb，数据库 Student.accdb 中包含 score 成绩表以及初始录入的表数据。使用数据库操作方法 1，即通过 SqlDataSource 数据源控件方式连接数据库、读取数据，然后使用 GridView 表格视图控件，在页面上显示 Access 数据库 student.accdb 中成绩表 score 的数据。要实现本例的功能，首先需要进行连接数据库、选取数据的操作。

12.3.1　配置数据源

1．添加数据库

新建 Web 窗体，保存为 ex12-8.aspx。在"解决方案资源管理器"窗口，右击 chap12 网站图标，选择"添加"→"新建文件夹"命令，将"新建文件夹 1"重命名为 App_Data。把已经创建好的数据库文件 student.accdb 拖动到 App_Data 文件夹中，如图 12-18 所示。Access 数据库通常保存在 App_Data 文件夹中，以避免非法用户通过输入网址方式下载整个数据库。

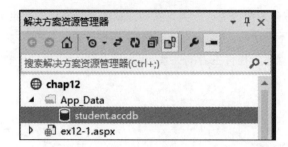

图 12-18 添加 Student.accdb 数据库

2. 使用数据源控件

（1）添加数据库后，可以使用数据源控件连接数据库。将 SqlDataSource 数据源控件从"工具箱"的"数据"选项卡拖到 Web 窗体，初始界面如图 12-19 所示。

图 12-19 添加 SqlDataSource 数据源控件初始界面

（2）单击"配置数据源"，首先打开"添加连接"对话框，单击"浏览"按钮，打开"选择数据库"对话框，选择 student.accdb 数据库，单击"测试连接"按钮，会打开"测试连接成功"对话框，如图 12-20 所示。单击"确定"按钮后，会打开"配置数据源"对话框，配置数据源数据库连接结果，如图 12-21 所示。

图 12-20 配置数据源-选择数据库

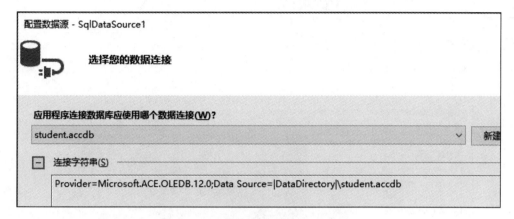

图 12-21　配置数据源-数据库连接结果

（3）配置 Select 语句，如图 12-22 所示。

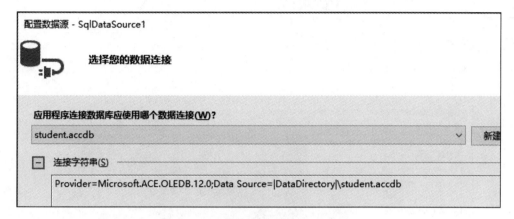

图 12-22　配置数据源-配置 Select 语句

（4）单击"下一步"按钮，在"测试查询"对话框中完成数据的测试查询操作，如图 12-23 所示。

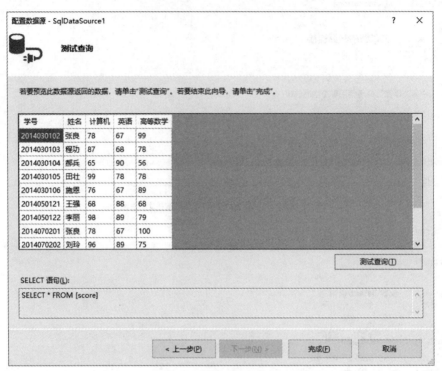

图 12-23　配置数据源-测试查询

SqlDataSource 数据源控件，负责与数据库建立连接，并按向导配置的 SQL 查询选择数据，但不负责数据的显示。若要显示数据，必须使用数据显示控件。

12.3.2　使用 GridView 显示数据

GridView 控件提供了显示数据库中指定数据表数据的功能。在显示数据之前，必须使用数据源控件建立与数据库的连接，然后配置 SQL 查询语句，实现对数据的查询。GridView 控件与数据源控件建立连接，实现将查询结果显示出来，整个过程无须编写代码。

操作步骤如下：

双击"工具箱"的"数据"选项卡中的 GridView 控件或拖放到 Web 窗体。在图 12-24 出现的任务向导出现的"选择数据源"下拉列表中，选择刚才建立的 SqlDataSource1 数据源控件。GridView 控件右上角的左右箭头为智能标记，单击即可显示/隐藏任务向导。图 12-25 所示为已和数据源建立连接的 GridView 表格视图。

首次启用调试时，如果系统默认禁用调试，即在网站的公共配置文件 Web.config 中 compilation debug="false"，按［F5］键运行，可能会出现如图 12-26 所示的出错提示对话框，单击"确定"按钮，系统自动配置 compilation debug="true"，启用调试。运行结果如图 12-27 所示。

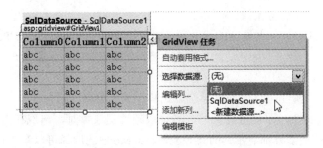

图 12-24　添加和配置 GridView

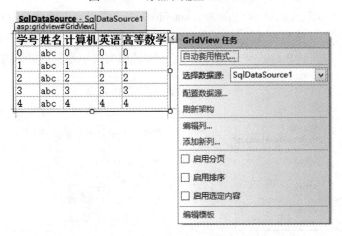

图 12-25　与数据源建立连接的 GridView 表格视图

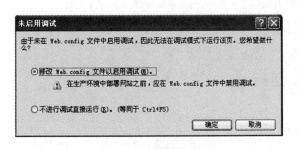

图 12-26　出错提示对话框

图 12-27　使用 GridView 显示数据运行结果

1．GridView 分页功能

如果表格数据太多，则在客户端一次性下载和显示将会造成浏览器页面显示停滞。如果记录数超过 20 行，可以考虑进行分页显示。GridView 控件通过设置分页属性，可以实现自动分页功能，而无须编写程序代码。

以下是与数据分页显示相关的几个属性：

（1）AllowPaging 属性：是否允许分页；如果要实现数据分页显示，必须先设置该属性为 True；

否则，其他分页相关属性也将无效。

（2）PageSize 属性：每一页显示的记录数。设置 AllowPaging 属性后，PageSize 属性才能起作用。该属性值默认为 10。该例中设置 PageSize=5，如果表中的记录数超过 5，将出现下一页和上一页或页数的链接。

（3）PagerSettings 属性：对数据页导航方式和样式的设置，包含许多子属性。其中，Mode 子属性为页导航样式属性，即设置分页后，当记录超过记录数时，出现在控件下方（可以通过 Position 设置在上方或上下方都显示）的页导航链接。Mode 的选择可以有 4 种形式，如图 12-28 所示。

如果 Mode 为 NextPrevious 或 NextPreviousFirstLast，可以通过设置 PagerSettings 以下 4 个属性，采用中文信息提供导航接文字。FirstPageText="第一页"；LastPageText="最后一页"；NextPageText="下一页"；PreviousPageText="上一页"。中文文字导航效果如图 12-29 所示。

图 12-28　分页显示模式 Mode 的可选项　　　　图 12-29　中文文字导航效果

2．GridView 排序的实现

GridView 控件默认按 SQL 查询结果排序。若设置 AllowSorting 属性为 True ，单击 GridView 表格控件的列名时，可以对显示的数据进行动态排序。这样，在 ASP.NET 程序运行后，单击每一列的列表题即可实现动态排序，如图 12-30 所示。

图 12-30　按"计算机"列排序的结果

如果不想将全部数据列设置为排序，可以打开 GridView 的 Columns 集合属性，将不希望单击列名时执行排序功能的列的排序属性 SortExpression 设置为空。例如，在本例中选定"姓名"，在其 BoundField 属性列表中，将 SortExpression 属性中的原值"姓名"清空，如图 12-31 所示。

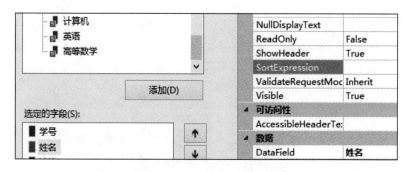

图 12-31　取消"姓名"列排序功能

如果要单击某一列实现同时按多列排序，可在图 12-31 中设置排序表达式属性 SortExpression，例如：如果单击姓名列实现按姓名排序；如果有同名按计算机分数排序；可以设置姓名的排序表达式 SortExpression 的值为"姓名,计算机"，即"姓名"为第一排序关键字，"计算机"为第二排序关键字，依此类推，增加的排序字段以","号分隔，如图 12-32 所示。

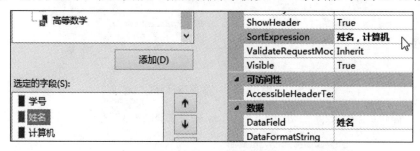

图 12-32　多列排序设置

设置"姓名,计算机"排序关键字排序的结果，如图 12-33 所示。

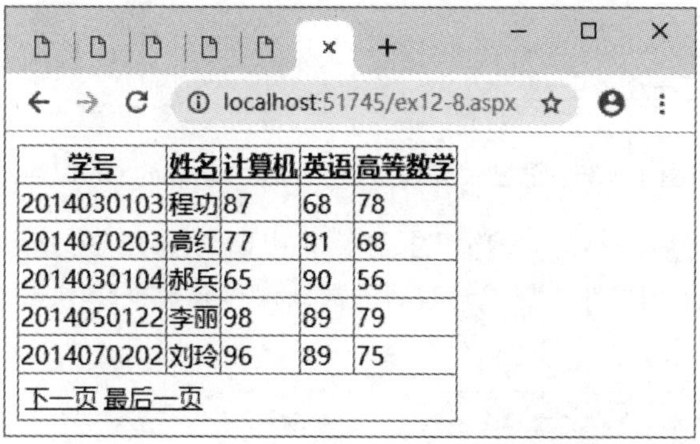

学号	姓名	计算机	英语	高等数学
2014030103	程功	87	68	78
2014070203	高红	77	91	68
2014030104	郝兵	65	90	56
2014050122	李丽	98	89	79
2014070202	刘玲	96	89	75

下一页 最后一页

图 12-33　按"姓名,计算机"排序效果

3．GridView 的编辑功能

GridView 控件具有更新数据、删除数据的一般编辑功能，但不具有添加新记录的功能。如果要添加记录，可以使用后面介绍的其他数据控件。GridView 的编辑功能一般用于后台数据管理中，实现数据修改或删除功能；或者是客户订单的自我管理中。要为 GridView 控件添加编辑功能，可以使用下列步骤设置相关属性，而无须编写代码。

（1）选中 GridView 控件，单击 Columns 属性右边的"…"按钮，打开"字段"对话框，如

图 12-34 所示。在"可用字段"中找到并展开 CommandFiled，将在 CommandFiled 下面列出"编辑、更新、取消"和"删除"选项，单击"添加"按钮，即可添加到"选定的字段"中。

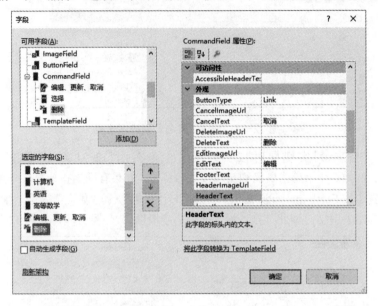

图 12-34 "字段"对话框

添加了"编辑"和"删除"功能的 GridView 控件如图 12-35 所示。

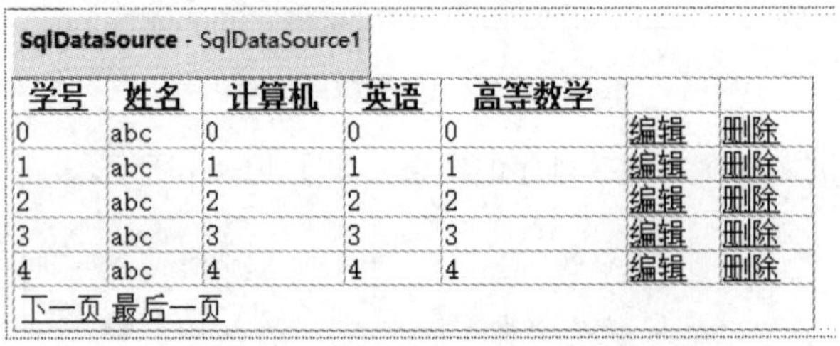

学号	姓名	计算机	英语	高等数学		
0	abc	0	0	0	编辑	删除
1	abc	1	1	1	编辑	删除
2	abc	2	2	2	编辑	删除
3	abc	3	3	3	编辑	删除
4	abc	4	4	4	编辑	删除

下一页 最后一页

SqlDataSource - SqlDataSource1

图 12-35 添加"编辑"和"删除"功能的 GridView

（2）按 F5 键，运行后，单击"编辑"按钮，将出现为图 12-36 所示的编辑界面。输入修改后的数据后，单击"更新"按钮，将把修改后的数据保存到数据库中；单击"取消"按钮，则不修改当前记录内容。

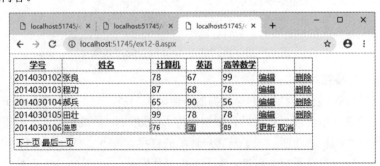

图 12-36 编辑界面

（3）单击"更新"按钮时，可能会弹出错误提示信息，如图 12-37 所示。

图 12-37　更新时的错误提示信息

错误的原因是由于在配置数据源控件 SqlDataSource 时，只配置了 SELECT（选择数据）SQL 命令，未相应地配置 UPDATE（更新）和 DELETE（删除）的 SQL 命令。此时，可以再次对数据源控件 SqlDataSource 进行配置：在 Web 窗体中选中 SqlDataSource 控件，单击控件右上角的智能标记，依次按图 12-19～图 12-21 的步骤操作。在图 12-21 中单击"高级"按钮，打开"高级 SQL 生成选项"对话框，选中"生成 INSERT、UPDATE 和 DELETE 语句"复选框，如图 12-38 所示。

图 12-38　配置 UPDATE 和 DELETE 的 SQL 命令

（4）按［F5］键运行，再次更新数据时不再出现错误提示。如果表中无关键字，将无法设置自动配置 INSERT、UPDATE 和 DELET 语句，即图 12-38 中的"高级 SQL 生成项"对话框无法操作。

关键字字段不允许更新；如果希望某一列不容许更新，而该列又不是关键字字段，可以在"字段"对话框中选中该列，将其 ReadOnly 属性设置为 True，同时，必须修改 SqlDataSource 控件的 UpdateQuery 属性，删除对该列的更新。

在 Web 窗体中选中 SqlDataSource 控件，在"属性"窗口中可以看到配置的 SQL 的 SELECT、UPDATE 和 DELETE 文本，如图 12-39 所示。

在"命令和参数编辑器"对话框中，可以通过"查询生成器"向导新建更新查询或修改当前更新查询；其中，问号"?"表示需要传递的参数，这里的参数值是 GridView 控件运行时编辑状态中对应的文本框输入的数据，GridView 控件将实现智能关联，如图 12-40 所示。

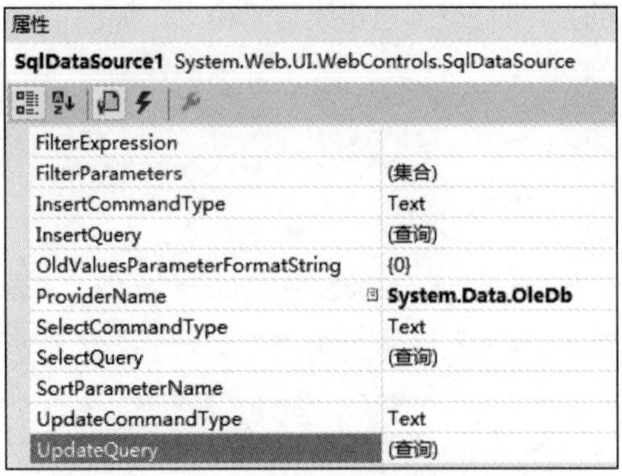

属性
SqlDataSource1 System.Web.UI.WebControls.SqlDataSource
FilterExpression
FilterParameters (集合)
InsertCommandType Text
InsertQuery (查询)
OldValuesParameterFormatString {0}
ProviderName System.Data.OleDb
SelectCommandType Text
SelectQuery (查询)
SortParameterName
UpdateCommandType Text
UpdateQuery (查询)

图 12-39 SqlDataSource 控件的属性

命令和参数编辑器
UPDATE 命令(C):
UPDATE [score] SET [姓名] = ?, [计算机] = ?, [英语] = ?, [高等数学] = ? WHERE (([学号] = ?) OR ([学号] IS NULL AND ? IS NULL))
刷新参数(M)
查询生成器(Q)...

图 12-40 “命令和参数编辑器”对话框

如果某一列不希望修改（即该列已设置为只读），在如图 12-40 所示对话框中必须删除该字段和对应参数。例如，将“姓名”列设置为只读，则命令改为：

```
UPDATE [成绩] SET [计算机]=?, [数学]=?, [英语]=? WHERE [学号]=?
```

否则，“姓名”字段在执行更新时将被更新为空。

4. 自定义 GridView 的外观

如果觉得原始 GridView 控件运行时外观过于平淡、简单，可以使用自定义外观样式属性对 GridView 控件进行设置，也可以通过“自动套用格式”功能自动套用 ASP.NET 内部提供的 17 种样式。

（1）使用自动套用格式。在 Web 窗体中选中 GridView1 控件，单击智能标记，选择“自动套用格式”选项，在打开的“自动套用格式对话框”中选择样式。这里选择“彩色型”，按［F5］键，运行后可以看到自动套用格式的结果，如图 12-41 所示。

自动套用格式
选择架构(S):
移除格式设置
彩色型
传统型
简明型
专业型
秋天
大洋州
红糖
石板
沙滩和天空
雨天
雪松
薄雾中的紫丁香
蓝黑 1
预览:
学号 姓名 计算机 英语 高等数学
0 abc 0 0 0 编辑 删除
1 abc 1 1 1 编辑 删除
2 abc 2 2 2 编辑 删除
3 abc 3 3 3 编辑 删除
4 abc 4 4 4 编辑 删除
1 2

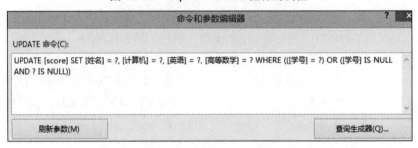

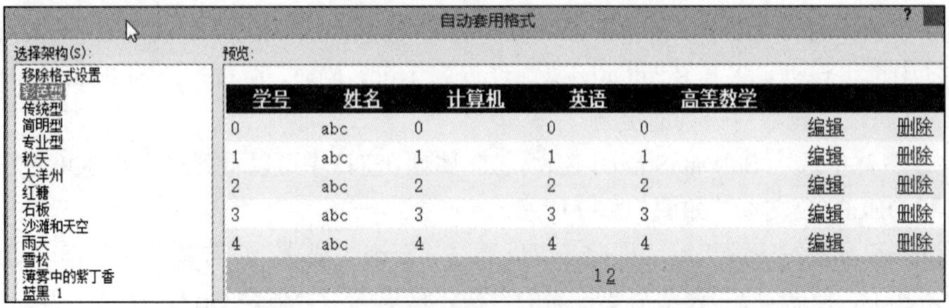

图 12-41 自动套用格式-“彩色”格式效果

（2）使用自定义格式。单击 GridView1 控件，打开 GridView1 "属性"窗口，分别设置以下对应的选项，可以根据个人爱好设置前景色、背景色、字体样式以及颜色、单元格内对齐方式、边框样式等，设计出更加自由灵活的显示样式，如图 12-42 所示。

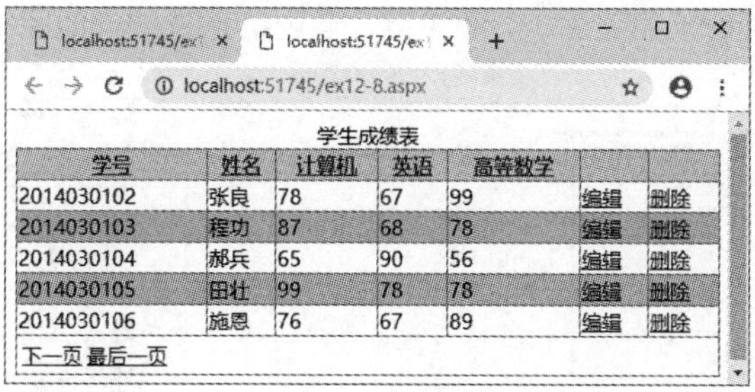

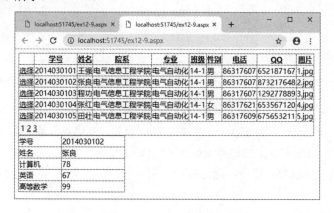

图 12-42　GridView 控件自定义格式

① Caption：表格标题。

② HeaderStyle：表格行头标题样式。

③ EditRowStyle：编辑状态时的行样式。

④ AlternatingRowStyle：交替出现的行样式。

⑤ RowStyle：正常状态下行的样式。

⑥ FooterStyle：表格底部行样式。

⑦ PagerStyle：页导航行样式。

这些样式属性均包含子样式，其设置方法相似；了解了这些样式代表的含义后，将很容易定义自己需要的表格外观。

12.3.3　使用 DetailsView 显示明细表数据

在数据库中有多个相关联的数据表时，就需要采用主表与明细表的方式来显示数据。通常，在主表中列出所有记录，当选择其中某条记录时，通过读取明细表的数据，在页面其他位置显示该条记录的其他相关信息。

【例 12-9】以学生信息表 stu 为主表，成绩表 score 为明细表。设计利用 GridView 列表视图控件显示 stu 主表数据信息，当选中某条记录时，通过 DetailsView 细节视图控件显示明细表的数据信息，如图 12-43 所示。

图 12-43　主表/明细表显示效果

操作步骤如下：

（1）添加"学生信息表"与"成绩表"。添加一个"学生信息"表 stu，"学号"是学生信息表的主键；添加一个成绩表 score，实现学生信息表和成绩表关联的关键字是"学号"。在表设计时应定义能唯一确定一条记录的关键字，即主键。学生信息表结构如图 12-44 所示。成绩表结构如图 12-45 所示。

字段名称	数据类型
学号	数字
姓名	文本
院系	文本
专业	文本
班级	文本
性别	文本
电话	数字
QQ	数字
图片	文本

图 12-44　stu 表结构

score

字段名称	数据类型
学号	数字
姓名	文本
计算机	数字
英语	数字
高等数学	数字

图 12-45　score 表结构

（2）建立表间关系。在 Access 2010 应用程序工作环境中，通过"数据库工具"选项卡，在"显示/隐藏"分组中，单击"关系"按钮，将学生信息表 stu 和成绩表 score 添加到关系视图，并且将学生信息表中的"学号"拖动到成绩表的"学号"中，建立两个表的关系。建立好的关系如图 12-46 所示。

（3）添加主表（stu）显示：

① 新建 Web 窗体，保存为 ex12-9.aspx。在开发环境菜单栏上选择"视图"→"服务器资源管理"选项，打开"服务器资源管理"窗口，如图 12-47 所示。

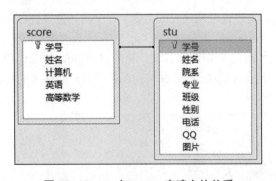

图 12-46　stu 与 score 表建立的关系

图 12-47　"服务器资源管理"窗口

② 将主表 stu 拖动到 ex12-9.aspx 页面，则自动产生 AccessDataSource1 和 GridView1 布局，从而实现将数据源控件 AccessDataSource 添加到 Web 窗体，并建立与数据库 Student.accdb 中 stu 表的连接和数据选取.完成主表添加的界面如图 12-48 所示。

③ 为了使表格行可以单击选中，通过智能标记设置"启用分页"、"启用排序"和"启用选定内容"选项。

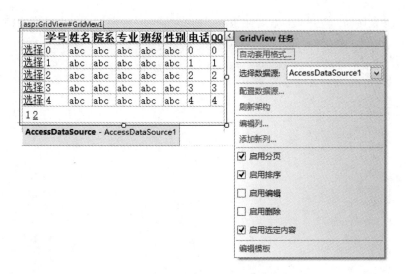

图 12-48　主表添加后 Web 窗体布局

（4）添加明细表显示。明细表的显示通过细节视图控件 DetailsView 实现。原理是取得主表中选定行的主关键字，并以主表中的主关键字作为选取数据的条件，选择数据显示。

① 添加数据连接控件。每个数据源控件只能连接并打开一个表，为了使细节视图控件显示另一个表数据，必须再添加一个数据源控件。将明细表 score 拖动到 ex12-9.aspx 页面，则自动产生 AccessDataSource2 和 GridView2 布局，这里删除 GridView2 数据显示视图，然后单击 AccessDataSource2 右上角智能标记，选择"配置数据源"，打开的配置数据源窗口，如图 12-49 所示，在配置 Select 语句时必须添加 WHERE 子句。

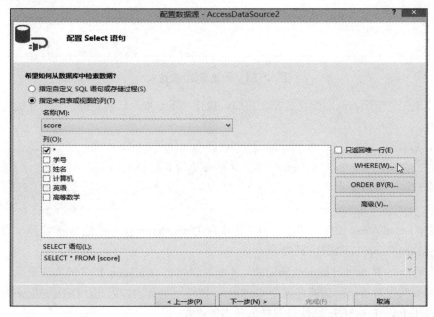

图 12-49　"配置 Select 语句"对话框

单击 WHERE 按钮，打开"添加 WHERE 子句"对话框，按图 12-50 中的标识顺序操作即可。

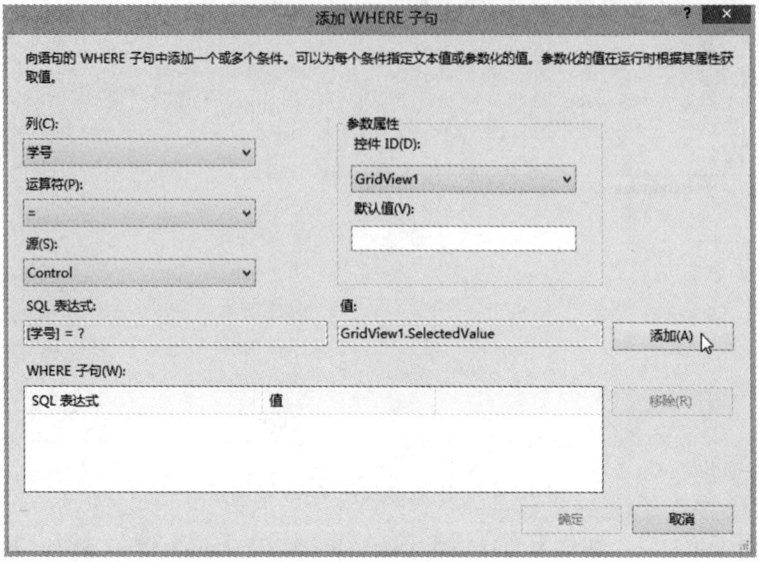

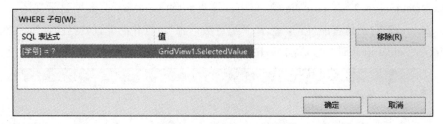

图 12-50　配置 WHERE 条件表达式

单击"添加"按钮和"确定"按钮后，选择内容自动产生条件表达式，并且在"WHERE 子句"位置下方显示出来，如图 12-51 所示。

图 12-51　配置 SQL 表达式

单击"确定"按钮，返回配置数据源窗口，执行"下一步"直到完成，从而完成明细表数据来源的配置。

> **注意**：GridView1 中的 SelectedValue 属性值是指其在 DataKeyNames 属性中指定的 stu 表中的关键字。如果表中有多个关键字，则为第一个关键字，这里是"学号"。

② 添加 DetailsView 控件。将"工具箱"中的 DetailsView 控件拖到 Web 窗体，设置其数据源为 AccessDataSource2，如图 12-52 所示。

DetailsView 控件每页只显示一条记录，不但可以具有 GridView 控件的实现更新、删除编辑功能，还可以实现新增记录功能，这是 GirdView 控件不具有的。因此，DetailsView 控件样式属性中，还多了 InsertRowStyle 属性设置插入状态的样式。

图 12-52　DetailsView 控件使用

（5）将 Ex12-9.aspx 设置为起始页，按［F5］键运行，效果参见图 12-43。

12.3.4　使用 DataList 控件显示数据

GridView 和 DetailsView 控件只能按表格显示记录，DataList 和 Repeater 控件则可以实现自定义布局方式显示数据，从而给数据的显示添加了更多的灵活性和多样化。

DataList 以某种格式显示数据，这种格式可以使用模板和样式进行定义。可以选择将 DataList 控件配置为允许用户编辑或删除信息，还可以用自定义格式显示数据库的行。显示数据所用的格式在项、交替项、选定项和编辑项模板中定义。标头、脚注和分隔符模板也用于自定义 DataList 的整体外观。在模板中包括 Web 服务器控件 Button，可将列表项连接到代码，使用户得以在显示、选择和编辑模式之间进行切换。

【例 12-10】在数据库 student.accdb 中，将学生信息表 stu 中添加一个"图片"字段，用于存放学生的数码头像照片，用 DataList 控件通过编辑项目模板 ItemTemplate 实现数据按自定义布局显示，效果如图 12-53 所示。

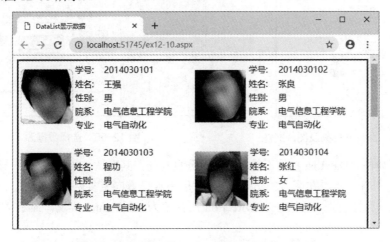

图 12-53　使用 DataList 自定义布局显示数据

操作步骤：

（1）重建 stu 学生信息表。在 stu 表中添加"图片"字段，存放图片文件名，如图 12-54 所示。

学号	姓名	院系	专业	班级	性别	电话	QQ	图片
2014030101	王强	电气信息工程学院	电气自动化	14-1	男	86317607	652187167	1.jpg
2014030102	张良	电气信息工程学院	电气自动化	14-1	男	86317607	873217648	2.jpg
2014030103	程功	电气信息工程学院	电气自动化	14-1	男	86317607	129277889	3.jpg
2014030104	张红	电气信息工程学院	电气自动化	14-1	女	86317621	653567120	4.jpg
2014030105	田壮	电气信息工程学院	电气自动化	14-1	男	86317609	675653211	5.jpg
2014030106	施恩	电气信息工程学院	电气自动化	14-1	男	86317609	332112566	6.jpg
2014050121	王强	机电工程学院	热能与制冷	14-1	男	86317666	767652111	7.jpg
2014050122	李丽	机电工程学院	热能与制冷	14-1	女	86317677	684311216	8.jpg
2014070201	王强	艺术设计学院	服装设计	14-1	男	86317688	231212332	9.jpg
2014070202	刘玲	艺术设计学院	服装设计	14-1	女	86317699	654543222	10.jpg
2014070203	章燕	艺术设计学院	服装设计	14-1	女	86317699	654323219	11.jpg
2014070204	谢琼	艺术设计学院	服装设计	14-1	女	86317699	765654545	12.jpg

图 12-54　stu 信息表数据

实际图片保存在网站主目录的文件夹中，本实例保存在主目录下的 pic 文件夹中，图片共有 12 张，名称分别为 1.jpg～12.jpg，如图 12-55 所示。如果先新建项目，然后在 D:\chap12 文件夹中新建 pic 文件夹并添加图片，则可能在"解决方案管理器"中不能马上看到 pic 文件夹。此时，可右击项目名称（D:\chap12），在弹出的快捷菜单中选择"刷新文件夹"命令即可。此外，也可以通过"添加现有项"的方式将图片文件添加到新建的 pic 文件夹中。

（2）添加数据源控件，选取数据。新建 Web 窗体，保存为 EX12-10.aspx。在 Web 窗体上添加 SqlDataSource 控件，按照第 12.3.1 节的操作步骤连接数据库，这里连接的表是 stu 学生信息表。完成后，添加 DataList1 控件到 Web 窗体，通过 DataList1 控件的智能标记选择数据源，如图 12-56 所示。

图 12-55　图片文件夹及图片文件

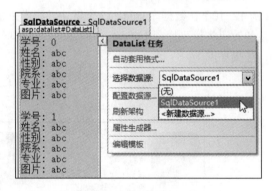

图 12-56　选择数据源

（3）设置属性。DataList 控件不能自动具有分页功能，其默认一条记录显示一组，每组重复显示的方向为垂直显示。在图 12-56 中，数据是按水平方向重复两列显示的，可以通过设置 RepeatColumns 属性值为 2 和 RepeatDirection 属性值为 Horizontal 实现，显示格式如图 12-57 所示。

按【F5】键运行程序，运行结果如图 12-58 所示。从图中可以看到，"图片"位置显示内容只是文本而不是图片。

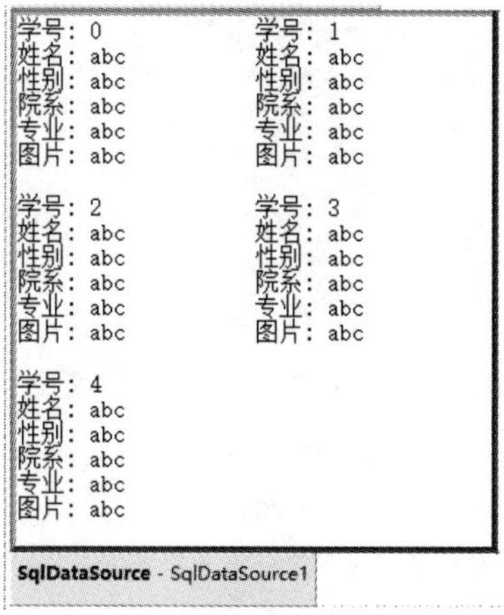

图 12-57　重复两列显示 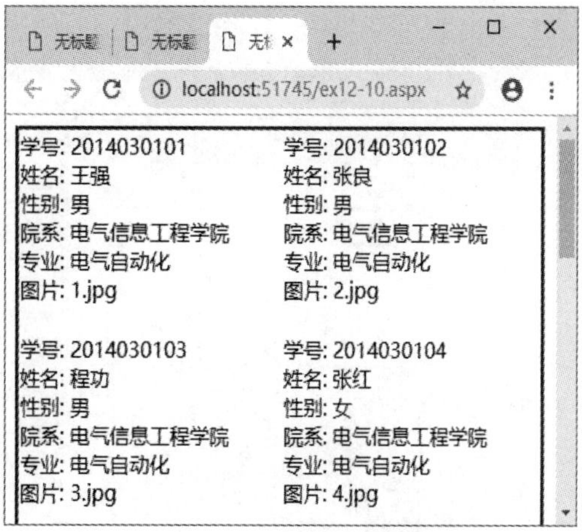　　　　　　　　　图 12-58　运行结果

（4）编辑项目显示模板。为了实现图 12-53 所示的显示样式，并将图片显示出来，需要对数据项模板进行编辑。选择 DataList1 控件，通过智能标记选择"编辑模板"选项，进入模板编辑状态，如图 12-59 所示。

此时，可以编辑 ItemTemplate 中控件的布局，添加其他 Web 服务器控件以及 HTML 服务器控件。使用添加到模板中的控件与在 Web 窗体放置的控件没有区别。为了按照图 12-53 所示格式显示数据，在 ItemTemplate 中插入一个 5 行 3 列的表格（在菜单栏上选择"表"→"插入表"命令），将第一列进行单元格合并，并且添加一个标准 Web 服务器控件 Image。调整后，ItemTemplate 模板中控件布局如图 12-60 所示。

图 12-59　模板编辑状态

图 12-60　修改后的模板控件布局

为了使 Image 控件显示 pic 文件夹中的图片，用 Image 控件的智能标记，对 Image 控件的图片来源属性 ImageUrl 进行配置，如图 12-61 所示。

在图 12-61 中，配置 Image 控件的图片来源属性 ImageUrl，在"自定义绑定"下的文本框中输入以下绑定表达式："~/pic/" & Eval("图片")

这里选中"自定义字段"单选按钮的原因，是需要添加文件夹位置"~/pic/"的文本部分。其中，"~/pic/"表示主目录中的 pic 文件夹；&为字符串连接符；"Eval("图片")"表示绑定到"图片"字段，即数据来自于"图片"字段中的内容，Eval( )函数将 Web 服务器控件属性绑定到数据源中的字段值。

图 12-61　绑定 Image 控件的数据来源

对于其他服务器控件要设置其属性值，可以在图 12-62 中选中"字段绑定"单选按钮，然后选择绑定的字段，即可绑定来自于数据表中的字段值，而无须手工输入。

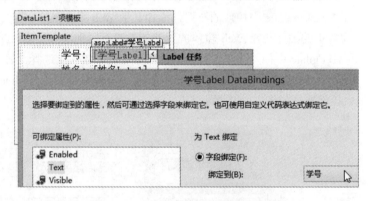

图 12-62　为学号 label 控件绑定数据

为 DataList1 控件设置背景属性，按［F5］键运行程序，将看到图 12-53 所示的结果。

12.3.5　使用 Repeater 控件显示数据

Repeater 控件本身不提供显示数据的功能，仅提供 5 个自定义模板，通过在源视图中创建相应的模板实现数据显示布局。与 DataList 控件不同的是，Repeater 控件不能实现多列显示样式。Repeater 内置模板及含义如表 12-4 所示。

表 12-4　Repeater 内置模板及含义

说 明 模 板	属　　性
ItemTemplate	包含要为数据源中每个数据项都要呈现一次的 HTML 元素和控件
AlternatingItemTemplate	包含要为数据源中每个数据项都要呈现一次的 HTML 元素和控件。通常，可以使用此模板为交替项创建不同的外观，例如指定一种与在 ItemTemplate 中指定的颜色不同的背景色

续表

说 明 模 板	属　性
HeaderTemplate 和 FooterTemplate	包含在列表的开始和结束处分别呈现的文本和控件
SeparatorTemplate	包含在每项之间呈现的元素。典型的示例可能是一条直线（使用 hr 元素）

【例 12-11】使用 Repeater 数据控件显示数据库 student.accdb 中的 score 成绩信息表，页面显示效果如图 12-63 所示。

（1）添加数据源控件和 Repeater 数据控件。选择"网站"→"添加新项"命令，新建 Web 窗体，保存为 ex12-11.aspx。在 Web 窗体上添加 SqlDataSource 控件，通过向导连接数据库，并从 score 表中选取"学号"、"姓名"和"计算机"3 个字段的数据；添加 Repeater 控件，选择数据源。界面布局如图 12-64 所示。

图 12-63　Repeater 数据控件显示效果

图 12-64　为 Repeater 控件指定数据源

（2）创建模板。切换到源视图，可以看到自动生成的标记，如图 12-65 所示。

图 12-65　自动生成的的标记

（3）输入代码。在<asp:Repeater>与</asp:Repeater>之间从键盘按 [<] 键时，将自动列出 5 个模板的内容，每个模板的含义如表 12-2 所示。为了以表格形式显示 score 表数据，输入以下标记：

```
<asp:Repeater ID="Repeater1" runat="server" DataSourceID="SqlDataSource1">
 <HeaderTemplate> ' 标头模板
   <table>
   <tr style ="background-color:red ">
   <td>学号</td><td>姓名</td> <td>计算机</td>
```

```
    </tr>
</HeaderTemplate>
<ItemTemplate>       ' 数据项模板
    <tr>
    <td><asp:Label ID="Label1" runat="server" Text='<%# eval("学号") %>'>
    </asp:Label></td>
    <td><asp:Label ID="Label2" runat="server" Text='<%# eval("姓名") %>'>
    </asp:Label></td>
    <td><asp:Label ID="Label3" runat="server" Text='<%# eval("计算机") %>'>
    </asp:Label></td>
    </tr>
</ItemTemplate>
<AlternatingItemTemplate>  ' 交替项模板
    <tr style ="background-color:Yellow ;color:Red ">
     <td><asp:Label ID="Label1" runat="server" Text='<%# eval("学号") %>'>
    </asp:Label></td>
    <td><asp:Label ID="Label2" runat="server" Text='<%# eval("姓名") %>'>
    </asp:Label></td>
    <td><asp:Label ID="Label3" runat="server" Text='<%# eval("计算机") %>'>
    </asp:Label></td>
     </tr>
 </AlternatingItemTemplate>
<FooterTemplate>  '脚注模板
    </table>
</FooterTemplate>
</asp:Repeater>
```

按 [F5] 键，运行结果参见图 12-63。

12.4 利用 ADO.NET 对象编程实现对数据的操作

ADO.NET 是 Microsoft 最新推出的数据访问技术。在 ADO.NET 中借助 Connection、Command、DataReader、DataAdapter、DataSet 等数据访问对象，从而可以非常方便地实现数据库应用程序的开发。以上数据访问对象的属性、方法，以及网页对后台数据库的访问技术可参阅第 11 章的相关内容。

在 ASP.NET 网页中利用 ADO.NET 访问数据库的一般步骤如下：

（1）创建并使用 OleDbConnection 对象连接到数据库。

（2）创建并使用 OleDbCommand 对象执行 SQL 语句操作数据表。

（3）创建并使用 OleDbDataReader 对象只读取数据；或创建并使用 OleDbDataAdapter 对象操作数据，将数据填入 DataSet 对象。

（4）显示数据。

12.4.1　使用 Repeater 访问数据库

DataReader 对象读取数据是一种向前、只读的方式，无须额外占用服务器内存，数据读取效果比 Dataset 方式高，显示数据方式更加灵活，但需要额外编写显示数据代码。

要读取数据库中的数据，必须首先创建连接对象连接到数据库，然后通过创建命令对象执行 SQL 命令，将执行 SQL 命令结果通过 DataReader 对象逐一读取，最后通过 Response 的 Write( ) 方法实现数据的输出显示，如图 12-66 所示。

数据库
Connection
Command
DataReader
Response的
Write()方法

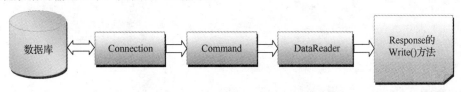

图 12-66　通过 DataReader 访问数据

【例 12-12】使用 DataReader 对象读取 Access 数据库 student.accdb 中 score 表数据，并将读取的数据以表格形式显示，运行结果如图 12-67 所示。

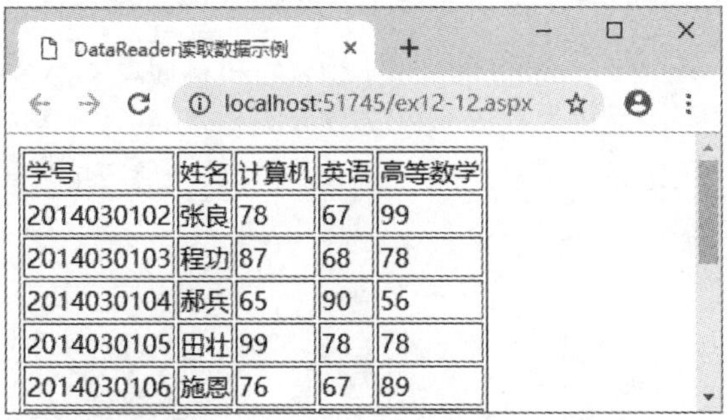

DataReader读取数据示例
localhost:51745/ex12-12.aspx
学号 姓名 计算机 英语 高等数学
2014030102 张良 78 67 99
2014030103 程功 87 68 78
2014030104 郝兵 65 90 56
2014030105 田壮 99 78 78
2014030106 施恩 76 67 89

图 12-67　使用 DataReader 读取数据示例

（1）添加 Web 窗体。选择“网站”→“添加新项”命令，新建 Web 窗体，保存为 ex12-12.aspx。

（2）导入访问数据库命名空间。要使用 ADO.NET 访问数据库，必须先在代码视图中声明操作数据库的对象所在的命名空间，即在代码视图中所有代码的最前面使用 Imports 关键字进行命名空间的声明。

访问 Access 数据库声明语法如下：

```
Imports System.Data.OleDb
```

访问 SQL Server 数据库声明语法如下：

```
Imports System.Data.SqlClient
```

（3）创建连接对象。声明命名空间后，可以使用 OleDb 命名空间的各个对象。

创建连接 Access 数据库的连接对象，语句如下：

```
Dim conn As New OleDbConnection
```

指定数据提供程序和指定数据源位置，即设置其 ConnectionString 属性。代码如下：

```
conn.ConnectionString="provider=Microsoft.Ace.OLEDB.12.0;Data Source=" & _
   Server.MapPath("app_data\student.accdb")
```

实现数据库的连接：

```
conn.Open()
```

说明：Server.MapPath( )方法将相对主目录下的 app_data\student.accdb 转换为绝对路径。

（4）创建命令对象：

```
Dim comm As New OleDbCommand              '创建执行 SQL 命令的对象
comm.Connection=conn                      '建立与连接数据库对象的关联
comm.CommandText="select * from score"    '设置命令对象准备执行的操作
```

上述三行代码也可以简写为一行：

```
Dim comm As New OleDbCommand("select*from score", conn)
```

（5）获取数据读取对象 DataReader。创建命令对象后，通过调用命令对象的 ExecuteReader( )方法，返回读取数据记录的 DataReader 对象。代码如下：

```
Dim dr As OleDbDataReader=comm.ExecuteReader
```

OleDbDataReader 对象 dr 相当于数据表记录指针，可以通过 dr 对象获取具体每一条记录的数据。读取数据时，必须至少调用一次 Read( )方法，返回 True 时，表示当前记录有数据，并自动将记录指针移动到下一条记录。可以通过 Item 属性读取当前记录每一个字段的值；可以通过 GetName 方法获取表字段名。

（6）完整的代码：

```
Imports System.Data.OleDb
Partial Class ex12_12
   Inherits System.Web.UI.Page
Protected Sub Page_Load(ByVal sender As Object, ByVal e As       _
   System.EventArgs) Handles Me.Load
     Dim conn As New OleDbConnection
     conn.ConnectionString="provider=Microsoft.Ace.OLEDB.12.0;       _
   Data Source=" & Server.MapPath("app_data\student.accdb")
     conn.Open()
     Dim sqlstr As String="select*from score"
     Dim comm As New OleDbCommand(sqlstr, conn)
     Dim dr As OleDbDataReader
     dr=comm.ExecuteReader
     Response.Write("<table border=1><tr>")
     For i As Integer=0 To dr.FieldCount-1
        Response.Write("<td>" & dr.GetName(i) & "</td> ")
     Next
     Response.Write("</tr>")
     While dr.Read
        Response.Write("</tr>")
        For i As Integer=0 To dr.FieldCount-1
           Response.Write("<td>" & dr.Item(i) & "</td> ")
        Next
```

```
        Response.Write("</tr>")
      End While
      Response.Write("</table>")
      conn.Close()
   End Sub
End Class
```

说明：

（1）ExecuteReader 方法执行配置的 SQL 命令文本，并返回 DataReader 对象访问已经选取的具体数据记录。

（2）FieldCount 为字段数。

（3）GetName(i)方法用于取得表格结构中的第 i 个字段名。

（4）Item(i)表示第 i 个字段值。

（5）dr.Read 必须至少调用一次，才可以读取记录数据；只有 Read 方法为 True，表示当前记录包含数据，才可以进行读取；如果为 False，表示没有记录，或已经到了表的最后一条记录。

12.4.2　通过插入动态代码显示数据

在动态网页的实际应用中，经常是首先通过设计视图添加表格、控件，预先布局好 Web 网页界面，即预先安排好 HTML 控件或 Web 服务器控件，然后通过"源"视图，在需要显示数据的位置插入动态代码。

【例 12-13】利用在 ASP.NET 中代码视图与源视图中共享 ADO.NET 对象，实现 stu 学生信息表的数据显示。

（1）界面设计。选择"网站"→"添加新项"命令，添加 Web 窗体 ex12-13.aspx，然后，选择菜单栏中的"表"→"插入表"命令，插入 5 行 3 列的表。合并第 1 列后，添加一个 img 标记的 HTML 控件，用于显示个人照片。第 2 列是直接输入的文本，第 3 列是需要插入动态代码的列，准备显示从数据库读取的数据。界面布局如图 12-68 所示。

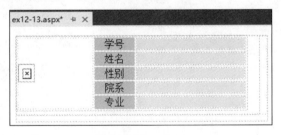

图 12-68　界面布局

切换到源视图，可以看到生成的初始标记，主要框架代码如下：

```
<table border="1">
    <tr> <td rowspan="5" > <img scr=""/> </td> <td >学号</td> <td > </td> </tr>
    <tr>    <td >姓名</td>    <td > </td>    </tr>
    <tr>    <td >性别</td>    <td > </td>    </tr>
    <tr>    <td >院系</td>    <td > </td>    </tr>
    <tr>    <td >专业</td>    <td > </td>    </tr>
</table>
```

（2）代码编写。切换到代码视图，编写以下代码：

```
Imports System.Data.OleDb
Partial Class ex12-13
Inherits System.Web.UI.Page

'创建两个页面的全局对象，以便在各个过程或函数中都可以使用
'变量 Dr 为 Public 类型，目的是使 Dr 变量可以在源视图可以使用
Dim conn As New OleDbConnection
    Dim comm As New OleDbCommand
Public dr As OleDbDataReader

'OpenDB 连接数据库，并读取表数据，在页面装载时调用
 Sub OpenDB()
  conn.ConnectionString="provider=Microsoft.Ace.OLEDB.12.0;Data ource="& _
Server.MapPath("app_data\student.accdb")
    conn.Open()
    comm.CommandText="select*from stu"
    comm.Connection=conn
    dr=comm.ExecuteReader
End Sub

Sub CloseDB()
    dr.Close()
    conn.Close()
End Sub

 '在页面装载时调用了 OpenDB 过程，此时 Dr 已是可以读取数据记录的指针对象了，
 '在源视图中，可以通过<%%>代码标记使用该对象进行数据读取
Protected Sub Page_Load(ByVal sender As Object, ByVal e As System. EventArgs)
    Handles Me.Load
    OpenDB()
End Sub

' CloseDB 关闭数据库，在页面关闭时调用
Protected Sub Page_Unload(ByVal sender As Object, ByVal e As _
    System.EventArgs) Handles Me.Unload
        CloseDB()
End Sub
End Class
```

（3）在源视图中使用 DataReader 对象显示数据。切换到源视图，在需要显示数据的列位置插入动态代码，完成如下标记：

```
<table border="1">
<% While dr.Read%>
    <tr>
        <td rowspan="5" >
            <img src="<%="pic/" & dr("图片") %>" /></td>
        <td >学号</td>
        <td ><%=dr("学号") %> </td>
```

```
  </tr>
  <tr>
    <td >姓名</td>
    <td ><%=dr("姓名")%> </td>
  </tr>
  <tr>
    <td >性别</td>
    <td ><%=dr("性别")%> </td>
  </tr>
  <tr>
    <td >院系</td>
    <td ><%=dr("院系")%></td>
  </tr>
   <tr>
    <td >专业</td>
    <td ><%=dr("专业")%></td>
  </tr>

 <% End While%>
</table>
```

说明：粗体字为手工添加的代码。采用当型循环表示需要根据读取的记录数，重复显示内容。添加动态代码与前面介绍的方法一样，即在<%...%>中插入所需要的 ASP.NET 代码。这样，可以实现在页面的任意位置显示来自数据库的数据。

（4）运行结果。添加代码后，按［F5］键，运行结果如图 12-69 所示。

图 12-69　例 12-13 程序运行结果

12.4.3　实现数据的动态添加

在动态网页设计中，经常需要进行数据的添加、修改和删除等操作。在 ASP.NET 中，可以方便地使用 ADO.NET 中的命令对象，通过执行动态 SQL 查询语句来完成这些功能。

【例 12-14】利用动态网页实现为 Access 数据库 student.accdb 中的 score 表添加记录。

（1）界面设计。新建 Web 窗体，保存为 ex12-12.aspx，添加 6 行 2 列的表格，第 1 列文字直接录入，在第 2 列中添加 5 个 TextBox 文本框和一个 Button 按钮，表格下方添加一个 Label 标签，用于显示保存数据是否成功的信息。如图 12-70 所示。单击"保存到数据库"按钮时，实现将文本框中输入的数据保存到 score 表中对应的字段。

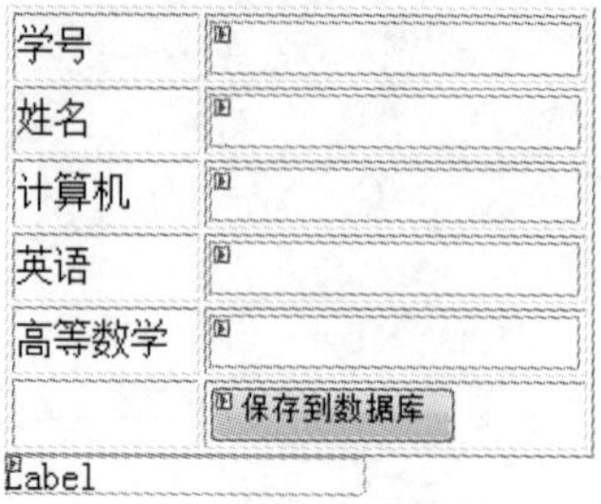

图 12-70　界面布局

（2）代码编写。切换到代码视图，添加以下代码：

```vb
Imports System.Data
Imports System.Data.OleDb
Partial Class ex12_14
    Inherits System.Web.UI.Page
    Protected Sub Button1_Click(ByVal sender As Object, ByVal e As _
        System.EventArgs) Handles Button1.Click
 Dim conn As New OleDbConnection
conn.ConnectionString="provider=Microsoft.Ace.OLEDB.12.0; Data Source=
"& _        Server.MapPath("app_data\student.accdb")
conn.Open()
Dim sql As String="Insert Into score(学号,姓名,计算机, 英语,高等数学) "& _
 Values ('" TextBox1.Text & "','" & TextBox2.Text & "'," &  _
TextBox3.Text & "," TextBox4.Text & "," & TextBox5.Text & ")"
 Dim comm As New OleDbCommand(sql, conn)
If comm.ExecuteNonQuery()>0 Then
   Label1.Text="保存成功"
 End If
 conn.Close()
End Sub
End Class
```

说明：

ExecuteNonQuery( )方法用于执行不返回查询结果的 SQL 命令语句，如 Insert、Delete 和 Update，返回值表示执行操作所影响的记录数，返回值为 0 表示没有任何记录受到命令执行的影响；ExecuteReader( )方法用于执行返回结果的查询，如 SELECT，并通过 DataReader 对象读取查询结果。

配置 Insert 插入记录到表的 SQL 语句，注意字段类型和数据类型对应。这里的学号和姓名是文本类型，其值必须外带单引号，数字类型无须加单引号。

12.4.4　实现数据的动态修改与删除

在网页设计中，如果要修改数据，一般是在显示数据的列表中提供"修改"链接功能，在新开窗口实现数据的修改和保存更新；删除功能一般无须另开窗口，在显示页面中删除数据并刷新数据显示。

【例 12-15】利用动态网页，实现对 Access 数据库 student.accdb 中的 score 成绩表记录的删除与修改。

（1）界面设计。创建 Web 窗体，保存为 ex12-15a.aspx。实现数据的列表显示，并在行显示的最后一列添加文字链接"修改"和"删除"。界面布局如图 12-71 所示。

学号	姓名	语文	数学	英语	操作
					修改 删除

图 12-71　界面布局

（2）编写代码。添加代码，实现连接数据库，执行 Select 查询结果，并定义页面全局变量 Dr，以便在源视图中可以使用该变量进行数据显示。

程序代码如下：

```
Imports System.Data.OleDb
Partial Class ex12_15a
    Inherits System.Web.UI.Page
'声明共有对象变量
 Dim conn As New OleDbConnection
 Public dr As OleDbDataReader
'打开数据库,读取数据记录通用过程
 Sub openDB()
    conn.ConnectionString="provider=Microsoft.Ace.OLEDB.12.0;Data Source=" &_
        Server.MapPath("app_data\student.accdb")
    conn.Open()
    Dim sql As String="select*from score"
    Dim comm As New OleDbCommand(sql, conn)
    dr=comm.ExecuteReader
 End Sub
 '关闭数据库通用过程
 Sub CloseDB()
    dr.Close()
    conn.Close()
 End Sub
' 判断加载该页面时是否传递了网址参数 DeleteID,
' 如果检测到该变量,表示在单击"删除"链接时重新定向到本页面
Protected Sub Page_Load(ByVal sender As Object, ByVal e As System.EventArgs)
    Handles Me.Load
    Dim xh As String
    If Request("DeleteID") <> "" Then
        xh=Request("deleteid")
        DelRecorder(xh)
    End If
    openDB()
```

```
End Sub
' 卸载该页面时，关闭数据库
Protected Sub Page_Unload(ByVal sender As Object, ByVal e As _
        System.EventArgs) Handles Me.Unload
    CloseDB()
End Sub
'根据"学号"字段删除记录的过程
    Sub DelRecorder(ByVal xh As String)
        conn.ConnectionString="provider=Microsoft.Ace.OLEDB.12.0; _
            Data Source=" & Server.MapPath( "app_data\student.accdb")
        conn.Open()
        Dim sql As String="delete * from score where 学号='" & xh & "'"
        comm=New OleDbCommand(sql, conn)
        comm.ExecuteNonQuery()
        conn.Close()
    End Sub
End Class
```

（3）源视图标记。编写以上事件代码后，切换到源视图，在源视图标记中插入显示数据的代码标记。在源视图的<table>与</table>之间，添加以下粗体字标记。

```
<table border="1" style="font-size: ">      ' 在页面插入表格时自动生成的标记
    <tr>
        <td style="width: 80px">学号</td>
        <td style="width: 80px">姓名</td>
        <td style="width: 80px">计算机</td>
        <td style="width: 80px">英语</td>
        <td style="width: 80px">高等数学</t d>
        <td style="width: 80px">
            操作</td>
    </tr>
      <% While dr.Read%>      ' 根据记录数，自动重复显示的内容
    <tr >
        <td ><%=dr("学号")%></td>
        <td ><%=dr("姓名")%></td>
        <td ><%=dr("计算机")%></td>
        <td ><%=dr("英语")%></td>
        <td ><% =dr("高等数学")%></td>
        <td >
        ' 为文字"修改"和"删除"添加链接
        <a href="ex12-15b.aspx?EditID=<%=dr("学号") %> ">修改</a>
        <a href="ex12-15a.aspx?DeleteID=<%=dr("学号") %> ">删除</a>
        </td>
    </tr>
      <% End While%>
</table>
```

（4）为实现"修改"功能添加 Web 窗体。

① 页面设计。新建 Web 窗体，保存为 ex12-15b.aspx，如图 12-72 所示。

图 12-72　窗体布局

② 为 ex12-15b 编写事件代码。在 ex12-15a.aspx 页面中单击"修改"链接时转向该页面。打开本页面时，首先检测网址参数 EditID，根据 EditID 参数值，将数据重新显示以便修改。因此，为页面 Page_Load 添加如下代码，实现数据显示：

```
Protected Sub Page_Load(ByVal sender As Object, ByVal e As _
System.EventArgs) Handles Me.Load
    If Not Page.IsPostBack Then
      Dim xh As String
      xh=Request("EditID")
      DisplayInfo(xh)
    End If
End Sub
Sub DisplayInfo(ByVal xh As String)
    Dim conn As New OleDbConnection
    conn.ConnectionString="provider=Microsoft.ace.OLEDB.12.0;" & _
"Data Source=" & Server.MapPath("app_data\student.accdb")
    conn.Open()
    Dim sql As String="select * from score "
    Dim comm As New OleDbCommand(sql, conn)
    Dim dr As OleDbDataReader
    dr=comm.ExecuteReader
    If dr.Read Then        '按学号确定唯一记录
       Label1.Text=xh
       TextBox1.Text=dr("姓名")
       TextBox2.Text=dr("计算机")
       TextBox3.Text=dr("英语")
       TextBox4.Text=dr("高等数学")
    End If
    dr.Close()
    conn.Close()
End Sub
Sub DisplayInfo(ByVal xh As String)
    Dim conn As New OleDbConnection
conn.ConnectionString="provider=Microsoft.Ace.OLEDB.12.0;Data Source= _
" & Server.MapPath("app_data\student.accdb")
```

```
        conn.Open()
        Dim sql As String="select * from score Where 学号='" & xh & "'"
        Dim comm As New OleDbCommand(sql, conn)
        Dim dr As OleDbDataReader
        dr=comm.ExecuteReader
        If dr.Read Then        '按学号确定唯一记录
            Label1.Text=xh
            TextBox1.Text=dr("姓名")
            TextBox2.Text=dr("计算机")
            TextBox3.Text=dr("英语")
            TextBox4.Text=dr("高等数学")
        End If
        dr.Close()
        conn.Close()
    End Sub
```

③ 为"保存"按钮添加事件代码

```
Protected Sub Button1_Click(ByVal sender As Object, ByVal e As _
    System.EventArgs) Handles Button1.Click
    Dim conn As New OleDbConnection
    conn.ConnectionString="provider=Microsoft.Ace.OLEDB.12.0;Data Source= _
    " & Server.MapPath("app_data\student.accdb")
    conn.Open()
    Dim sql As String="UPDATE score Set 姓名='" & TextBox1.Text & _
        "',计算机=" & TextBox2.Text & ",英语=" & TextBox3.Text & _
        ",高等数学=" & TextBox4.Text & " Where 学号='" & Label1.Text & "'"
    Dim comm As New OleDbCommand(sql, conn)
    comm.ExecuteNonQuery()
    conn.Close()
    Response.Redirect("ex12-15a.aspx")
End Sub
```

说明：该段程序在执行 SQL 语句时，是按条件执行 Update 命令，实现数据的修改和更新。代码执行完毕后，通过 Response.Redirect("ex12-15a.aspx")语句，重新定向到显示数据的 ex12-15a.aspx 页面，可以在 ex12-15a.asp 页面中看到最新修改后的数据。若设置按钮的 PostBackUrl 属性为 ex12-15a.asp，则可以省略该行语句。

④ 为"取消"按钮添加代码。"取消"操作是直接回到显示数据的页面 ex12-15a.aspx，代码如下：

```
Protected Sub Button2_Click(ByVal sender As Object, ByVal e As _
    System.EventArgs) Handles Button2.Click
    Response.Redirect("ex12-15a.aspx ")
End Sub
```

12.4.5 使用 DataSet 访问数据库

DataSet 可以理解为内存中的数据库，该数据库可以设有一个表，也可以有多个表；数据表

（DataTable）是有结构的，有行（DataRow）、列（DataColumn）；可以是空表，也可以包含数据；可以建立表与表之间的关系（DataRelation）；可以对其中的表进行查询、修改和追加等操作。由于 DataSet 独立于数据源，DataSet 可以包含应用程序本地的数据，也可以包含来自多个数据源的数据。

数据适配器（OleDbDataAdapter）充当 DataSet 和数据源之间的桥梁。OleDbDataAdapter 通过 Fill( )方法将数据从数据源加载到 DataSet 中，并用 Update 将 DataSet 中的更改发回数据源。利用 DataSet 实现对数据库的访问，如图 12-73 所示。该方式可以方便地将读取的数据在数据显示控件中快速显示，无须编写额外的数据显示代码，但是，DataSet 对象需要额外占用服务器的内存，而且数据读取速度稍慢。

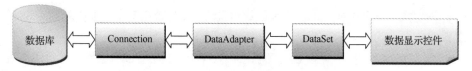

图 12-73　利用 DataSet 访问数据

【例 12-16】使用 DataSet 实现访问 Access 数据库 student.accdb，并将从数据库中读取的 Score 表数据通过 GridView 控件显示。

（1）界面布局。选择"网站"→"添加新项"命令，新建 Web 窗体，保存为 ex12-16.aspx。将工具箱"数据"选项卡中的 GridView 添加到 Web 窗体。完成后的界面布局如图 12-74 所示。

Column0	Column1	Column2
abc	abc	abc
abc	abc	abc
abc	abc	abc
abc	abc	abc
abc	abc	abc

ex12-16.aspx

body

图 12-74　例 12-16 界面布局

（2）事件代码。切换到代码视图，在 Page_Load 事件中添加以下代码：

```
1    Imports System.Data
2    Imports System.Data.OleDb
3    Partial Class ex12_13
4    Inherits System.Web.UI.Page
5    Protected Sub Page_Load(ByVal sender As Object, ByVal e As _
         System.EventArgs) Handles Me.Load
6    Dim conn As New OleDbConnection
7    conn.ConnectionString="provider=Microsoft.Ace.OLEDB.12.0; _
      Data Source=" & Server.MapPath("app_data\student.accdb")
8    conn.Open()
9    Dim sqlstr As String="select*from score"
10   Dim da As New OleDbDataAdapter(sqlstr, conn)
11   Dim ds As New DataSet
```

```
12      da.Fill(ds, "score")
13      GridView1.DataSource=ds.Tables(0).DefaultView
14      GridView1.DataBind()
15      conn.Close()
16  End Sub
17  End Class
```

说明：

行 1：DataSet 位于 System.Data 命名空间，这里必须声明。

行 2：声明访问 Access 数据库的对象所在的命名空间。

行 6～9：创建连接数据库对象，并连接到数据库。

行 11：创建数据适配器对象 da，通过已经建立的数据库连接对象，根据配置的 SQL 查询命令，读取数据。

行 12：定义并创建数据集对象 ds，相当于在内存中创建了空的数据库，等待填充表结构及数据。

行 13：将数据适配器对象 da 读取的数据，填充内存中的数据库 ds，执行该行代码后，ds 对象将包含 score 表结构及所有数据。Fill( )方法第一参数是填充对象，第二个参数为填充到 ds 的表名，表名一般与与原始表名称相同，也可以是其他自定义名称。

行 14：将 GridView 控件的数据来源属性设置为 ds 中的第 1 个表的视图。

数据集对象 ds 中，可以填充多个表的数据，其属性 Tables（内存表索引）或 Tables（内存表名称）可以作为数据控件的数据来源。

DefaultView 是默认属性，可以省略，而 score 必须是行 13 中指定的名称。

行 15：数据控件设置好数据来源后，必须进行绑定，即调用 DataBind 方法，数据控件才会显示数据。

（3）运行结果。按［F5］键运行，结果如图 12-75 所示。

数据显示控件的选择要依据所需要的显示格式和功能而定。熟练掌握数据控件的使用，有利于缩短 ASP.NET 数据库应用程序的开发周期；使用 ADO.NET 对象通过编码方式操作数据库，取决于页面显示或操作数据的需要，以及编程者对数据库访问对象和数据绑定技术的熟练应用。

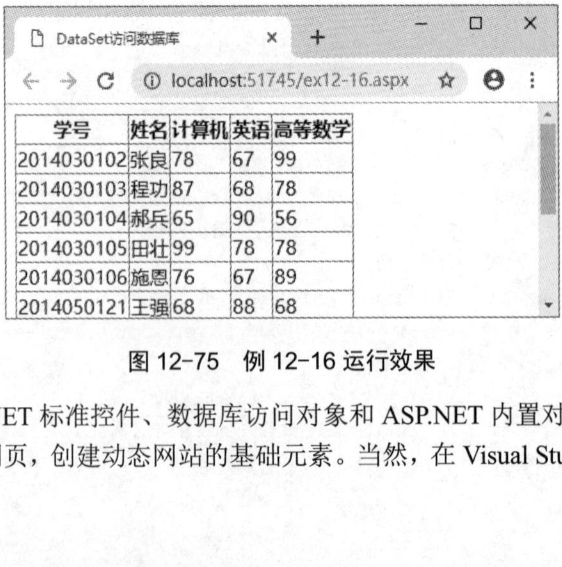

图 12-75　例 12-16 运行效果

前边介绍了 ASP.NET 标准控件、数据库访问对象和 ASP.NET 内置对象的具体应用和实例，这些是学习制作动态网页，创建动态网站的基础元素。当然，在 Visual Studio 2013 开发环境中还配置有很多便于网页布局和开发的很多控件，如登录控件、验证控件、导航控件，以及可以通过创建用户控件、创建母版页等的方式来统一和简化网页的开发。网站开发完成后最终的目地则是将其发布到 Internet 上，以提供用户浏览访问。实现的网站发布可以使用两种方法：第一种方法是使用 Visual Studio 2013 开发工具提供的"发布网站"工具；第二种方法是使用 FTP 工具将网站发布到 Internet。由于篇幅所限，不再一一介绍，有兴趣的同学可以参考专门的书籍进一步深入研究。

习　题

1. 比较 ASP.NET 页面之间传递值的几种方式。

2. 比较 Cookies、Session 和 Application 对象的不同用法。

3. 在 ASP.NET 网页中利用 ADO.NET 访问数据库的数据对象和实现步骤。

4. 比较数据显示控件 DataView、DetailsView、DataList、Repeater 的应用场合。

5. 利用 Visual Stuido 2013 集成开发环境，新建网站，制作一个有关个人求职简历的主页。

6. 创建用户注册模块页面，利用数据验证控件进行录入数据的验证。要求用户名不能为空，两次输入的密码应相同，电子邮件包含@字符，生日在 1900 年 1 月 1 日与 2018 年 12 月 31 日区间。

7. 设计一个用户登录模块页面，然后通过账户和密码验证，通过页面跳转命令，实现页面登录到个人主页。

8. 参考 12.3 节，在 Access 2010 中创建数据库，并保存为 Access 2010 格式，其中，创建学生信息表和学生成绩表。在网页中添加 SqlDataSource 数据源控件，通过配置 SqlDataSource 属性来显示学生成绩表的信息。

9. 创建网站，包含用户注册、登录页面、后台用户管理和若干其他页面。其中，注册页面提供用户名和密码等相关信息，并将用户名和密码保存到数据库；用户管理页面实现管理员对普通用户名和密码的修改与删除；用户通过登录页面登录网站时，从数据库中检索是否存在该用户，如果存在，可以登录到网站中的其他页面。

10. 设计一个网上留言板模块，实现在线留言、回复留言。

参 考 文 献

[1] 尚展垒，包空军，陈媛玲，等. Visual Basic 2008 程序设计技术[M]. 北京：清华大学出版社，2011.

[2] 尚展垒，程静，孙占锋，等. Visual Basic 2013 程序设计技术[M]. 北京：清华大学出版社，2015.

[3] 龚沛曾. Visual Basic.Net 程序设计教程[M]. 3 版. 北京：高等教育出版社，2018.

[4] 夏敏捷，高雁霞，等. Visual Basic.NET 程序设计教程[M]. 北京：清华大学出版社，2014.

[5] 郑阿奇. Visual Basic.NET 实用教程[M]. 3 版. 北京：电子工业出版社，2018.

[6] 吴琴霞，栗青生，等. ASP.NET Web 程序设计[M]. 北京：水利水电出版社，2015.

[7] 张正礼，陈作聪. ASP.NET 从入门到精通[M]. 2 版. 北京：清华大学出版社，2015.